Die Abwärmeverwertung im Kraftmaschinenbetrieb

mit besonderer Berücksichtigung
der Zwischen- und Abdampfverwertung
zu Heizzwecken

Eine kraft- und wärmewirtschaftliche Studie

von

Dr.-Ing. Ludwig Schneider

Dritte, neu bearbeitete Auflage

Mit 159 Textfiguren

Springer-Verlag Berlin Heidelberg GmbH

1920

ISBN 978-3-662-24260-5   ISBN 978-3-662-26373-0 (eBook)
DOI 10.1007/978-3-662-26373-0

Vorwort zur dritten Auflage.

Die schweren Zeiten, welche uns die Pflicht größter Sparsamkeit auferlegen, rücken die wirtschaftlich so bedeutsame Abwärmeverwertung im Kraftmaschinenbetrieb mehr in den Vordergrund des Interesses. In den letzten Jahren hat sich bereits der Gedanke der Abwärmeverwertung nach den verschiedensten Richtungen Bahn gebrochen, so daß eine zusammenfassende Bearbeitung dieses weiten und vielseitigen Gebietes in eine knappe Form gebracht werden muß. Ich hoffe, daß es mir im großen und ganzen gelungen ist, die erforderliche Vollständigkeit und Gründlichkeit mit erwünschter Kürze zu verbinden.

Gegenüber den früheren Auflagen wurde das Werkchen ziemlich durchgreifend umgearbeitet. Bei den Dampfmaschinen ist die Berechnung nach den etwas unhandlichen Tabellen von Hrabák verlassen, nachdem genügend viele Versuche an Gegendruck- und Entnahmemaschinen vorliegen, um einfach mit dem thermodynamischen Wirkungsgrad zu rechnen. Die Abschnitte über Dampfmaschinen, Dampfturbinen, Gas- und Dieselmaschinen, über technologische Abwärmeverwertung und das Heizungskraftwerk sind erweitert, jene über Abwärmeverwerter und Wärmespeicher, die Erwärmung elektrischer Maschinen und elektrische Überschußenergie, sowie einige weitere technologische Abschnitte, Abwärmeverwertung im Lokomotiv- und im Schiffsbetrieb neu aufgenommen. Die den einzelnen Abschnitten angefügte Übersicht über Veröffentlichungen hauptsächlich in Zeitschriften soll dem Leser dieses Buches ein noch näheres Studium in besonderen Fällen erleichtern. Ich bin mir bewußt, daß noch jedenfalls manche bemerkenswerte Arbeit unerwähnt geblieben ist. In solchen Fällen bitte ich kein argumentum ex silencio zu bilden. Einige weitere Zeitschriften sollen in einer nächsten Auflage mit bearbeitet werden. Die fremdsprachliche Literatur konnte in dieser Auflage wegen der noch mangelhaften Anlieferung der ausländischen Zeitschriften nicht berücksichtigt werden.

Ich übergebe das Werkchen erneut der Öffentlichkeit mit dem Wunsche, daß es seinen bescheidenen Teil zum Wiederaufbau unseres Wirtschaftslebens beitragen möge.

München, Ende 1919.

Der Verfasser.

Inhaltsverzeichnis.

Bei Anführung von Zeitschriften gewählte Abkürzungen.

Z. V. deutsch. Ing.	Zeitschrift des Vereins deutscher Ingenieure.
Z. D. M.	Zeitschrift für Dampfkessel- und Maschinenbetrieb.
Z. bay. R. V.	Zeitschrift des bayerischen Revisions-Vereins.
Dingler	Dinglers polytechnisches Journal.
Glas. Ann.	Annalen für Gewerbe und Bauwesen.
Bay. Ind. Gew.	Bayerisches Industrie- u. Gewerbeblatt.
Ges. Ing.	Gesundheits-Ingenieur.
Z. ges. Turb.	Zeitschrift für das gesamte Turbinenwesen.
Z. ges. Brauwes.	Zeitschrift für das gesamte Brauwesen.
Haust. R.	Haustechnische Rundschau.
ETZ.	Elektrotechnische Zeitschrift.
Schweiz. E. Z.	Schweizerische Elektrotechnische Zeitschrift.
Bull. Schweiz. E. V.	Bulletin des Schweizerischen Elektrotechnischen Vereins.
Schweiz. Bauz.	Schweizerische Bauzeitung.
Mitt. Vereinig. E. W.	Mitteilungen der Vereinigung der Elektrizitäts-Werke.
Sozialtechn.	Sozialtechnik.
San. Techn.	Sanitäre Technik.
Journ. Gasb. Wasserv.	Journal für Gasbeleuchtung und Wasserversorgung.
Z. öst. Ing. Arch. V.	Zeitschrift des österreichischen Ingenieur- und Architekten-Vereins.
W. f. Br.	Wochenschrift für Brauerei.
Z. f. Zuckerind.	Zentralblatt für die Zuckerindustrie.
Z. V. deutsch. Zuckerind.	Zeitschrift des Vereins der deutschen Zuckerindustrie.
Org. Fortschr. Eisenbahnw.	Organ für die Fortschritte des Eisenbahnwesens.
Forschungsarbeiten	Mitteilungen über Forschungsarbeiten, herausgegeben vom Verein deutscher Ingenieure.

I. Einleitung.

Bei jeder Umwandlung von Stoffen gibt es Nebenprodukte und Abfallstoffe; bei jeder Umformung von Energie tritt Energiestreuung ein. Die so entstehenden Nebenerzeugnisse haben wir im Grunde auf die Verlustseite der Bilanz des Vorganges zu buchen. Zahlenmäßig ausgedrückt erscheinen die Verluste im Wirkungsgrad des Prozesses. Unsere wirtschaftliche Aufgabe ist es, den Wirkungsgrad möglichst vollkommen zu gestalten, indem wir danach streben, einerseits die Entstehung von Abfallstoffen und die Abspaltung von Energie in nicht beabsichtigter Form tunlichst zu vermeiden und andererseits die unfreiwillig gewonnenen Nebenerzeugnisse nutzbringend zu verwerten.

In dem Bestreben, den Gesamtwirkungsgrad technischer Prozesse auf die letztere Art, d. i. durch Verwertung der Abfallstoffe und Abfallenergien, wirtschaftlich zu heben, haben wir bereits große Erfolge erzielt, nicht zuletzt durch die Verwertung der Abwärme der verschiedenen Wärmekraftmaschinen zu Heiz-, Koch-und Trocknungszwecken und durch die Verarbeitung des Abdampfes gewisser Arten von Dampfkraftmaschinen in Abdampfmaschinen und -turbinen.

Die Abwärme der Kraftmaschinen ist an verschiedene Wärmeträger gebunden. Sie tritt vor allem bei den Dampfmaschinen und Dampfturbinen im Abdampf auf. Die Verbrennungskraftmaschinen (in erster Linie Diesel-, Großgas- und Sauggasmaschinen, dann Benzin-, Benzol-, Petroleum-, Naphthalin- und Leuchtgasmotoren) liefern Abwärme in ihren Abgasen und im Mantelkühlwasser, die elektrischen Maschinen und Apparate (Generatoren, Transformatoren) endlich in der Kühlluft.

Die Abwärme kann nutzbringend übertragen werden an feste Körper, Flüssigkeiten und Luft. Man unterscheidet je nachdem:

Dämpfen, Trocknen und Darren,
Anwärmen, Kochen und Eindampfen,
Erhitzen und Heizen.

Das Dämpfen erfolgt in geschlossenen Gefäßen bei Luftleere oder unter Druck und bezweckt, feste Körper durch unmittelbare Dampfeinwirkung zu erwärmen, um daraus fette, harzige und inkrustierende Stoffe zu entfernen (z. B. Dämpfen und Imprägnieren von Holz), Vorgänge chemischer Natur in ihnen hervorzurufen (z. B. Härten von

Kalksandsteinen) oder um Bakterien oder Parasiten abzutöten (Des-
infektion). Je nach Art des fertig gedämpften Körpers kann hierzu
nur ölfreier oder gut entölter Abdampf Verwendung finden, weil der
Dampf mit dem Produkt in unmittelbare Berührung kommt. Gedämpft
werden z. B. Rohwolle, Hadern, Holz.

Das Trocknen geht bei Temperaturen von 25 bis 120°C vor sich
und bezweckt die Austreibung des Feuchtigkeitsgehaltes aus festen
Körpern mittels Heißluft durch Verdunstung des im Körper enthaltenen Wassers. Um dies zu ermöglichen, muß die heiße Luft Feuchtigkeit aufnehmen können, indem sie mit etwa 20 bis 40% relativer
Feuchtigkeit an das Trockengut herantritt und mit 70 bis 80%
Sättigung abzieht. Die zum Trocknen aufzuwendende Wärmemenge
setzt sich zusammen aus den Beträgen 1. für die Erwärmung der Luft
und des darin enthaltenen Wasserdampfes, 2. für die Erwärmung des
zu trocknenden festen Körpers, 3. für Verdampfung des in ihm enthaltenen Wassers, 4. aus den Wärmeverlusten nach außen. Die Menge
der zu erwärmenden Luft richtet sich nach ihrer relativen Feuchtigkeit,
nach dem Grade und der Dauer der Trocknung. Manche Körper müssen
langsam, manche bei geringer Temperatur getrocknet werden, um nicht
Schaden zu nehmen. Im allgemeinen ist die zulässige Temperatur
um so höher, je nässer das Trockengut ist. Bei höheren Temperaturen
kann die Luft bedeutend mehr Feuchtigkeit aufnehmen als bei tiefen.
Der Wärmeaufwand sinkt natürlich nicht im selben Verhältnis, denn
er wird im wesentlichen durch die Menge der zu verdampfenden Flüssigkeit bestimmt.

Im gesättigten Zustand enthält 1 cbm Luft von atmosphärischer
Spannung:

Zahlentafel 1.

bei einer Temperatur von	Gramm Wasser	bei einer Temperatur von	Gramm Wasser
− 20°C	1,1	+ 55°C	104
− 10°C	2,1	60°C	130
− 5°C	3,3	65°C	161
0°C	4,9	70°C	198
+ 5°C	6,8	75°C	243
10°C	9,4	80°C	294
15°C	12,8	85°C	354
20°C	17,3	90°C	425
25°C	23,1	95°C	507
30°C	30,4	100°C	602
35°C	39,2	105°C	710
40°C	50,7	110°C	833
45°C	65,0	115°C	974
50°C	82,4	120°C	1133

Erhitzt man Luft, ohne daß sie dabei Gelegenheit hat, Wasserdampf aufzunehmen, so wird sie, wie aus vorstehender Tabelle hervorgeht, relativ trockener und fähig größere Mengen Feuchtigkeit zu tragen.

Die spezifische Wärme c_p trockener Luft beträgt nach Holborn und Jakob[1])

$$10^4\, c_p = 2414 + 2{,}86\,p + 0{,}0005\,p^2 - 0{,}0000106\,p^3,$$

worin p der absolute Druck der Luft in kg/qcm ist. Für p = 1 wird $c_p = 0{,}2417$ Kal./kg. Für Trocknungszwecke kann c_p genügend genau unabhängig von Druck und Temperatur zu 0,242 Kal./kg angenommen werden. Die Luft ist jedoch stets feucht und ihre spezifische Wärme kann leicht aus dem Sättigungsgrad berechnet werden. Für Verdunstung von 1 kg Feuchtigkeit werden bei Heißlufttrocknung 2 bis 2,5 kg Dampf benötigt, bei der Stufentrocknung unter Ausnützung der Schwaden bedeutend weniger, bis herab zu Bruchteilen eines Kilogramm. Getrocknet werden z. B. Ziegelsteine, keramische Erzeugnisse, elektrische Maschinen, Kabel, Garne, Leder, Pappe, Leim, Stärke, Braunkohlenpulver, Getreide, Milch, Eier.

Ein dem Trocknen ähnlicher Vorgang ist das Kalzinieren in der chemischen Industrie.

Das Darren geschieht ebenfalls mit erwärmter Luft und bezweckt nicht nur wie das Trocknen die Verdunstung des im Darrgute enthaltenen Wassers, sondern auch die Einleitung oder beschleunigte Durchführung chemischer Vorgänge in demselben. Dadurch werden die Höhe der Lufttemperatur und die Dauer des Prozesses im einzelnen Fall bestimmt. Gedarrt wird z. B. Malz, Gemüse, Obst.

Die Lufterhitzung zum Trocknen und Darren kann mittels des Abdampfes von Dampfmaschinen oder auch mittels der Abgase der Verbrennungsmaschinen erfolgen. Die unmittelbare Verwendung der Abgase ist wegen ihrer chemischen Zusammensetzung und oft auch wegen ihrer hohen Temperatur nicht möglich.

Das Anwärmen von Wasser, wässerigen Lösungen oder von festen und pulverförmigen Stoffen geschieht für die verschiedensten Zwecke. Es kann erfolgen durch unmittelbare Einleitung von Abdampf in Flüssigkeiten bzw. durch Mischung von Dampf und Flüssigkeit wie bei der Einspritzkondensation der Dampfkraftmaschinen oder auch durch Wärmeübertragung von Abdampf oder Abgasen durch Heizflächen hindurch an die Flüssigkeit, ähnlich wie bei der Oberflächenkondensation. Zum letzteren Zweck dienen die Vorwärmer und Abgasverwerter. Das Anwärmen bzw. Schmelzen fester oder pulverförmiger Körper erfolgt fast stets durch Heizflächen hindurch. In einzelnen

[1]) Z. V. deutsch. Ing. 1917 S. 147.

Fällen läßt sich das im Kühlmantel der Verbrennungsmaschinen angewärmte reine Wasser unmittelbar verwenden. Angewärmt wird Wasser
für die verschiedensten Gebrauchs- und Reinigungszwecke, für Bäder,
für die Warmwasserheizung, zur Lösung von Chemikalien und zum
Auslaugen verschiedener Stoffe, ferner werden angewärmt Farblösungen,
Teer, Wachs, Kolophonium, Leim usw. Der Wärmeverbrauch für das
Anwärmen berechnet sich aus der Temperaturerhöhung und der spezifischen Wärme des anzuwärmenden Gutes bzw. der Schmelzwärme
und aus den Verlusten nach außen.

Das Kochen von Flüssigkeiten hat den Zweck, Stoffe in Lösung
zu bringen, eine Lösung durch Verdampfung des Wassers zu konzentrieren oder aus einer Lösung einzelne Bestandteile herauszudestillieren
(fraktionierte Destillation). Erfolgt die Konzentration bis zur völligen
Verdunstung des Lösungsmittels, so bezeichnet man dies als Eindampfen.
Gekocht kann werden durch unmittelbare Einleitung von ölfreiem
Dampf in eine Flüssigkeit, häufiger jedoch durch Wärmeübertragung
von Abdampf oder von Abgasen durch Heizflächen hindurch. Der
Kochungsvorgang kann sich sowohl bei Überdrücken bis zu 8 Atm. als
auch bei Luftleere (Vakuumverdampfapparate) abwickeln. Im letzteren
Fall wird zumeist eine Trocknung beabsichtigt von Stoffen, die höhere
Temperaturen nicht vertragen oder stark hygroskopisch sind (z. B.
Mais, Zuckerbrote, Kalziumnitrat). Sprudelwässer werden in Vakuumapparaten zu Quellsalz eingedampft. Nach dem Druck, unter welchem
das Kochen erfolgt, richtet sich die erforderliche Temperatur des Heizmittels. Der Wärmeaufwand beim Kochen wird bestimmt durch die
Temperaturerhöhung und die Menge des zu verdampfenden Wassers.
Gekocht werden z. B. Speisen, Salzsole, Zuckersaft, Maische und Sud
der Brauerei. In der Luftleere werden durch Verdampfung getrocknet
Lebensmittel, Körnerfrüchte, Futtermittel, Explosivstoffe.

Die Lufterhitzung geht entweder mit Abdampf von Vakuumspannung in Luftkondensatoren vor sich, oder in Luftvorwärmern,
welche dem eigentlichen Kondensator vorgeschaltet sind, oder auch
durch Dampf von atmosphärischem oder Überdruck in Kaloriferen.
Diese Apparate sind gebaut wie die Wasser-Oberflächenkondensatoren,
indem die Luft durch Röhren zieht, die im Dampfraum liegen, oder
ähnlich dem Schwörerschen Überhitzer, wobei der Dampf Rippenrohre durchströmt, die mit einem Gehäuse aus Blech umkleidet sind,
durch welches die zu erwärmende Luft gedrückt oder gesaugt wird.
Das mit Luftkondensatoren praktisch erreichte Vakuum beträgt 80
bis $85^0/_0$, die dabei erzielbare Lufttemperatur ca. 40^0. Mit Abdampf
von atmosphärischer Spannung kann man Luft auf 80^0 anwärmen.
Für besondere Zwecke läßt sich mit höher gespanntem Abdampf Heißluft
von 100 bis 140^0 C erzeugen. Auch die Abgase von Verbrennungs-

maschinen können in Lufterhitzern vorteilhaft ausgenützt werden. Der Wärmeaufwand richtet sich nach der Menge der zu erwärmenden Luft, ihrem Sättigungszustand und den Verlusten nach außen.

Gegenüber dem Zustand bei 0^0 C ist der Wärmeinhalt

bei	10	20	30	40	50	60	75	^{0}C
von trockener Luft	2,42	4,84	7,26	9,68	12,1	14,5	18,13	Kal. kg
von Luft mit 40 % Sättig.	4,5	8,5	13,5	22	33	52,5	112	,,
,, ,, ,, 80 % ,,	7	12	20	34	55	88	214	,,
,, ,, ,, 100 % ,,	8	14	24	39	63	107	262	,,

(Zahlentafel 2.)

Die Lufterhitzung erfolgt zum Trocknen, Darren und für die Luftheizung und Lüftung von bewohnten Räumen während der Heizzeit oder zur Entnebelung von Arbeitsräumen.

Die Verwendung der Abwärme zur Heizung ist möglich in der Form der schon erwähnten Warmwasserheizung. Für eine Raumtemperatur von 20^0C betragen bei einer Außentemperatur von

	15	10	5	0	+5	+10^{0}C
die wirtschaftlichen Steigetemperaturen	82	75	66	58	49	39 ^{0}C.

(Zahlentafel 3.)

Die Rücklauftemperaturen sind 15 bis 20^0C niedriger. Die Warmwasserheizung erlaubt eine gewisse Aufspeicherung der Wärme in den Fällen, wo Heizungsbedürfnis und Anfall der Abwärme zeitlich nicht übereinstimmen. Für die mit 1 bis 6 Atm., bei Fernheizung bis mit 10 Atm. Überdruck betriebene Hochdruckdampfheizung findet Abdampf selten Verwendung, desto eher ist dies aber möglich bei der mit 0,1 bis 0,2 Atm. Überdruck gespeisten Niederdruckdampfheizung. Die Luftheizung erfolgt durch Erwärmung der Luft mittels Hochdruckdampfes auf etwa 65^0C, mittels Niederdruckdampfes auf etwa 55^0C oder mittels Vakuumdampfes auf 40^0C. Ein großer Vorteil der Vakuumluftheizung besteht in der unveränderten Dampfausnützung in der Maschine. Die erhitzte Luft wird durch gemauerte Kanäle oder in Blechrohren auf die zu beheizenden Räume verteilt. Mit der Luftheizung läßt sich die Luftbefeuchtung einfach verbinden.

Was leichte Temperaturreglung betrifft, steht die Niederdruckdampfheizung der Warmwasserheizung nach, ist aber dafür schneller betriebsbereit, einfacher und billiger in der Anlage. Bei großer Entfernung der Heizstellen kann es nötig sein, den Abdampf für eine Niederdruckdampfheizung mit höherem Anfangsdruck als 0,1 Atm. Üb. fortzuleiten, um die Druckverluste zu decken und an Rohrleitungskosten zu sparen. Hochdruckdampfheizungen werden außer in Werkstätten nur noch selten ausgeführt.

Überhitzter Dampf ist für Heizzwecke unzweckmäßig, weil er durch notwendig werdende besondere Leitungsarmaturen die Anlage verteuert und außerdem ein schlechtes Wärmeleitungsvermögen hat. Der Wärmeinhalt von Heißdampf gegenüber Sattdampf ist nur unwesentlich höher, nämlich um 0,5 bis 0,6 Kal. pro kg Dampf und Grad Überhitzung.

Das Kühlwasser von gewöhnlichen Oberflächenkondensatoren und von Verbrennungskraftmaschinen wird selten und meist nur unter besonderer Nacherhitzung für Warmwasserheizung verwendet, da die Rücklauftemperaturen derselben in der Regel höherliegen als die Kühlwasseranfangstemperatur. Dagegen findet Abdampf jeder Spannung zur Warmwasser- oder Heißluftbereitung sowie zur unmittelbaren Niederdruckdampfheizung Verwendung. Die Abgase der Verbrennungskraftmaschinen werden zur Warmwasserbereitung wie zur Lufterwärmung ausgenützt, während eine unmittelbare Wärmeabgabe in den Heizkörpern ihrer chemischen Beschaffenheit und hohen Temperatur halber nicht angängig ist. Der den Abgasen eigene hohe Hitzegrad ist feuergefährlich und wegen der Staubverbrennung auf den Heizkörpern gesundheitsschädlich.

Aus der Mannigfaltigkeit des Wärmebedarfes für alle möglichen Zwecke und der Möglichkeit, diesen Bedarf durch Abwärme zu befriedigen, ergibt sich die wirtschaftliche Bedeutung der Verbindung der Krafterzeugung mit der Abwärmeverwertung. Diese ist dazu bestimmt, die Kraftwirtschaft teilweise auf eine ganz neue Grundlage zu stellen. Während wir bisher gewohnt waren, die Krafterzeugung als alleinigen Selbstzweck zu betrachten und die dabei verbleibende Abwärme zu vernichten, sehen wir nun in vielen Fällen, wo Wärme verbraucht wird, die Kraftleistung als fast kostenlos zu gewinnendes Nebenerzeugnis entstehen. Es ist dies überall da möglich, wo die Abwärmeanlage an die Stelle einer eigenen Wärmeerzeugung treten kann. Mehr und mehr gewöhnen wir uns, für die Abwärme nutzbringende Verwendung zu suchen und so die Kraftgestehungskosten günstig zu beeinflussen. Bestehende Anschauungen über die Wirtschaftlichkeit der Kraftanlagen im allgemeinen und bestimmter Kraftmaschinen im einzelnen Fall werden hierdurch gestürzt und neu orientiert.

Die Wärmekraftmaschinen werden hinsichtlich ihrer Leistung durch den thermischen Wirkungsgrad bewertet, d. i. das Verhältnis der mit einer bestimmten der Maschine zugeführten Wärmemenge geleisteten Arbeit zu dieser Wärmemenge selbst. Die Arbeit wird dabei, weil nur gleichartige Größen vergleichbar sind, in Wärmeeinheiten ausgedrückt. An Hand der Fig. 1 sei dies für die Dampfkraftmaschinen erklärt.

Einem Kilogramm Dampf von 14 Atm. abs. Druck und 300⁰C Temperatur wohnen gegenüber Wasser von 0⁰C, aus welchem der Dampf erzeugt sein mag, 728 Kal. Wärme inne. Bei der Expansion diesesKilogramm Dampf in der Dampfmaschine bis zu einem Gegendruck von 0,2 Atm. abs. könnten in der idealen, verlustfreien Maschine 178 Kal. in Arbeit verwandelt werden. Durch unvermeidbare schädliche Einflüsse (Drosselung des Dampfes, Strahlungsverluste der Maschine, Entropievergrößerung durch Wandwirkung, unvollständige Expansion) gelingt es jedoch nur 125 Kal. in Arbeit umzusetzen.

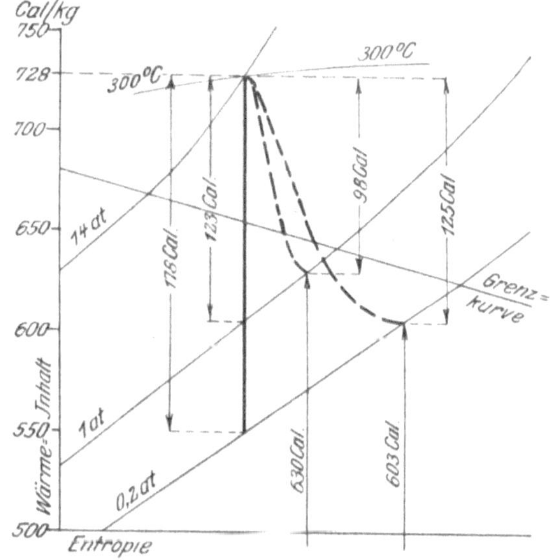

Fig. 1. Entropie-Wärmediagramm für die Auspuff- und die Kondensationsdampfmaschine.

Diese innere oder indizierte Arbeitsleistung von 125 Kal. verringert sich noch durch die Reibungsverluste der Maschine auf eine Nutzarbeit von etwa 112 Kal. Man bezeichnet nun bekanntlich das Verhältnis

$$\frac{125}{728} = 17{,}2\,{}^0/_0 \text{ als indizierten thermischen Wirkungsgrad}$$

$$\frac{112}{728} = \cdot 15{,}4\,{}^0/_0 \quad \text{,,— effektiven} \qquad \text{,,} \qquad \qquad \text{,,}$$

$$\frac{125}{178} = 70\,{}^0/_0 \text{ als indizierten thermodynamischen Wirkungsgrad}$$

$$\frac{112}{178} = 63\,{}^0/_0 \quad \text{,, effektiven} \qquad \qquad \text{,,} \qquad \qquad \text{,,}$$

Bisher war Expansion auf eine Kondensatorspannung von 0,2 Atm. abs. angenommen. Erfolgt die Dampfdehnung nur bis zum Gegendruck der Atmosphäre, was der Arbeitsweise einer Auspuffmaschine entspricht, so könnten in der verlustlosen Maschine 123 Kal., in Wirklichkeit etwa 98 Kal. als indizierte Arbeit gewonnen werden. Für diesen Fall rechnet sich der indizierte thermische Wirkungsgrad zu $\dfrac{98}{728} = 13{,}5\,^0/_0$, der

„   thermodynamische „   „ $\dfrac{98}{123} = 80\,^0/_0$.

Nachdem das Wärmeäquivalent einer PS.-St. 632 Kal. beträgt, braucht die Kondensationsmaschine zur Erzeugung der Nutzleistung einer PS.-St.

$$\frac{632}{112} \cdot 728 = 4100 \text{ Kal.,}$$

die Auspuffmaschine etwa 5200 Kal. Die Abwärme und Strahlung beider Dampfmaschinen beläuft sich somit für die Nutz-PS.-St. auf $4100 - 632 =$ rd. 3470 Kal. bzw. $5200 - 632 =$ rd. 4570 Kal.

Die effektiven thermischen Wirkungsgrade der ausgeführten Dampfkraftmaschinen liegen zwischen 6 und 20 $^0/_0$ je nach den Betriebsverhältnissen und der Güte der Maschinen. Eine wesentliche Verbesserung ist an der Dampfkraftmaschine in Hinsicht auf ihren Wärmeverbrauch in den letzten Jahren nicht mehr erzielt worden. Die moderne Lokomobile und die Dampfturbine stellen zwar gewisse Fortschritte dar, die aber an der Tatsache, daß die Dampfkraftmaschinen nur niedere thermische Wirkungsgrade erreichen, nichts ändern. Es liegt dies im Dampfmaschinen- bzw. Dampfturbinenprozeß selbst begründet. Eine Kolbenmaschine, welche den Dampf herunter bis zu 0,5 Atm. abs. expandiert und einen Gegendruck von 0,1 Atm. abs. hat, würde bei einer Anfangstemperatur von 350 ^{0}C und einem Anfangsdruck von selbst 50 Atm. abs. nur 31 $^0/_0$ indizierten thermischen Wirkungsgrad erreichen, eine Turbine unter den gleichen Verhältnissen, aber mit einer Dampfdehnung bis 0,04 Atm. abs., nur wenig mehr, nämlich 37 $^0/_0$. Das überhaupt denkbare Maximum liegt für die Kolbenmaschine bei einem Anfangsdruck gleich dem kritischen Dampfdruck (224,2 Atm.) mit 35 $^0/_0$, für die Turbine bei 180 Atm. abs. Anfangsdruck mit 39 $^0/_0$. Möglicherweise bringt eine brauchbare Mehrstoffdampfmaschine noch einen erheblicheren Fortschritt in der Ausnützung der Dampfenergie. Einstweilen weist uns einerseits die scharfe Konkurrenz, welche der gewöhnlichen Dampfkraftmaschine in der Verbrennungs- und in der Wasserkraftmaschine sowie in der elektrischen Fernkraftübertragung erwachsen ist, andererseits die fortgeschrittene Erkenntnis der Vorgänge bei der Erzeugung, Aufspeicherung und Übertragung der Wärme und die Vervollkommnung der Heizungstechnik mit großem Erfolg auf den Weg, die im reichen Maße zur Verfügung stehende Abwärme der Dampfkraftmaschinen in unseren Dienst zu stellen.

Verwerten wir die im Abdampf enthaltenen 630 bzw. 603 Kal./kg (vgl. Fig. 1), statt sie über Dach auszupuffen oder in der Rückkühlanlage an die Luft zu vergeuden, so verbessern wir mit einem Schlag den Dampfmaschinenprozeß erheblich. Die 100 grädige Abwärme der Auspuffmaschine kann in gewissen Fällen wertvoll sein, während sich für Ausnützung der 40 grädigen Abwärme der Kondensationsmaschine seltener eine Möglichkeit bietet. In diesem Falle wird man gerne auf die 27 Kal. Mehrarbeit von 1 kg Dampf in der Kondensationsmaschine verzichten und die einfachere Auspuffmaschine wählen. Es ist natürlich nicht nötig, daß der Abdampf der Maschine gerade mit atmosphärischer Spannung entnommen wird; er kann vielmehr den Arbeitszylinder sowohl mit Überdruck als mit Vakuumspannung verlassen.

Der Wärmeverbrauch nicht nur der Dampfkraftmaschinen, sondern aller unserer Wärmekraftmaschinen ist um ein Vielfaches höher, als der erzeugten Leistung entspricht. Er beträgt bei

Einzylinder-Sattdampf-Auspuffmaschinen . .	7400 — 10 000	Kal./PS.-St.
„ „ Kondensationsmaschinen	6700 — 8200	„
„ Heißdampf-Auspuffmaschinen . .	6000 — 7400	„
Verbund-Heißdampf-Auspuffmaschinen . . .	3800 — 6000	„
„ „ Kondensationsmaschinen und normale Dampfturbinen . .	3150 — 4300	„
Flüssigkeits-Explosionsmotoren	2950 — 3600	„
Gasmaschinen	2300 — 3000	„
Dieselmaschinen	1850 — 2300	„

(Zahlentafel 4.)

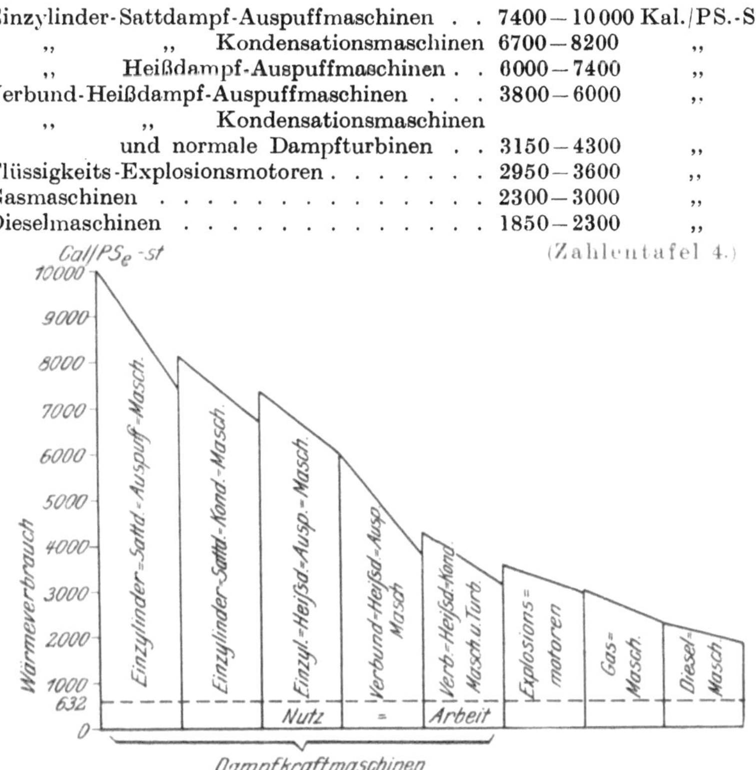

Fig. 2. Wärmeverbrauch der verschiedenen Wärmekraftmaschinen pro Nutz-Pferdekraftstunde.

In Fig. 2 ist der Wärmeverbrauch verschiedener Kraftmaschinen bildlich dargestellt. Die Angaben beziehen sich auf normale Belastung der Maschinen. Bei Teilbelastungen ist der Wärmeverbrauch für die Leistungseinheit bekanntlich größer. Bemerkenswert ist der asymptotische Charakter der oberen Begrenzungslinie der Fig. 2. Er legt die Annahme nahe, daß wir uns mit der bisherigen Art der Umwandlung der Wärmeenergie in mechanische Arbeit dem Erreichbaren schon sehr genähert haben und größere wirtschaftliche Fortschritte nur mehr auf dem Wege der Abwärmeausnützung erwarten können.

In Übereinstimmung mit den Bezeichnungen Windkraftmaschinen, Wasserkraftmaschinen usw. sei es gestattet, jene Wärmekraftmaschinen, deren Abwärme für Heizzwecke Verwendung findet, als Heizungskraftmaschinen zu bezeichnen. Es kann der Fall eintreten, daß man sich in einem Fall für Aufstellung einer Wärmekraftmaschine (z. B. an Stelle eines Elektromotors) entscheidet, weil die Abwärme nutzbringend verwertet werden kann. In diesem Fall ist die Heizung sozusagen das treibende Mittel der Maschine.

Bei der Dampfmaschine hat der Name Heizungskraftmaschine umsomehr Berechtigung, je mehr sie die Rolle einer Druckverminderungsvorrichtung für den Heizdampf spielt. Als Heizungskraftmaschine kommt alsdann je nach der Spannung des Heizdampfes die normale Kondensationsmaschine, die Maschine mit schlechtem Vakuum, die Auspuffmaschine, die Gegendruckmaschine und die Maschine mit Dampfentnahme aus dem Aufnehmer vor.

Die Dampfturbine wird für besondere Zwecke als Auspuff-, Gegendruck- oder Entnahme-(Anzapf-)turbine gebaut.

Die Wärmeausnützung guter Kolbenmaschinen und Turbinen geht bei Heißdampfbetrieb nach folgender Aufstellung vor sich:

Zahlentafel 5.

	Kolbenmaschine		Turbine
	Kondensation	Auspuff	Kondensation
Der Maschine zugeführt . . . . Kal.	100	100	100
In Nutzarbeit verwandelt . . . . ,,	17	12	18
Reibungsarbeit, Luft- u. Ölpumpen ,,	1,5	1,0	1,0
Abkühlungsverlust . . . . ,,	1,5	1,0	0,5
Abwärme . . . . ,,	80	86	80,5

Eine besondere Eigenschaft stempelt gerade die Kolbenmaschine zur Heizungskraftmaschine. Bekanntlich liegt der thermisch beste Teil des Dampfmaschinenprozesses im Hochdruckgebiet. Im Niederdruckgebiet entfernt sich die Kolbenmaschine vom idealen Prozeß, weil es aus Gründen der Größenabmessungen und infolge der schädlichen Wandwirkung nicht angängig ist, in ihr das der Grundwassertemperatur entsprechende Vakuum auszunützen.

Zahlentafel 6.

Maschinenart	a In Nutzarbeit nicht umsetzbar Kal./PS.-St.	b[1] Nutzbare Abwärme Kal./PS.-St.	c b in %von a %	d b in % der aufgewandten Wärme %	e[1] Wirtschaftl. Wirkungsgrad: (Nutzleistung und nutzbare Abwärme): %	f (aufgewandte Wärme) %
Gegendruckturbine mit 5 Atm. abs. Gegendruck	11500	11380	99	94.	99	86[2])
Gegendruckturbine mit 2 Atm. abs. Gegendruck	6900	6780	98,5	90	99	87,5[2])
Gegendruckmaschine mit 5 Atm. abs. Gegendruck	9200	9080	98,8	92	98	86[2])
Gegendruckmaschine mit 2 Atm. abs. Gegendruck	6500	6380	98	89,5	98	86[2])
Sattdampf-Auspuff-Turbine	6400	5950	93	84,5	95	81[2])
Heißdampf- ,, ,,	5000	4880	97,5	86,5	98	86,5[2])
Sattdampf- ,, -Maschine	6500	5950	91,5	83,5	93,5	80,5[2])
Heißdampf- ,, ,,	4900	4780	97,5	86,5	98	85[2])
Sattdampf-Kondensations-Maschine	4650	4000	86	76	88	86[3])
Heißdampf-Kondensations-Maschine	3600	3430	96	81	96,5	93[3])
Explosionsmotoren, Kühlw.- u. Abgasverwertung	2700	2100	78	63	82	—
Explosionsmotoren, nur Abgasverwertung	2700	950	35	28,5	47,5	—
Sauggasmaschine, Kühlw.- und Abgasverwertung	2300	1650	72	56	78	—
Sauggasmaschine, nur Abgasverwertung	2300	700	30	24	45	—
Großgasmaschine, Kühlw.- und Abgasverwertung	2000	1300	65	50	73,5	—
Großgasmaschine, nur Abgasverwertung	2000	550	27,5	21	45	—
Dieselmaschine, Kühlw.- und Abgasverwertung	1300	900	69	46,5	79,5	—
Dieselmaschine, nur Abgasverwertung	1300	400	31	16	53,5	—
Großdieselmasch., Kühlw.- und Abgasverwertung	1400	1050	75	52	83	—
Großdieselmaschine, nur Abgasverwertung	1400	300	21,5	15	46	—

[1]) Nutzbare Abwärme und wirtschaftl. Wirkungsgrad berechnet für Ausnützung der Abdampf- und Kühlwasserwärme bis 0° C, der Abgaswärme bis 150° C,
[2]) Wirtschaftl. Wirkungsgrad berechnet für Ausnützung der Abdampfwärme bis zur völligen Kondensation bei 100° C.
[3]) Wirtschaftl. Wirkungsgrad berechnet für Ausnützung der Abdampfwärme bis zur völligen Kondensation bei 40° C.

Verwendet man also den Abdampf der Kolbenmaschinen zu Heizzwecken, so geht für die Kraftgewinnung nicht viel verloren, während für die verschiedenartigsten Heiz-, Koch- und Trocknungsverfahren der entspannte Dampf sehr wirtschaftlich ausgenützt werden kann.

Dasselbe läßt sich nicht im ganzen Umfang vom Dampfturbinenbetrieb sagen, da umgekehrt die Dampfturbine gerade im Niederdruckteil den günstigeren Wirkungsgrad aufweist. Im Hochdruckgebiet sind die Dampfreibungs- und Ventilationsverluste bedeutend höher als im Gebiet der Luftleere. Im allgemeinen wird man also die Turbinen mit dem besten erzielbaren Vakuum laufen lassen und ihre vorzüglichen Eigenschaften nicht durch die Abdampfausnützung preisgeben. Doch gibt es Fälle, wo die Turbine als Heizungskraftmaschine erfolgreich mit der Kolbenmaschine wetteifern kann, wenn nämlich in einem Betrieb der Bedarf an Heizdampf im Verhältnis zum Kraftbedarf sehr groß ist, so daß aller Abdampf der Kraftmaschine Verwendung finden kann.

Die übrigen Wärmekraftmaschinen werden im einzelnen Fall weniger nach dem Gesichtspunkt der Abwärmeverwertung gewählt als aus anderen Gründen. Aber auch sie bieten die Möglichkeit, einen großen Teil ihrer Abwärme nutzbar zu machen und dadurch ihre Wirtschaftlichkeit zu heben. Verwertbare Abwärme ist bei den Verbrennungskraftmaschinen enthalten im warmen Kühlwasser und in den heißen Abgasen. Die nicht in Nutzarbeit umsetzbare Wärme und die nutzbare Abwärme pro effektive Pferdekraftstunde ist für die verschiedenen Wärmekraftmaschinen in Zahlentafel 6 enthalten. Der Wärmeverlust, die nutzbare Abwärme und das Wärmeäquivalent von 632 Kal. einer Nutzpferdekraftstunde ergeben zusammen den Gesamtwärmeverbrauch der einzelnen Maschinen.

Der wirtschaftliche Wirkungsgrad ist berechnet als Quotient:

$$\eta = \frac{\text{nutzbare Abwärme pro PS.-St.} + 632\ \text{Kal.}}{\text{gesamte in die Maschine pro PS.-St. geleitete Wärme}}$$

Fig. 3 zeigt die bildliche Wärmebilanz der verschiedenen für Abwärmeverwertung in Betracht kommenden Kraftmaschinen. Die Maschinen mit Zwischendampfentnahme sind dabei nicht erwähnt, weil die Verhältnisse bei der in weiten Grenzen veränderlichen Dampfentnahme eine besondere Darstellung verlangen.

Die nutzbare Abwärme ist in der Figur von stark ausgezogenen Linien eingefaßt. Oberhalb derselben ist die nicht ausnützbare Abwärme sowie der Wärmeaufwand für Reibung, Strahlung und Arbeit der Luft- und Kondensatpumpen aufgetragen, nach unten dagegen der Wärmewert einer PS.-St., das sind 632 Kal. Die oberste und unterste Begrenzungslinie der Fig. 3 schließen daher den Gesamtwärmeverbrauch der Maschinen zwischen sich ein.

Der effektive thermische Wirkungsgrad:

$$\eta_{th} = \frac{632 \text{ Kal.}}{\text{Wärmeaufwand pro } PS_e\text{-St.}}$$

beträgt bei den

Dampfmaschinen . . . . 6—20 %
Petroleum-, Benzin- u. ähnlichen Explosionskleinmotoren 16—20 %
Sauggasmaschinen . . . . 20—25 %
Großgasmaschinen . . . . 20—28 %
Dieselmaschinen . . . . 27,5—34 %

(Zahlentafel 7.)

Durch mehr oder minder weitgehende Ausnützung der Abwärme dieser Maschinen läßt sich ebenfalls ein bedeutend höherer wirtschaftlicher Wirkungsgrad erzielen. Während bei den Dampfkraftmaschinen 80 bis 87 % wirtschaftlicher Wirkungsgrad, ja unter Umständen fast 100 % erreichbar sind, ist es bei den übrigen Wärmekraftmaschinen immerhin möglich, ihn bis auf 80 %, bei der Abgasverwertung allein noch auf 45 bis 53 % zu steigern. Bei der vergleichsweisen Bewertung der verschiedenen Krafterzeugungsmöglichkeiten im Einzelfall ist dieser Punkt wohl zu berücksichtigen.

Als Heizungskraftmaschinen besitzen die Gas- und Rohölmaschinen nicht die Verwendungsfähigkeit der Dampfkraftmaschinen, hauptsächlich deshalb, weil bei ihnen die Abwärmemenge ganz von der Belastung abhängig ist, während man den Dampfkraftmaschinen durch Veränderung des Gegendruckes, durch Vereinigung mehrerer Maschinen mit bestimmtem Druckgefälle oder durch

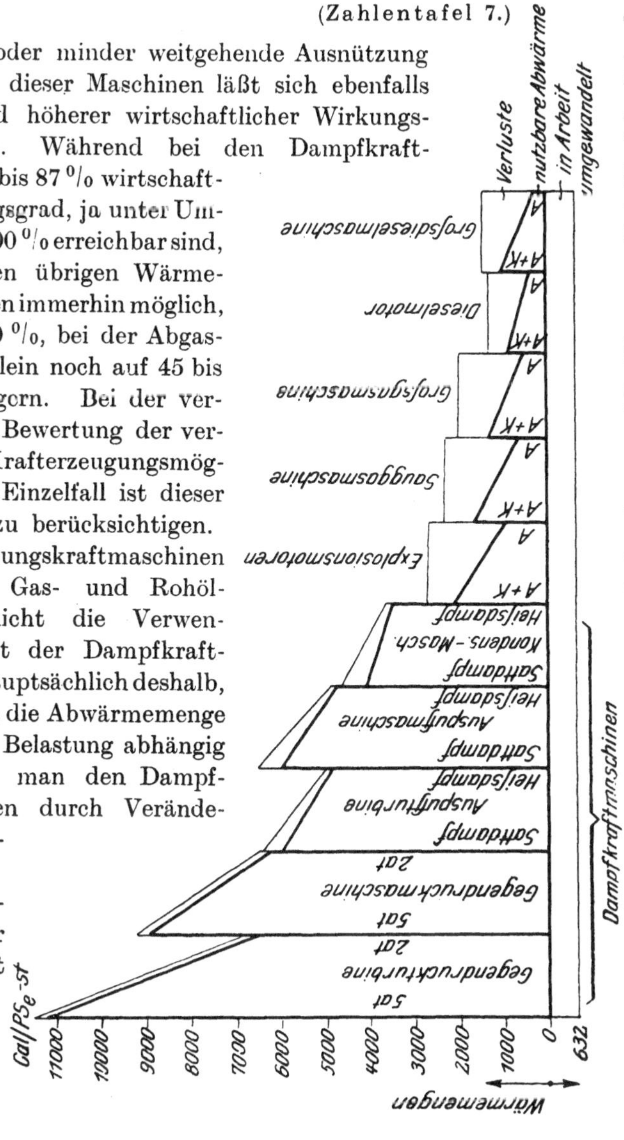

Fig. 3. Nutzbare Abwärme, Wärmeverlust und in Arbeit verwandelte Wärme pro Nutz-Pferdekraftstunde.

Zwischendampfentnahme in weiten Grenzen unabhängig von der Belastung Wärme entziehen kann. Zu diesem Grund gesellt sich noch
der höhere Brennstoffpreis bei Diesel- und Sauggasmaschinen.

In bestimmten Fällen wird eine gewisse Wärmemenge gefordert,
die als Abwärme geliefert werden darf. Dies trifft besonders zu, wo
es sich um Dampf bis zu etwa 6 Atm. Üb., Warmwasser bis 100^0 C,
Heißluft bis 140^0 C oder Abgase bis 450^0 C handelt. Die Wahl der
Kraftmaschinen, aus welchen die Abwärme zu liefern ist, kann ganz
freistehen oder wird durch den Wärmebedarf mitbestimmt. Es wird
dann allgemein jene Kraftmaschine aufzustellen sein, welche für die
verlangte Abwärme die größte Leistung zu erzeugen gestattet. Dabei
spielen die Wärmepreise oder Brennstoffkosten der verschiedenen
Maschinen eine Rolle. Unter diesem Gesichtspunkt, der, wie später
in einzelnen Fällen dargelegt wird, häufig eingenommen werden muß,
sind unsere Wärmekraftmaschinen sehr verschieden zu bewerten.

Für je 100000 Kal. nutzbare Abwärme, Spalte b der Zahlentafel 6,
können erzeugt werden:

Zahlentafel 8.

in Dieselmaschinen	95 bis 111 PSe.
Großgasmaschinen	77 . PSe.
Sauggasmaschinen	61 ,,
Explosionsmotoren	47,5 ,,
Sattdampf-Kondensationsmaschinen	29 ,,
Heißdampf- ,,	25 ,,
Sattdampf-Auspuffmaschinen . . .	21 ,,
Sattdampf-Auspuffturbinen	20,5 ,,
Heißdampf-Auspuffmaschinen . . .	16,8 ,,
Heißdampf-Auspuffturbinen	16,8 ,,
Gegendruckmaschinen, 2 Atm. abs.	15,7 ,,
,, 5 ,, ,,	11,1 ,,
Gegendruckturbinen, 2 ,, ,,	14,8 ,,
,, 5 ,, ,,	8,8 ,,

In Fig. 4 sind die Nutzleistungen der verschiedenen Wärmekraftmaschinen für je 100000 Kal. nutzbarer Abwärme bildlich dargestellt.
Wie schon angedeutet, sind zur Wertung dieses Bildes die Gestehungskosten der Wärme für die einzelnen Maschinen, der Dampf-, Brennstoff-,
Gas- oder Rohölpreis mit zu berücksichtigen Mit Hinsicht auf die
heutigen unsicheren und noch vielen Schwankungen unterworfenen
Kohlen- und Ölpreise kann auf diese Gestehungskosten nicht näher ein-
gegangen werden. Die Preise vor dem Kriege sind gegenwärtig auch
relativ nicht mehr richtig.

Die Grundlage der Wertbemessung der Brennstoffe ist ihr Heizwert. Die für die einzelnen Kraftmaschinen verwendeten Brennstoffe
haben folgende Heizwerte:

Zahlentafel 9.

Für Dampfkraftmaschinen:

Ruhrmagerkohle	7300	bis	8400	Kal./kg
Ruhrfettkohle	7500	,,	8000	,,
Saarkohle.	6400	,,	7000	,,
Schlesische Steinkohle	5300	,,	7000	,,
Sächsische Flammkohle	5900	,,	6600	,,
Böhmische Steinkohle	4000	,,	5900	,,
Oberbayerische Braunkohle	4500	,,	5400	,,
Steyerische Braunkohle	3400	,,	5300	,,
Böhmische Braunkohle	3500	,,	4600	,,
Ungarische Braunkohle.	2900	,,	4600	,,
Sächsische Braunkohle	2500	,,	4100	,,

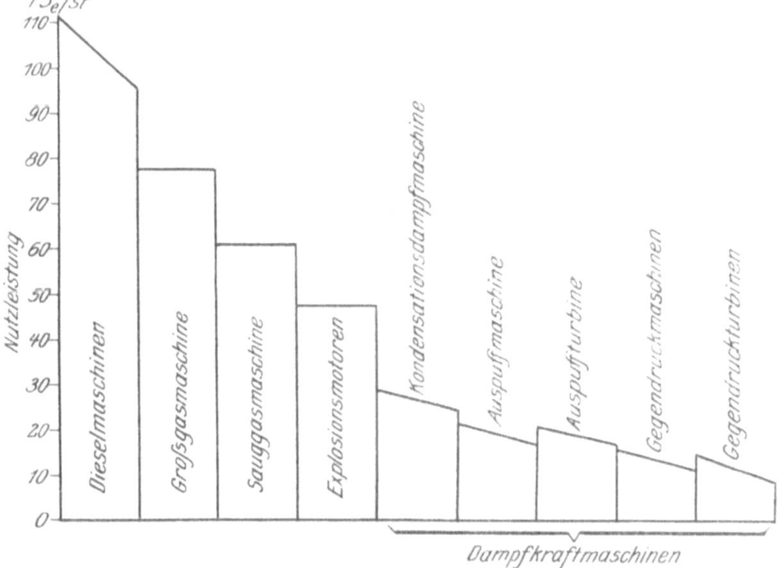

Fig. 4. Nutzleistung der verschiedenen Wärmekraftmaschinen für je 100000 Kal. nutzbarer Abwärme.

Für Sauggasmaschinen:

Englischer Anthrazit	8100	bis	9000	Kal./kg
Französischer ,.	7600	,,	8600	,,
Amerikanischer ,, ...	7900			,,
Hannoverscher Halbanthrazit . . .	6000			,,
Braunkohlenbriketts	4500	,,	5100	,,

Für Großgasmaschinen:

Leuchtgas.	i. M.	5600		Kal./cbm
Koksofengas.	3500	bis	4500	,,
Mischgas	1400	,,	1520	,,
Braunkohlenbrikettgas	1100	,,	1300	,,
Gichtgas	750	,,	900	,,

Für Explosionsmotoren:

Benzin . . . . 10 500 Kal./kg
Benzol . . . .   9 600   ,,
Naphthalin . . . .   9 600   ,,

Für Dieselmaschinen siehe Seite 130.

Aus den Brennstoffkosten an der Verwendungsstelle und dem Heizwert ist der Wärmepreis im einzelnen Fall leicht zu berechnen.

Wirtschaftlich besonders bemerkenswert ist die Großgasmaschine, welche mit Gicht- oder mit Koksofengas[1]), also mit Abfallwärme betrieben wird. Sie erscheint hinsichtlich Kraftausbeute für die Abwärme als Bezugseinheit an zweiter Stelle. Da der Wärmepreis dieser Maschinenart wohl der billigste unter allen Kraftmaschinen ist, muß man sie, als die wirtschaftlich wertvollste Wärmekraftmaschine bezeichnen. Die Großgasmaschine kann aber nur da aufgestellt werden, wo Gicht- oder Koksofengase verfügbar sind, sie ist also auf ein bestimmtes Anwendungsgebiet beschränkt.

Zu den Dampfkraftmaschinen ist zu bemerken, daß bei großem Abwärme-, aber geringem Kraftbedarf oder geringer Kraftverwertungsmöglichkeit die Gegendruckturbine die geeignetste Kraftmaschine ist. Bei steigendem Kraftbedarf kommen alsdann die Maschinen in der Reihenfolge der Fig. 3 in Frage: Gegendruckkolbenmaschine, Auspuffturbine, Auspuffmaschine. Bei großem Kraft-, aber geringem Bedarf an Abwärme ist in erster Linie die Kondensationsmaschine zu nennen. Das Anwendungsgebiet der Maschinen mit Zwischendampfentnahme erstreckt sich von der Gegendruckturbine bis zur normalen Kondensationsmaschine.

In den Abschnitten, welche den einzelnen Maschinenarten gewidmet sind, wird zu erörtern sein, welche Gesichtspunkte bei der Wahl, bei der Berechnung und beim Betrieb der Kraftmaschinen für Abwärmeverwertung zu berücksichtigen sind.

Einschlägige Literatur.

Ch. Eberle, Die Wärmeausnützung in den Dampfanlagen. Z. bay. R. V. 1902 S. 1.

W. Deinlein, Dampfmaschinen und Heizungsanlagen. Z. bay. R. V. 1908 S. 13.

M. Tejessi, Die Abdampfverwertung. Z. Dampfk. Unt. u. Vers. Ges. 1909 S. 57.

Tilly, Heizung, Warmwasserbereitung, Kraftbetrieb und Beleuchtung mit Niederdruck-Dampfturbinen bei Abdampfausnützung. Ges.-Ing. 1909 S. 587.

[1]) Über den Wert dieser Gase s. K. Rummel, Die Gaswirtschaft auf Eisenhüttenwerken. Z. V. deutsch. Ing. 1914, S. 1156.

W. Deinlein, Wärmeverwertung in Verbindung mit Dampf-und Verbrennungsmaschinen. Z. bay. R. V. 1911. S. 187.

H. Schmitz, Die Verwertung der Abwärme beim Dampfbetriebe. Z. V. deutsch. Ing. 1911 S. 224.

K. Heilmann, Die Wärmeausnützung der heutigen Kolbendampfmaschine. Z. V. deutsch. Ing. 1911 S. 921.

J. Rößler, Abwärmeverwertung von Dampf-, Gasmaschinen und Turbinen. Socialtechnik 1912 S. 323.
Allgemeine Betrachtungen über den Wert der Abwärmeverwertung. Die Zahlenwerte sind mit Vorsicht zu gebrauchen.

H. Bergmann, Die Kosten der elektrischen Energie an der Verbrauchsstelle und die Bestimmung des Verkaufspreises der elektrischen Energie. Schweiz. El. Z. 1912 S. 475.

Kosten der Krafterzeugung im Dampfbetriebe. Z. bay. R. V. 1912 S. 84.

K. Brabbeé, Forschungsarbeiten der Prüfungsanstalt für Heizungs- und Lüftungseinrichtungen in Berlin, nebst einem Anhang über Abwärmeverwertung. Ges. Ing. 1912 S. 429.

Reischle, Die Zukunft der Dampfmaschine. Z. bay. R. V. 1912 S. 1.

K. Heilmann, Die Beurteilung der Kolbenmaschine. Z. D. M. 1913 S. 339.

Über wärmetechnische Abdampfverwertung. Haust. Rundsch. 1913 S. 177.

K. Hoefer, Technische und wirtschaftliche Erfahrungen im Dampfturbinenbetrieb. Z. ges. Turb. Wes. 1913 S. 534.

A. Schulze, Verbindung von Kraft- und Heizbetrieben. Ges.-Ing. 1913 S. 821.

K. Hartung, Anschluß an Elektrizitätswerk oder eigene Kraftanlage. Z. D. M. 1914 S. 373.
Gegenüber dem Anschluß an Überlandzentralen werden die Vorteile der eigenen Kraftanlage bei Verwertung der Abwärme allgemein erörtert.

Laaser, Abdampf- und Zwischendampfverwertung. Z. V. deutsch. Ing. 1914 S. 1646.
Bericht über seinen Vortrag im Unterweser Bezirksverein.

Hautog und Ammon, Größenbemessung und Wirtschaftlichkeit von Abdampfverwertungsanlagen. Glückauf 1914 I S. 569.
Für Heizung und Warmwasserbereitung genügen im Zechenbetrieb etwa $5^0/_0$ der gesamten Abdampfmenge. Für die Vorwärmung des Kesselspeisewassers können weitere $11,5\,^0/_0$ verwendet werden. Abdampfverwertung zur Energieerzeugung. Berechnung der Größe der Abdampfspeicher verschiedener Bauarten. Abdampfspeicher der Gutehoffnungshütte.

E. Stadelmann, Die Verwertung der Abwärme. Ges. Ing. 1917 S. 395.

Kraft- und Wärmewirtschaft in der Industrie. Z. bay. R. V. 1918 S. 71.

K. Heilmann, Die Ausnützung der Abwärme insbesondere bei Wärmekraftmaschinen. Z. D. M. 1918 S. 113. Dingler 1918 S. 156. Z. V. deutsch. Ing. 1918 S. 278.
Bericht über seinen Vortrag im Berliner Bezirksverein. Angaben über Kohlenvorräte und Kohlenverbrauch der Welt. Erzeugung von Wärme aus Abfallstoffen und Abfallenergien. Die Abwärmemengen der verschiedenen Wärmekraftmaschinen. Tabellen der Wärmebilanzen mit besonderer Berücksichtigung der Lokomobilen. Eignung von Abdampf, Kühlwasser, Kondensat und Abgasen für Heizzwecke. Wärmeaustauschapparate. Kolbendampfmaschinen und Dampfturbinen als Heizungskraftmaschinen. Versuchsergebnisse einer 170 PS.-Lokomobile bei verschiedenen Gegendrücken. Zwischendampfentnahme. Wirtschaftlicher Nutzen der Abwärmeverwertung. Anwendungsgebiete.

De Grahl, Die Ausnützung der Kohle bei ihrer Verbrennung, Entgasung und Vergasung. Z. D. M. 1918 S. 228.
Graphische Wärmebilanzen für verschiedene Arten der Ausnützung der in der Kohle enthaltenen Wärme. Beispiel des Betriebes einer Klinik, wo durch Aufstellung einer Auspuffturbine und Ausnützung des Abdampfes derselben die Betriebskosten auf $36\,^0/_0$ der ursprünglichen Kosten bei getrennter Kraft- und Heizdampferzeugung und Bezug von elektrischem Strom aus dem städtischen Netz sich ermäßigen ließen.

F. Barth, Kohlenersparnis bei industriellen Feuerungen. Z. D. M. 1918 S. 257.
Allgemeine Würdigung der Hebung der Wirtschaftlichkeit von Dampfbetrieben durch Wahl und Ausbildung, Bedienung und Instandhaltung der Feuerungseinrichtung. Verbindung von Kraft- und Heizbetrieb.

L. Crusius, Die Ausnützung vorhandener Wärmequellen in Fabriken. Ges. Ing. 1918 S. 821.

H. Gleichmann, Ein Beitrag zur Frage der Bewirtschaftung von Brennstoff und Energie. Z. bay. R. V. 1919 S. 44.

K. Brabbeé, Deutschlands zukünftige Kohlenwirtschaft. Z. V. deutsch. Ing. 1919 S. 133 u. 195.

II. Kraft- und wärmetheoretische Untersuchung der Maschinen mit Abwärmeverwertung.

1. Dampfmaschinen.

a) Die Kondensationsmaschine mit hohem Vakuum.

Die Einzylinderkondensationsmaschine ist nur mehr selten anzutreffen, weil bei einstufiger Dampfdehnung der Nutzen der Kondensation nicht sehr erheblich ist und es sich in der Regel um kleinere

Anlagen handelt, welche man nicht gerne durch die Kondensation kompliziert. Um die Expansion des Dampfes tief genug treiben zu können, müßte der Zylinder sehr große Abmessungen erhalten und dabei kleine Füllungsgrade, so daß die Abkühlungs-, Wandungs- und Drosselverluste so groß werden, daß sie den durch die Kondensation erzielbaren Nutzen fast aufwiegen.

Ein großes Anwendungsgebiet hat jedoch die gewöhnliche Kondensations-Verbunddampfmaschine. Sie wird mit Misch- oder mit Oberflächenkondensation ausgerüstet. Im ersteren Fall wird in den Abdampf der Maschine Wasser in feinen Strahlen eingespritzt, weshalb man diese Art auch als Einspritzkondensation bezeichnet. Im zweiten Fall wird der Abdampf an Kühlflächen entlang geführt, durch welche er seine Wärme an Wasser abgibt. Die Strahlkondensation ist eine Abart der Mischkondensation, In sämtlichen Fällen findet in der Regel das durch den Abdampf erwärmte Wasser keine Verwendung mehr. Bei der Einspritzkondensation ist es mit dem Zylinderschmieröl der Maschine mehr oder minder verunreinigt. Ein kleiner Teil des warmen Einspritzwassers und das Kondensat aus Oberflächenkondensatoren werden nach erfolgter Entölung zuweilen zum Kesselspeisen verwendet und auf diese Weise wenigstens ein Bruchteil der Abwärme der Maschine ausgenützt. Den größeren Teil des warmen Kühlwassers läßt man entweder weglaufen oder man kühlt es in Kühltürmen (Rückkühlanlagen) wieder ab.

Trotz der niederen Temperaturen des Vakuumdampfes,

bei 0,1 Atm. abs. Druck . . . . . 45,6 °C
 ,, 0,15 ,,   ,, ... 53,7 ,,
 ,, 0,2   ,,   ., ... 59,8 ,,
 ,, 0,25 ,,   ,, ... 64,6 ,,
(Zahlentafel 10.)

könnte dessen Wärmeinhalt — wie wir im vorangehenden Abschnitt gesehen haben, 76 bis 81 % der der Maschine zugeführten Wärme — noch in sehr vielen Fällen ganz oder teilweise nutzbringend verwertet werden. Mit 65 °C kann eine Warmwasserheizung aus dem Kühlwasser einer Oberflächenkondensation ohne Nacherwärmung des Wassers noch bei —5 °C Außentemperatur betrieben werden, mit 58 °C bei einer Außentemperatur bis zu 0 °C. Es würde also nur während weniger Tage der Heizzeit ein Nachwärmen in eigens gefeuerten Kesseln oder Öfen oder durch Abgase notwendig werden, wenn man nicht zu dem einfachen Mittel der vorübergehenden Verschlechterung des Vakuums greifen will. Auch für Warmwasserversorgung, Bäderbereitung und manche Fabrikationszwecke sind Wärmegrade von 40 bis 60 °C durchaus hinreichend.

Statt der Wasserkondensation kann auch eine **Luftkondensation** gewählt werden. Mit solchen Apparaten ist eine Luftleere von 80 bis 85 °/o erreichbar. Ein Lufterhitzer kann auch zwischen Maschine und Wasserkondensator eingeschaltet werden. Mit 1 kg Abdampf von 0,2 Atm. abs. Spannung sind 10 kg Luft von 10°C Temperatur und 80 °/o Sättigung auf 50°C und gleichem Sättigungsgrad zu erwärmen, desgleichen 50 kg Luft von 10°C und 80 °/o Sättigung auf 50°C ohne Wasserdampfzufuhr, so daß der Sättigungsgrad der warmen Luft auf 11,4 °/o abgenommen hat. Durch den vor den eigentlichen Kondensator geschalteten Lufterhitzer wird die Luftleere in der Maschine nicht merklich verschlechtert, in manchen Fällen sogar verbessert.

Vor den gleichzeitig als Vorwärmer für Wasser oder Luft dienenden Kondensator oder vor den zwischen Maschine und Kondensator geschalteten Lufterhitzer fügt man vorteilhafterweise einen Dampfentöler ein, der die Wärmeübertragungsflächen von Öl möglichst freihält.

Der wirtschaftliche Wirkungsgrad einer Kondensationsmaschine kann von 15 bis 20 °/0 durch die Abwärmeverwertung auf mindestens 86 bis 93 °/o gehoben werden. Bei der Einfachheit, mit der die Abwärmeverwertung mit jeder Kondensationsmaschine zu verbinden ist, sollte die Abwärmevernichtung, wenigstens während der Heizzeit, zu den seltenen Ausnahmen gehören.

b) Die Auspuff- und Gegendruckmaschine.

Die Einzylinder-Auspuffmaschine ist eine noch sehr verbreitete Erscheinung in industriellen, gewerblichen, landwirtschaftlichen und anderen Betrieben. Man findet vielfach nichts dabei, wenn jahraus, jahrein der Abdampf solcher Maschinen unausgenützt bleibt und über Dach bläst, denn man hütet sich ängstlich, der Maschine ja keinen höheren Gegendruck als atmosphärischen, wie man dies von der Abdampfverwertung befürchtet, zuzumuten. Der „schädliche Gegendruck auf den Kolben" ist schon oft schuld gewesen, daß die Heizung oder die Warmwasserbereitung nicht mit dem Abdampf der Maschine betrieben wurden. In diesem Falle liegt dann allerdings der Schaden erst recht auf dem Kohlenbudget des schlecht beratenen Maschinenbesitzers.

Eine mäßige Erhöhung des Gegendruckes über den Atmosphärendruck hat in Wirklichkeit auf den Dampfverbrauch der Maschine nicht den übermäßigen Einfluß, wie oft geglaubt wird. Ja selbst bedeutendere Gegendrücke lassen sich in ihrer Wirkung auf den Dampfverbrauch durch Wahl einer höheren Dampfanfangsspannung ausgleichen. In Fig. 5 ist der Dampfverbrauch der verlustlosen Maschine bei verschiedenen Anfangs- und Gegendrücken und normaler Belastung graphisch dargestellt und zwar zunächst für Sattdampf. Den Verlauf der Kurven für überhitzten Dampf von 300° zeigt Fig. 6.

Bei 15 Atm. Üb. Anfangs- und 7 Atm. Üb. Gegendruck ist der Dampfverbrauch der verlustfreien Maschine etwa ebenso hoch als bei Betrieb mit 9 Atm. Üb. Anfangs- und 4 Atm. Üb. Gegendruck. Der Vorteil, den man aus der Erhöhung des Anfangsdruckes ziehen kann, ist um so größer, je höher der Gegendruck ist. Für Sattdampfbetrieb gilt dies in höherem Maße als für Heißdampfbetrieb. Im übrigen zeigt die verlustfreie Maschine, wie zu erwarten, keinen wesentlichen Unterschied zwischen Betrieb mit Sattdampf und Heißdampf.

Mit der Wahl des Dampfanfangsdruckes geht man bereits sehr weit. Eine ausgeführte Einzylindermaschine mit 17 Atm. Anfangsüberdruck und 8 Atm. abs. Gegendruck ist auf S. 164 dieses Buches, eine Einzylindermaschine mit 15,5 Atm. Üb. Anfangs- und 3 Atm. Üb. Gegendruck auf S. 27 erwähnt. Maschinen mit 13 bis 15 Atm. abs. Anfangsspannung des Dampfes bilden keine Seltenheit.

Der oft gehörte Einwand gegen die Maschine mit Abdampfverwertung, daß die Leistung mit dem Gegendruck abnimmt, ist nicht stichhaltig. Eine geringe

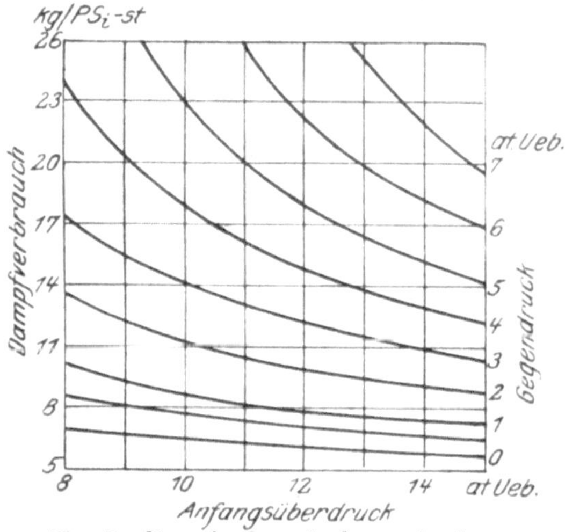

Fig. 5. Dampfverbrauch der verlustlosen Sattdampfmaschine bei verschiedenen Betriebsbedingungen.

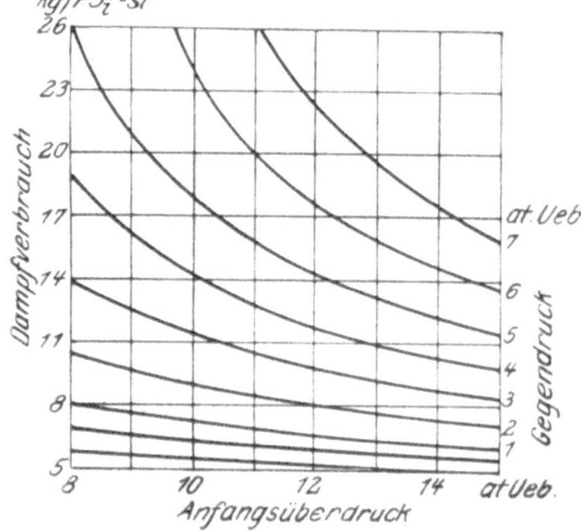

Fig. 6. Dampfverbrauch der verlustlosen Heißdampfmaschine bei verschiedenen Betriebsbedingungen.

Vergrößerung der Füllung ist bereits imstande, die durch Erhöhung des Gegendruckes zu Verlust gegangene Diagrammfläche zu ersetzen. Vom wirtschaftlichen Standpunkt aus wäre jenes Diagramm anzustreben, welches in eine Spitze endigt (Spitzendiagramm, vollständige Expansion). Legt man dasselbe der Normalleistung zugrunde, so findet man, daß die Leistungsfähigkeit einer Maschine mit wachsendem Gegendruck statt abzunehmen, sogar ganz wesentlich steigt. Für eine Einzylindermaschine mit 11^1/$_2$ Atm. Anfangsüberdruck bei 300° Temperatur ist die Leistung nach dem Spitzendiagramm sowie die dazugehörige Füllung in Fig. 7 dargestellt. Bei dem gewählten Anfangsdruck steigt die Leistung an bis zu einem Gegendruck von 4 Atm. Dabei beträgt der Füllungsgrad 49 °/o. Je höher der Gegendruck bei festgewähltem Anfangsdruck, desto weniger ist allerdings die Maschine über das Spitzendiagramm hinaus überlastbar. Auch die Regulierfähigkeit einer Maschine mit ganz großer Füllung verschlechtert sich, doch ist im gewöhnlichen Betrieb eine Störung aus diesem Grunde nicht zu befürchten.

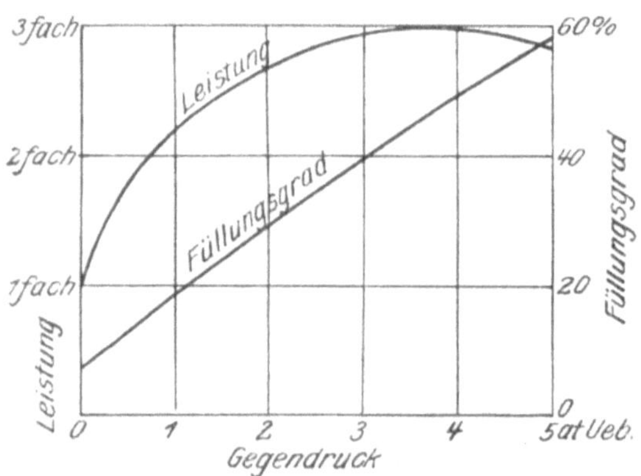

Fig. 7. Leistung und Füllungsgrad der Einzylindermaschine mit vollständiger Expansion bei verschiedenen Gegendrücken.

p$_a$ = 11^1/$_2$ Atm. Üb. t$_a$ = 300° C.

Die in Fig. 8 dargestellten Mittelwerte des Dampfverbrauches in Abhängigkeit vom Anfangs- und Gegendruck habe ich aus 54 Dampfverbrauchsversuchen des Bayerischen Revisionsvereins, ausgeführt an Sattdampf-Einzylindermaschinen aus den Jahren 1909 bis 1917[1]), gefunden. Der geometrische Ort der über dem Gegendruck als Abszisse aufgetragenen Dampfverbrauchszahlen erscheint für gleiche Anfangsdrücke als Gerade. Ein Vergleich des Dampfverbrauchs der verlustfreien Maschine mit den ausgeführten Maschinen ergibt, daß in Wirklichkeit der günstige Einfluß des höheren Anfangsdruckes sogar noch größer ist. Die mit 9,5 Atm. Anfangs- und 3 Atm. Üb. Gegendruck betriebene Maschine weist den gleichen Dampfverbrauch auf als die

---

[1]) Z. bay. R. V. 1910 bis 1918. Dampfverbrauchs- und Leistungsversuche an Dampfmaschinen.

Maschine mit 6,5 Atm. Anfangs- und 1 Atm. Üb. Gegendruck, während nach der verlustfreien Maschine statt 9,5 Atm. Anfangsdruck ein solcher von 12 Atm. zum Ausgleich des höheren Gegendruckes nötig wäre.

In Übereinstimmung mit der verlustfreien Maschine zeigt sich bei höheren Gegendrücken die Erhöhung des Anfangsdruckes belangreicher als bei geringen. So ermäßigt die Hinaufsetzung des Dampfanfangsüberdruckes von 6,5 auf 9,5 Atm. den Dampfverbrauch der Sattdampf - Auspuffmaschine um 4,4 kg/PS_i-St., dagegen den Verbrauch der mit 1,5 Atm. Üb. Gegendruck betriebenen Maschine um 7 kg/PS_i-St.

Bei Betrieb mit Heißdampf wird der Dampfverbrauch von drei Größen beeinflußt: dem Anfangsdruck, dem Gegendruck und dem Grad der Überhitzung. Zur Darstellung dieser mehrfachen Abhängigkeit wäre ein Raumdiagramm zu zeichnen.

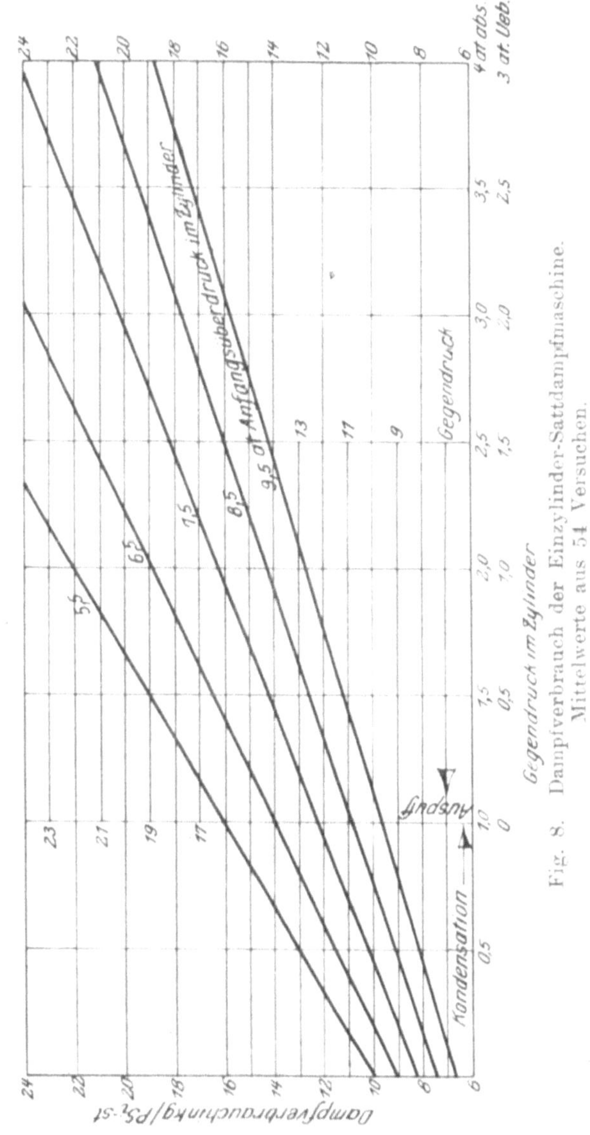

Fig. 8. Dampfverbrauch der Einzylinder-Sattdampfmaschine. Mittelwerte aus 54 Versuchen.

Die Berechnung des Dampfverbrauches der Gegendruckmaschinen kann bei Sattdampfbetrieb nach Fig. 8 erfolgen. Für höhere

Anfangs- und Gegendrücke liegen nur ganz vereinzelte Versuche vor. Höhere Anfangsdrücke als 10 Atm. zählen aber bei Sattdampf-Einzylindermaschinen zu den Seltenheiten, für Heißdampfbetrieb geht man bei der Vorausberechnung des Dampfverbrauches am einfachsten vom indizierten thermodynamischen Wirkungsgrad aus. Das adiabatische Wärmegefälle zwischen dem Anfangs- und Gegendruck im Zylinder sei Φ. Es ist aus dem Mollierschen i-s-Diagramm ohne jede Rechnung zu entnehmen. Ist η_i der angenommene indizierte thermodynamische Wirkungsgrad der Maschine, so berechnet sich der Dampfverbrauch pro PS_i-St. zu

$$C_i = \frac{632,3}{\eta_i \cdot \Phi} \text{ kg}/PS_i - \text{St.}^1)$$

Der Wirkungsgrad η_i ist um so höher anzunehmen, je höher der Anfangsdruck, je höher der Gegendruck und je höher die eventuelle Dampfüberhitzung sind. Aus dem entworfenen Indikatordiagramm ist der Expansionsenddruck zu entnehmen. Je näher dieser dem Gegendruck liegt, auch desto größer nehme man den indizierten thermodynamischen Wirkungsgrad.

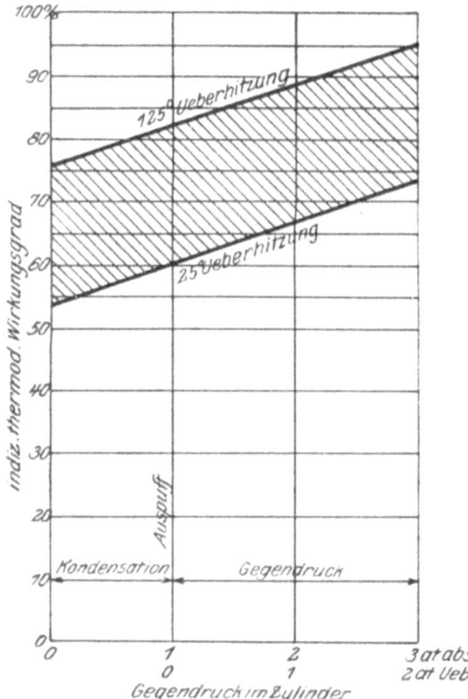

Fig. 9. Bereich der indiz. thermodynam. Wirkungsgrade von 58 Einzylinder-Heißdampfmaschinen.

Fig. 9 gibt den Bereich der indizierten thermodynamischen Wirkungsgrade von 58 Heißdampf-Einzylindermaschinen an, ebenfalls berechnet nach Versuchen des Bayerischen Revisionsvereins aus den Jahren 1909 bis 1917[2]). Der

---

¹) Ein handliches Taschenformat der i-s Tafel findet sich in F. Barth, Die Dampfmaschinen I. Sammlung Göschen. Seite 51. Ferner ist die Tafel enthalten in: R. Mollier, Neue Tabellen und Diagramme für Wasserdampf, Stodola, Die Dampfturbinen, Schüle, Technische Wärmemechanik, Schüle, Die Eigenschaften des Wasserdampfes nach den neuesten Versuchen, Z. V. deutsch. Ing. 1911, S. 1560.

²) Z. bay. R. V. 1910 bis 1918. Dampfverbrauchs- und Leistungsversuche an Dampfmaschinen.

Bereich der Versuche erstreckt sich auf Kondensations-, Auspuff- und Gegendruckmaschinen bis 3 Atm. abs. Gegendruck und auf Überhitzungsgrade von 25 bis 125 °C über die dem Dampfanfangsdruck entsprechende Sättigungstemperatur. Genauer als durch den in Fig. 9 schraffierten Bereich läßt sich η_i aus den Versuchen nicht festlegen. Ich fand bestätigt, was schon a. a. O.[1] festgestellt wurde, „daß für Auspuffmaschinen die Zunahme des thermodynamischen Wirkungsgrades mit der Temperatur sehr schwankt und ziemlich stark von der Temperatur selbst abzuhängen scheint. Es ergeben sich Werte von 0,5 bis 2 Einheiten für 10 °C.“ Mit steigendem Gegendruck nimmt der thermodynamische Wirkungsgrad zu. Dies kommt hauptsächlich daher, weil die ganze Expansion des Dampfes im trockenen oder vielmehr im überhitzten Gebiet verläuft und die Abkühlungs-, Drossel- und die Verluste durch die schädliche Wandwirkung geringer werden.

Fig. 10 stellt die Veränderung des thermodynamischen Wirkungsgrades einiger Auspuffmaschinen bei Steigerung der Überhitzung nach K a m m e r e r dar[1]). Wie man sieht, können schon mit Auspuffmaschinen bei den gebräuchlichen Dampftemperaturen von 250 bis 300 °C indizierte Wirkungsgrade von über 80 °/₀

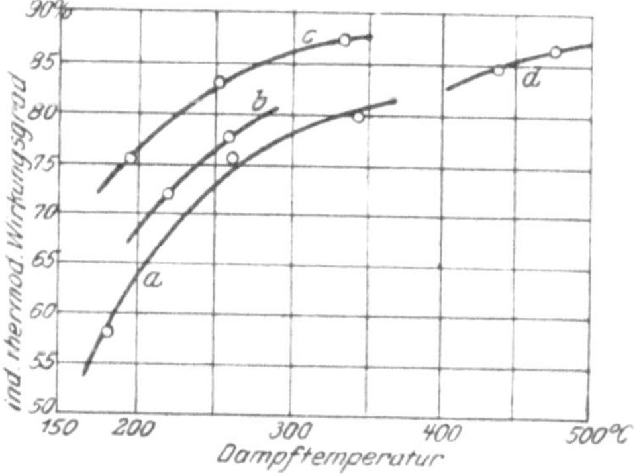

Fig. 10. Indizierter thermodynamischer Wirkungsgrad

a einer 50 PS. Einzylinder-Auspuffmaschine.
b „   80   „   „   Gegendruck-(2 Atm. abs.) Maschine.
c „   90   „   Verbund-Auspuffmaschine.
d „   130   „   „   „   (Lokomobile).

erreicht werden. Bei weiterer Steigerung der Dampftemperatur wird die Zunahme des Wirkungsgrades mäßiger. Man vermeidet in der Regel auch aus praktischen Gründen, so wegen der Schwierigkeit der zuverlässigen Schmierung, der Dampfentölung usw. höhere Überhitzungen.

Die Auspuff-, oder bei Bedarf von höher gespanntem Dampf die Gegendruckmaschine, ist überall da am Platze, wo

1. aller der augenblicklichen Maschinenbelastung entsprechender Abdampf sofort verbraucht wird,

2. wo die Maschine nach dem jeweiligen Abdampfbedarf belastet werden kann, weil die augenblicklich nicht benötigte Leistung aufgespeichert (z. B. in Akkumulatorenbatterien) wird,

---

[1]) V. K a m m e r e r, Einfluß der Überhitzungstemperatur auf den Dampfverbrauch der Dampfmaschinen. Z. D. M. 1914, S. 483.

3. wo die Maschine nach dem jeweiligen Kraftbedarf belastet werden kann, während die augenblicklich nicht verwertbare Abwärme in Dampf- oder Wärmespeichern der späteren Verwendung zugeführt wird.

In jenen Fällen, wo der Abdampf zeitweilig nicht ausgenützt wird, ist eine Kostenberechnung darüber anzustellen, welche Verbindung von Kraft- und Wärmeerzeugung am wirtschaftlichsten wird. Dabei sind die Betriebs- wie die Anlagekosten zu berücksichtigen und ist nicht zu vergessen, daß bei der Möglichkeit der Abschreibung der eigenen Betriebsanlagen nach 10 bis 15 Jahren noch ein wertvolles Objekt vorhanden ist, während bei Kraft- oder Wärmebezug von außen nur ein Päckchen wertloser Rechnungen übrigbleibt.

Durch die Krafterzeugung mit der einfachen und billigen Auspuff- oder Gegendruckmaschine und durch Verwertung des Abdampfes der Maschine ist in zahlreichen Fällen eine Anlage zu schaffen, welche an Wirtschaftlichkeit nicht zu überbieten ist, beträgt doch vorsichtig gerechnet der wirtschaftliche Wirkungsgrad:

	der Auspuffmaschine	der Gegendruckmaschine bei 5 Atm. abs. Gegendruck
für Krafterzeugung . .	9 bis 11$^{1}/_{2}$ $^{0}/_{0}$	9 bis 6$^{1}/_{2}$ $^{0}/_{0}$
„ Wärmeabgabe. . .	71$^{1}/_{2}$ „ 73 $^{0}/_{0}$	77 „ 79$^{1}/_{2}$ $^{0}/_{0}$
zusammen	80$^{1}/_{2}$ bis 84$^{1}/_{2}$ $^{0}/_{0}$	86 $^{0}/_{0}$

(Zahlentafel 11.)

Die Gegendruckkolbenmaschine weist gegenüber der normalen Auspuffmaschine die Eigentümlichkeit auf, daß die mittlere Wandungstemperatur eine höhere ist. Es muß infolgedessen auf eine gute Zylinderschmierung gesehen werden. In die Abdampfleitung wird in der Regel ein automatisch wirkendes Zusatzventil eingebaut, welches herabgedrosselten Frischdampf eintreten läßt, sobald die Maschine zu wenig Abdampf gibt. Der Eintritt des Zusatzdampfes vom Abdampfrohr in die unbelastete Maschine und damit das Durchgehen der Maschine muß durch ein Rückschlagventil oder dgl. unmöglich gemacht werden.

Wo mehrere Maschinen nebeneinander arbeiten, kann die Anordnung so getroffen werden, daß eine Maschinengruppe mit Gegendruck- oder Auspuffbetrieb nur nach dem Abdampfbedarf belastet wird, während die andere die erforderliche Zusatzleistung bei Kondensationsbetrieb herstellt. Dabei wird die erste Gruppe durch einen Druckregler, der bei sinkendem Abdampfdruck die Füllung vergrößert, die andere durch einen gewöhnlichen Fliehkraftregler beherrscht.

Der Vorschlag, eine Zylinderseite mit Kondensation, die andere mit Gegendruck zu betreiben nach dem D.R.P. Nr. 211922, bietet unter anderen Schwierigkeiten besonders die Unannehmlichkeit eines schlechten Ungleichförmigkeitsgrades.

Der Kompressionsgrad einer Maschine, welche bald mit Auspuff oder Kondensation bald mit Gegendruck arbeitet, was bei nur vorübergehendem Abdampfbedarf vorkommt, soll veränderlich sein. Man ordnet

Fig. 11.

Einzylinder-Gegendruckmaschine von 750 PS., J. A. Maffei, München.

$p_a = 15^{1/2}$ Atm. Üb. $t_a = 300\ ^\circ$C. $p_g = 3$ Atm. Üb.

für die Auslaßsteuerung deshalb gerne verstellbare Exzenter oder andere Behelfe an. Eine Vorrichtung, die den Kompressionsgrad automatisch verstellt, ist von Strnad nach dem D.R.P. Nr. 238744 angegeben. Dabei wird die Kompressionsendspannung benützt, ein Ventil zu öffnen, welches Frischdampf in einen kleinen Zylinder gelangen läßt, dessen Kolben auf die Steuerung einwirkt.

Eine gewisse Rückwirkung hat die Abdampfverwertung dadurch auf den Dampfmaschinenbau geäußert, daß sie auch einfache, billige, aber nicht sehr dampfökonomisch arbeitende Maschinen wieder zu Ehren brachte. Doch ist die Meinung, „wenn der Abdampf verwertet werden kann, braucht die Maschine nicht Dampf sparen", nicht immer stichhaltig. Im Gegenteil, oft ist es gerade erwünscht, mit einer gewissen Abdampfmenge die größtmöglichste Leistung zu erzielen.

Die Abdampfverwertung brachte es ferner mit sich, daß jetzt Einzylindermaschinen für große Leistungen und hohe Anfangsdrücke gebaut werden, So zeigt z. B. Fig. 11 die Einzylinderbetriebsmaschine einer Buntweberei mit folgenden Hauptabmessungen:

$15^1/_2$ Atm. Anfangsüberdruck,
520 mm Zylinderdurchmesser,
1000 mm Hub,
125 Umdrehungen und
750 PS. Nutzleistung.

c) **Sonderbauarten der Einzylindermaschine mit Heizdampfentnahme.**

Die Einzylindermaschine wird auch als Gleichstrommaschine gebaut. Für Gegendruckbetrieb ist sie nicht brauchbar. Der ihr eigene hohe Kompressionsgrad und die Begründung ihrer dampfökonomischen Vorteile weisen ihr den Platz unter den Kondensationsmaschinen zu. Man hat vorgeschlagen, sie mit teilweiser Dampfentnahme zu betreiben[1]. Der erste gangbare Weg ist die Entnahme von

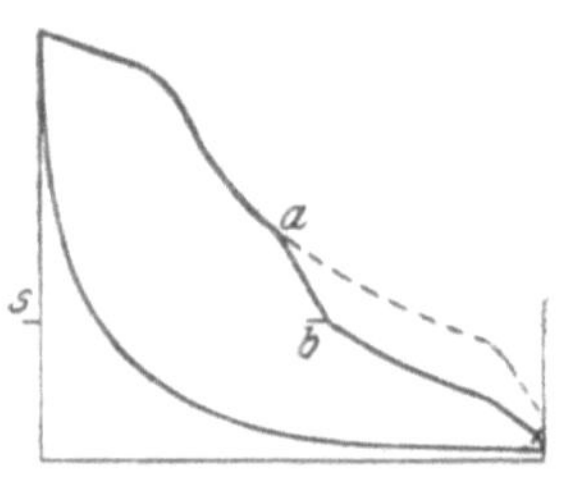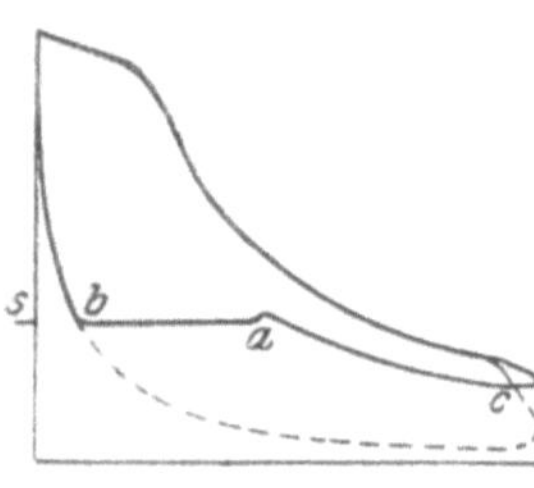

Fig. 12 u. 13.   Indikatordiagramme der Gleichstrommaschine mit Dampfentnahme.

Dampf während der Expansion durch Anbringung einer Anzapfstelle, die, vom Kolben freigelegt, sich unter dem Drucke a (vgl. Fig. 12) selbsttätig öffnet und, nachdem der Druck im Zylinder auf den Be-

---

[1] J. Stumpf, Die Gleichstromdampfmaschine.

trag b gesunken ist, sich selbsttätig wieder schließt. Der Druck b entspricht dem Entnahmedruck s. Die zweite Möglichkeit wäre eine Dampfentnahme während der Kompressionsperiode nach Fig. 13. Im Punkte a der Kompressionslinie öffnet sich ein gesteuertes in den Kolben eingebautes Ventil, worauf durch den hohlen Kolben und die rückwärts verlängerte Kolbenstange der Heizdampf ausströmt, bis im Punkte b das gesteuerte Ventil sich wieder schließt. Der Kompressionsanfangsdruck c wird bei jeder Belastung der Maschine durch eine Drosselvorrichtung in gleicher Höhe erhalten. Die Dampfentnahme ersterer Art gestattet die Verbindung der Zwischendampfverwertung mit dem Vorzug der Gleichstrommaschine, nämlich der Ausnützung hoher Luftleeren. Beim zweiten Verfahren, dem Gegendruckbetrieb ähnlich, kann durch Veränderung der Kompressionsanfangsspannung c eine Spannung des Abdampfes a nach Bedürfnis erzielt werden. Durch Ausschaltung der Entnahmevorrichtungen ist in beiden Fällen der normale Kondensationsbetrieb herstellbar. Die Gleichstrommaschine mit Dampfentnahme würde sich, besonders bei geringen Belastungsschwankungen, für Fälle zeitweilig aussetzenden Dampfbedarfes gut eignen. Die praktische Ausführung einer Gleichstrommaschine mit Zwischendampf- oder Abdampfverwertung nach dem Vorschlage Stumpfs ist nicht bekannt geworden.

Nach einem Vorschlag J. Missongs (D.R.P. Nr. 240713) werden die beiden Zylinderseiten einer Einzylindermaschine so hintereinander geschaltet, daß die eine Seite die Hochdruckstufe, die andere Seite die Niederdruckstufe darstellt. Bei voller Ausnutzung der beiden Arbeitsräume entspricht dies einer Verbundmaschine mit dem Zylinderverhältnis 1:1, was nur bei sehr großer Dampfentnahme zwischen den beiden Stufen zulässig sein würde. Um die Maschine auch für geringe oder gar keine Dampfentnahme

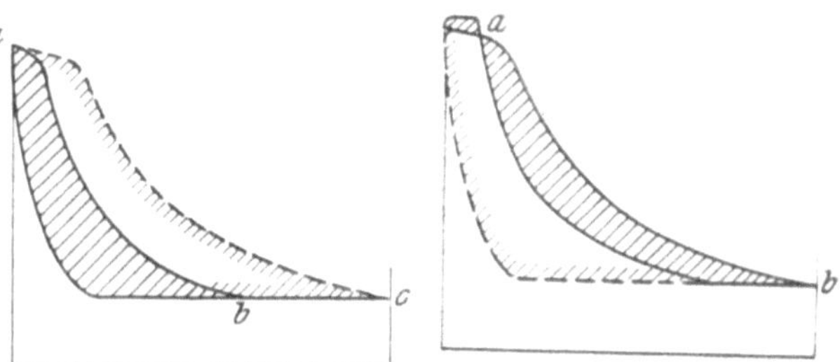

Fig. 14 u. 15. Hochdruckdiagramme der Einzylinderverbundmaschine mit Zwischendampfentnahme.

brauchbar zu machen, kann man wiederum zwei Wege einschlagen. Beide beruhen darauf, das wirksame Hochdruckvolumen zu verkleinern.

Die nächstliegende Art wäre, außer der Hochdruckfüllung auch die Vorausströmung im Hochdruckteil abnehmen zu lassen (Fig. 14).

Der wirksame Kolbenhub reduziert sich auf die Strecke a b. Auf dem restlichen Hub b c ist der Hochdruckteil unwirksam. Die Strecke b c wird je nach der Dampfentnahme verändert.

Die zweite Art (D.R.P. Nr. 254189), welche von der Maschinenfabrik Thyssen an einer Versuchsmaschine Bauart Missong ausgeführt wurde, besteht darin, daß gleichzeitig mit der Hochdruckfüllung die Kompression und der Voreinlaß verändert werden und zwar so, daß bei verringerter Dampfentnahme die Füllung zurückgeht und die Kompression wie der Voreinlaß früher beginnen (Fig. 15). Das wirksame Hochdruckvolumen verringert sich dabei auf die durch die Strecke a b dargestellte Größe. Die Regelung erfolgt, indem der Geschwindigkeitsregler die Maschinenleistung dem Kraftbedarf anpaßt, dadurch daß er die Füllung des Niederdruckzylinders verändert. Der Zwischendampfdruckregler wirkt auf die Hochdruckfüllung, die Kompression und den Voreinlaß. Nimmt die Belastung ab, so gibt der Geschwindigkeitsregler dem Niederdruckzylinder kleinere Füllung. Da also weniger Dampf durch die Niederdruckstufe abgeführt wird, erhöht sich der Aufnehmerdruck und vergrößert unter Vermittlung des Druckreglers im Hochdruckteil die Kompression, während er dort gleichzeitig die Füllung verringert, wodurch weniger Dampf in die Maschine eintritt. Wenn die Niederdruckfüllung auf annähernd Null gebracht worden ist, wird vom Geschwindigkeitsregler auch die Hochdruckfüllung verkleinert, um ein Durchgehen der Maschine zu verhüten.

Der mechanische Wirkungsgrad einer solchen Maschine wird durch das unwirksame Hochdruckvolumen natürlich ungünstig beeinflußt. Immerhin betrug er nach Versuchen Prof. Dr. Pfleiderers an einer ausgeführten Maschine von 180 PS. bei Vollast etwa 91 %, bei Halblast 78 % im Auspuffbetrieb und 92 % bzw. 72 % im Kondensationsbetrieb. Die Missongmaschine eignet sich vorzugsweise für gleichbleibende, große Dampfentnahme.

Als weiteres Verfahren ist bekannt, eine Einzylindermaschine mit verschiedenen Gegendrücken auf beiden Kolbenseiten zu betreiben. In der Regel wird eine Maschinenseite mit Kondensation oder Auspuff, die andere mit dem gewünschten Gegendruck arbeiten. Dabei wird die Belastung der einen Seite durch den Kraftbedarf, der anderen durch den Heizdampfbedarf geregelt. Ein Nachteil dieser Maschinen ist der schwankende Ungleichförmigkeitsgrad, der unter Umständen ein schweres Schwungrad verlangt. Erfolgt die Regelung der Zylinderleistung nur durch einen auf beide Seiten wirkenden Fliehkraftregler, so hätte die mit dem höheren Gegendruck arbeitende Zylinderseite eine stets kleinere Leistung aufzuweisen als die andere Seite. Man kann deshalb nach D.R.P. Nr. 305701 der Gegendruckseite einen etwas voreilenden Füllungsgrad geben.

Die Sächsiche Maschinenfabrik vorm. R. Hartmann in Chemnitz baut neben gewöhnlichen Auspuff- und Gegendruckmaschinen auch solche, deren Leistung sich selbsttätig dem jeweiligen Abdampfbedarf

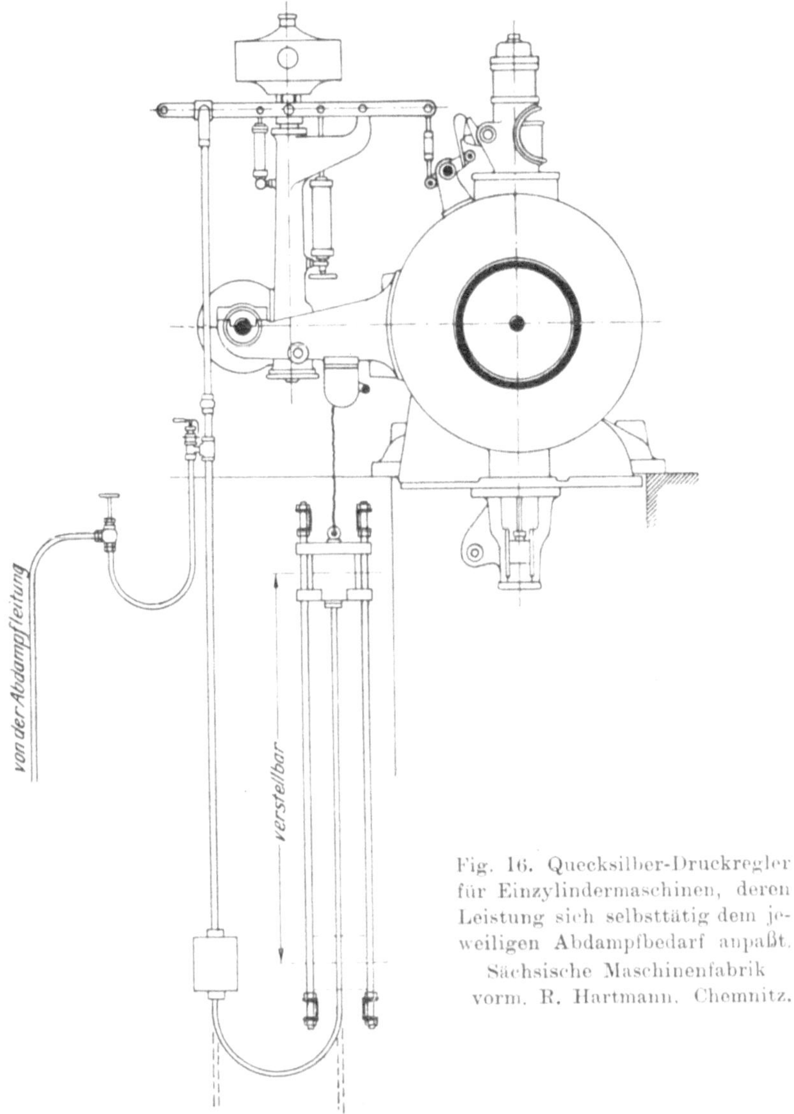

Fig. 16. Quecksilber-Druckregler für Einzylindermaschinen, deren Leistung sich selbsttätig dem jeweiligen Abdampfbedarf anpaßt. Sächsische Maschinenfabrik vorm. R. Hartmann, Chemnitz.

anpaßt. Hierbei wirkt ein in weiten Grenzen verstellbarer Quecksilberregler (Fig. 16) auf das Gestänge des Regulators derart unmittelbar ein, daß bei geringem Abdampfbedarf kleine Füllung im Zylinder gegeben wird. Der sich durch diese Füllungsverminderung ergebende Leistungsunterschied muß von einem mittelbar oder unmittelbar gekuppelten zweiten Maschinensatz übernommen werden. Je nach der Höhe des gewünschten Abdampfdruckes kann der Quecksilberregler beliebig eingestellt werden. Dieser besteht aus zwei kommunizierenden am Regulatorhebel aufgehängten und mit Quecksilber gefüllten Röhren. Die eine Seite steht unter dem Druck des Abdampfes (Heizdampfes), so daß jede Veränderung dieses Druckes die Quecksilberverteilung auf beide Seiten beeinflußt. Der Fliehkraftregler sorgt dafür, daß bei größem Abdampfbedarf und zu kleiner Belastung die Maschine nicht durchgeht. In diesem Falle muß dann gedrosselter Frischdampf der Heizung zugesetzt werden. Nach einer weiteren Ausführungsform der

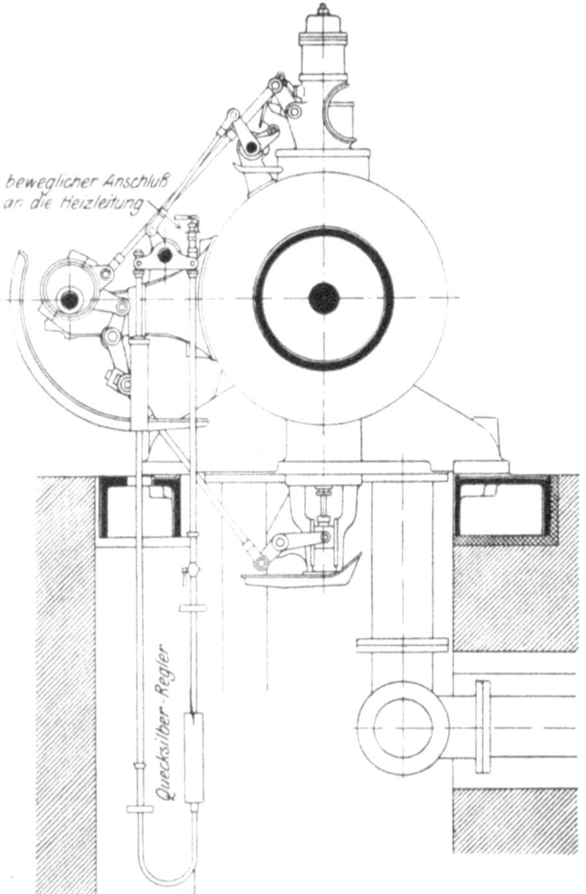

Fig. 17. Quecksilberregler für die Füllungsänderung des Gegendruckzylinders einer Zwillingsdampfmaschine mit Heizdampfentnahme. Sächs. Maschinenfabrik vorm. R. Hartmann, Chemnitz.

Sächsischen Maschinenfabrik wird ein Gegendruckzylinder nach Tandemart oder auch nach Art der Zweikurbelmaschinen mit einem normalen Kondensationszylinder gekuppelt. Wir erhalten so die Zwillingsdampfmaschine mit Heizdampfentnahme. Die Maschine in dieser Bauart ist besonders da am Platze, wo es sich um große Heizdampfmengen handelt, die jedoch nicht während der ganzen Betriebszeit in gleicher

Höhe in Betracht kommen. Die Regulierung beider Zylinder erfolgt in der Weise, daß bei zunehmendem Heizdampfbedarf der Gegendruckzylinder und bei abnehmendem Heizdampfbedarf der Kondensationszylinder belastet wird, ohne daß sich die Gesamtleistung der Maschine ändert. Es kann also der Fall eintreten, daß bei größtem Abdampfbedarf der Gegendruckzylinder nahezu die gesamte Leistung abgibt, dagegen bei geringem Abdampfbedarf der Kondensationszylinder. Die Regulierung der Dampfmenge erfolgt auch hier durch einen Quecksilberregler (Fig. 17), der auf die Einlaßsteuerung des Gegendruckzylinders einwirkt. Bei steigendem Abdampfbedarf, also bei sinkendem Heizdampfdruck, wird durch den Quecksilberregler größere Füllung und umgekehrt bei sinkendem Abdampfbedarf, also bei größer werdendem Heizungsdruck, kleinere Füllung eingestellt. Bei kleiner werdender Belastung bis zum Leerlauf stellt der Fliehkraftregler des Kondensationszylinders die Steuerung des Gegendruckzylinders ebenfalls zwangsläufig bis auf Nullfüllung ab, so daß ein Durchgehen der Maschine verhütet wird.

Die Kupplung der Regulierwellen der beiden Zylinder kann auch so eingestellt werden, daß statt der selbsttätigen Regulierung des Gegendruckzylinders durch einen Quecksilberregler beide Zylinder gemeinsam vom Fliehkraftregler allein beeinflußt werden und daß dann entweder beide Zylinder auf Kondensation oder auf die Heizleitung geschaltet sind.

d) Die Verbundmaschine mit verschlechtertem Vakuum.

In bestimmten Fällen kann die Kondensationsmaschine, als welche meist die Verbundmaschine vorkommt, mit schlechterem als normalem Vakuum betrieben werden. Die gewöhnliche Luftleere liegt für Dampfmaschinen bei 0,15 bis 0,25 Atm. abs. Gegendruck im Niederdruckzylinder, mit anderen Worten bei 85 bis 75 $^0/_0$ Vakuum. Der günstigste Dampfverbrauch in bezug auf die Leistungsentwicklung wird bei Verbundmaschinen mit 85 bis 88 $^0/_0$ Luftleere im Niederdruckzylinder, nicht bei höherer, erreicht. In dem Gebiete von 85 bis 50 $^0/_0$ Luftleere entspricht einer Verbesserung des Vakuums um 1 $^0/_0$ eine Dampfersparnis von 0,4 bis 0,5 $^0/_0$. Zwischen 0 und 50 $^0/_0$ Luftleere beträgt die Dampfersparnis 0,5 bis 0,6 $^0/_0$ pro 1 $^0/_0$ besseres Vakuum. Die günstigste Expansionsendspannung liegt bei den Dampfmaschinen mit Rücksicht auf die Zylinderabmessungen bei etwa 0,5 Atm. abs., normaler Betrieb ohne Zwischendampfentnahme vorausgesetzt.

Die Verhältnisse bei der Kolbenmaschine sind also einer sehr weitgehenden Dampfausnützung im Zylinder nicht günstig, um so mehr jedoch der Verwertung des schon entspannten Dampfes zur Wärmeabgabe für Heiz- oder ähnliche Zwecke.

Der Betrieb mit verschlechtertem Vakuum wird dauernd oder
zeitweilig eintreten, wenn der Abdampf höhere Temperatur, als dem
normalen Vakuum entspricht, haben soll. Maschinen mit noch höherem
Gegendruck als 0,6 bis 0,7 Atm. abs. wird man nicht ausführen, weil
sich alsdann die Verwicklung der ganzen Anlage durch die Kondensation
nicht mehr lohnt. Nur wenn bereits die Kondensation vorhanden oder
wenn man ganz vorübergehend das Vakuum zu verschlechtern ge-
zwungen ist, wird man noch höhere Gegendrücke zulassen. Es entspricht
einem Gegendruck im Niederdruckzylinder von

eine Ab-   0,15   0,2   0,25   0,3   0,4   0,5   0,6 Atm. abs.
dampftemperatur von 53,7   59,8   64,6   68,7   75,5   80,9   85,5 °C.

(Zahlentafel 12.)

Die Berechnung des Dampfverbrauches der Verbundmaschine mit
verschlechtertem Vakuum kann nach den bekannten Tabellenwerken

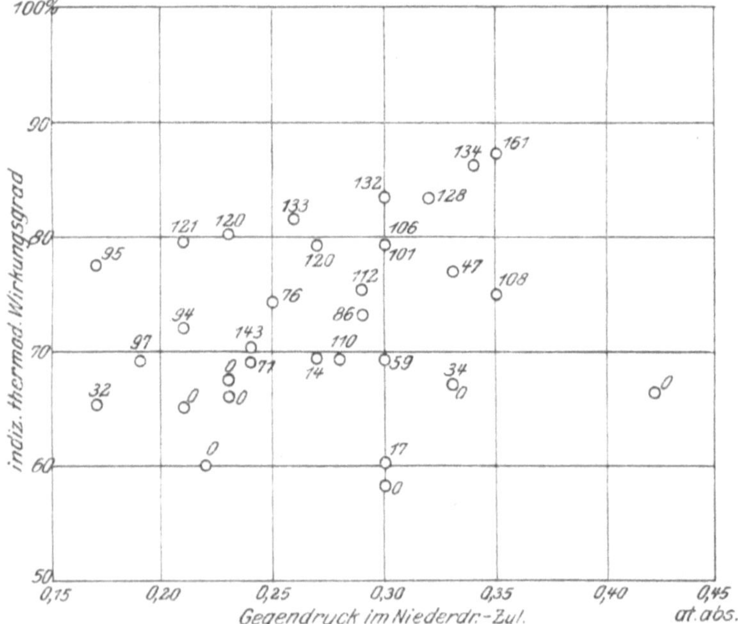

Fig. 18. Abhängigkeit des indizierten thermodynamischen Wirkungsgrades vom Gegendruck im Niederdruckzylinder und der Überhitzung
des Frischdampfes über die Sättigungstemperatur.

erfolgen oder auch nach Aufzeichnung des Indikatordiagrammes und
Annahme des indizierten thermodynamischen Wirkungsgrades. Die
Höhe des letzteren ist in Fig. 18 aus 33 Versuchen[1] an ausgeführten

[1] Dampfverbrauchs- und Leitungsversuche an Dampfmaschinen
Z. bay. R. V. 1910 bis 1918.

Maschinen ersichtlich. Die bei den einzelnen Punkten angeschriebenen Zahlen bedeuten die Überhitzung des Arbeitsdampfes vor dem Hochdruckzylinder in ^{0}C über seine Sättigungstemperatur. Ein Ansteigen des indizierten thermodynamischen Wirkungsgrades mit dem Gegendruck ist im angegebenen Druckbereich nicht wahrzunehmen. Dagegen tritt der Einfluß der höheren Dampftemperatur klar hervor.

Bei der Bewertung des Abdampfes der Kondensationsmaschinen ist sein Feuchtigkeitsgrad zu berücksichtigen. Er wird angenähert gefunden aus der i-s-Tafel von Mollier mit Hilfe des indizierten thermodynamischen Wirkungsgrades, indem man einfach die spezifische Dampfmenge aufsucht, welche dem Schnittpunkt der Gegendrucklinie mit der Wagerechten $\eta_i \, \Phi_i$ entspricht, wenn Φ_i das adiabatische Wärmegefälle des Frischdampfes bis zum Gegendruck im Niederdruckzylinder und η_i der thermodynamische Wirkungsgrad sind.

e) Die Verbundmaschine mit Zwischendampfentnahme.

Der Dampf- und Wärmeverbrauch der Maschine mit Dampfentnahme aus dem Receiver oder Aufnehmer (Zwischendampfentnahme) ist weniger einfach zu beurteilen als dies bei der Gegendruckmaschine möglich war. Hier beeinflussen außer dem Anfangsdruck, der Anfangstemperatur, der Kondensatorspannung und der Belastung der Maschine zwei weitere veränderliche Größen den Dampfverbrauch, nämlich die Höhe der Zwischendampfentnahme und der Zwischendampfdruck. Da der Dampfverbrauch die Grundlage einer Rentabilitätsberechnung ist, so kommt es darauf an, ihn richtig zu ermitteln.

Der Dampfverbrauch der Dampfmaschinen wird nach einer sehr verbreiteten Rechnungsweise aus drei Summanden zusammengesetzt, dem nutzbaren Dampfverbrauch und den Verlusten durch Abkühlung und Lässigkeit. Den nutzbaren Dampfverbrauch ermittelt man vorteilhafterweise aus den gezeichneten Indikatordiagrammen, welche auch sonst zur Beurteilung der Maschine wichtige Anhaltspunkte liefern. Die viel benutzten Zahlentafeln von Hrabák haben nur für Kondensations- und für Auspuffmaschinen ohne Dampfentnahme Gültigkeit. Die Verluste durch Kondensation und Lässigkeit nehmen zwar bei Zwischendampfentnahme im allgemeinen nicht zu, denn bei höherem Aufnehmerdruck werden sowohl das Temperatur- als auch das Druckgefälle des Dampfes gleichmäßiger auf beide Zylinder verteilt, was eher eine Abnahme der Verluste als eine Zunahme derselben wahrscheinlich macht. Übrigens spielen bei der Verwendung überhitzten Dampfes, der jetzt doch in den meisten Fällen in Betracht kommt, die Abkühlungsverluste eine untergeordnete Rolle gegenüber dem Gesamtdampfverbrauch. In einem bestimmten Bereich sind jedoch die Hrabákschen Werte für Entnahmemaschinen nicht mehr verwendbar.

Es ist nun zunächst unsere Aufgabe, die Dampfdiagramme richtig, d. h. in Übereinstimmung mit den später von der ausgeführten Maschine gelieferten Indikatordiagrammen zu entwerfen. Wir wollen diese Diagramme zeichnen für Dampf von $13^{1}/_{2}$ Atm. Üb. und 280^{0} C Temperatur am Hochdruckzylinder bei verschiedenen Entnahmegraden und einer Entnahmespannung von 2, 3 und 4 Atm. Überdruck.

Von Einfluß auf den richtigen Entwurf der Indikatordiagramme ist die Wahl des Exponenten n der Expansionspolytrope $p\, v^{n} = $ const. des Hochdruckteiles. Die Zahl n ist um so größer, je höher die Überhitzung, der Füllungsgrad, die Kolbengeschwindigkeit und das Verhältnis

$$\frac{\text{Hubvolumen} + \text{schädlicher Raum}}{\text{Zylinderfläche} + \text{schädliche Oberfläche}}$$

sind[1]). Aus der Gleichung der Expansionspolytrope $p \cdot v^{n} = c$ folgt:

$$\log p + n \cdot \log v = \log c = C.$$

Man kann nun log p als Abszisse, log v als Ordinate eines Punktes einer Kurventangente betrachten, deren Neigungswinkel gegen die Abszissenachse α ist, wobei tg $\alpha = $ n ist. Wenn man für mehrere Punkte der Expansionslinie diese Koordinaten aufträgt und die erhaltenen Punkte verbindet, so bekommt man ein Bild vom Expansionsvorgang, das sich folgendermaßen deuten läßt. Ist der geometrische Ort jener Punkte eine Gerade, so ist der Exponent n über die ganze Expansionslinie konstant. Das trifft manchmal zu. Zuweilen erhält man als geometrischen Ort eine schwach nach unten konvexe Kurve. Man kann nun sowohl durch Legen der Tangente an diese Kurve für jeden beliebigen Punkt der Expansionslinie den Wert von n bestimmen als auch durch Ziehen der Sekante zwischen Anfangs- und Endpunkt einen Mittelwert für n finden. Die Expansion des gesättigten Dampfes erfolgt erfahrungsgemäß nach dem Gesetz der gleichseitigen Hyperbel, d. h. nach dem Gesetz $p \cdot v^{1,0} = c$. Bei mäßiger Überhitzung des Dampfes ist der Exponent nur am Anfang der Expansionslinie größer als 1.

Nicht unerwähnt mag bleiben, daß der Untersuchung der Expansionslinie abgenommener Indikatordiagramme eine genaue Berechnung des schädlichen Raumes sowie eine sorgfältige Kontrolle des Dichthaltens der Dampfein- und -auslaßorgane und die Prüfung der

<hr>

[1]) M. Schröter, Untersuchung einer Tandemverbundmaschine von 1000 PS. Z. V. deutsch. Ing. 1902, S. 803.

M. Schröter und A. Koob, Untersuchung einer Tandemmaschine von 250 PS. Z. V. deutsch. Ing. 1903, S. 1495. Forschungsarbeiten Heft 19.

Richter, Das Verhalten überhitzten Wasserdampfes in der Kolbenmaschine. Z. V. deutsch, Ing. 1904, S. 617. Forschungsarbeiten Heft 30.

O. Berner, Die Anwendung des überhitzten Wasserdampfes bei der Kolbenmaschine. Z. V. deutsch. Ing. 1905, S. 1522.

Indikatorfedern vorauszugehen hat, damit keine falschen Schlüsse entstehen. Eine beträchtliche Abweichung des Charakters der Expansions- oder der Kompressionskurve auf beiden Kolbenseiten kann benutzt werden, um die Dampflässigkeit der Steuerungsorgane oder des Kolbens festzustellen. Fig. 19 gibt eine aus zahlreichen Versuchen gewonnene Darstellung der Abhängigkeit des Exponenten der Expansionskurve von der Überhitzung des Dampfes über seine Sättigungstemperatur.

Im gewählten Beispiel beträgt die Überhitzung des Dampfes über die Sättigungstemperatur 85 °C, womit sich die Annahme von $n = 1{,}15$ begründen läßt.

Es erübrigt sich, noch zu zeigen, wie auf der Expansionskurve der Sättigunspunkt gefunden werden kann. Sind der Druck, das spezifische Volumen und die Temperatur des Dampfes bei Beginn der Dehnung bekannt, so kann man seine Temperatur bei Voraustritt aus einer der graphischen Dampftabellen von Mollier, Stodola oder Schüle oder mittels der Zustandsgleichung von Battelli-Tumlirz[1]) bestimmen, welche lautet:

$$p\,v = B\,T - C\,p.$$

Hier bedeutet p den absoluten Druck in kg pro qm, v das spezifische Volumen in cbm pro kg, T die absolute Temperatur und B und C Konstante im Werte von 47,1 bzw. 0,016. Aus dieser Gleichung folgt:

$$T = \frac{p\,v + C\,p}{B}.$$

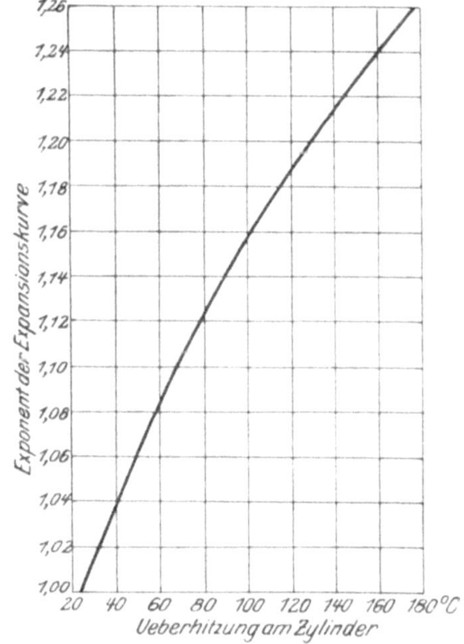

Fig. 19. Exponent der Expansionskurve im Indikatordiagramm bei Heißdampfmaschinen.

Bezeichnet T_a die Dampftemperatur und p_a den Druck bei Expansionsbeginn, so ist das zugehörige Volumen

$$v_a = \frac{B\,T_a}{p} - C.$$

[1]) Eine Kritik der Gleichung von Battelli-Tumlirz gibt Linde in den Forschungsarbeiten Heft 21, S. 63 u. ff.

Das Volumen des Dampfes bei Beginn der Expansion sei A, am Ende derselben E, so beträgt im letzten Punkt das spezifische Volumen

$$v_e = v_a \, \frac{E}{A},$$

da

$$\frac{A}{v_a} = \frac{E}{v_e}$$

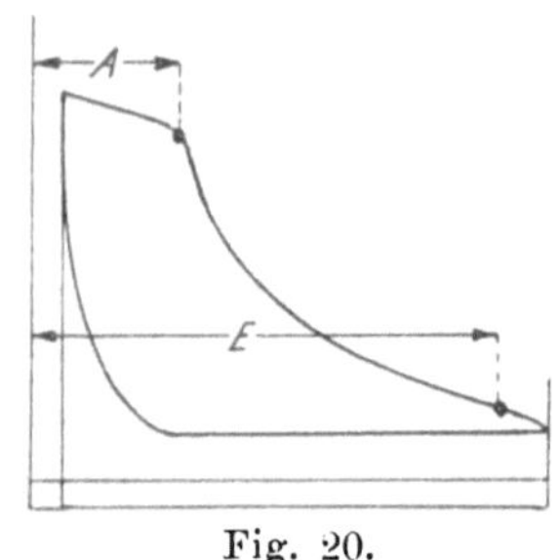

Fig. 20.

gleich dem arbeitenden Dampfgewicht ist. Die Temperatur des Dampfes bei Voraustritt bestimmt sich somit zu

$$T_e = \frac{p_e \, v_e + C \, p_e}{B},$$

wenn p_e der Druck, v_e das spez. Dampfvolumen im Punkte „Voraustritt" ist. Statt mit dem wirklichen Volumen A und E zu rechnen, kann man, wie in Fig. 20 dargestellt, einfach die Horizontalen A und E in Längeneinheiten ausgedrückt nehmen. Ebenso wie für den Punkt „Voraustritt" läßt sich natürlich nach diesem einfachen Verfahren die Dampftemperatur für jeden Punkt der Expansionslinie bestimmen. Um die Lage des Sättigungspunktes zu finden, ist nur nötig, jenen Punkt der Expansionslinie aufzusuchen, wo das gerechnete spez. Volumen mit dem spez. Volumen gesättigten Dampfes vom entsprechenden Druck übereinstimmt. Vom Sättigunsgpunkt ab ist die Expansionskurve als gleichseitige Hyperbel $p\,v^1$ fortzusetzen.

Beim Entwurf des Dampfdiagrammes für eine bestimmte Zwischendampfentnahme und Leistung ist ein Probierverfahren einzuschlagen, welches an Hand der Fig. 21 u. 22 erläutert sei.

Das Hochdruckdiagramm wird entworfen wie ein normales Diagramm einer Ein-

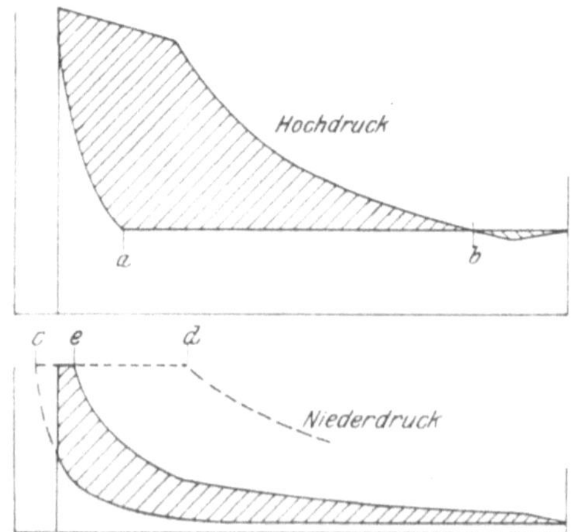

Fig. 21 u. 22. Entwurf der Indikatordiagramme für bestimmte Leistung und bestimmte Zwischendampfentnahme.

zylindermaschine, deren Gegendruck gleich der gewählten Zwischendampfspannung ist. Aus der Strecke a b, welche durch Kompressions-

und Expansionslinie oder deren Verlängerung auf der Aufnehmerdruck-
linie abgeschnitten wird, läßt sich, wenn man den Dampfzustand im
Punkte b gleich jenem im Punkte a setzt, die im Hochdruckzylinder
sichtbare Dampfmenge rechnen. Nun zeichnet man die Kompressionslinie im Niederdruckzylinder bis zum Schnittpunkt c mit der Auf-
nehmerdrucklinie. Ohne Zwischendampfentnahme und bei unendlich
großem Receiver würde man die Niederdruckfüllung zu c d finden aus:

$$c\,d = a\,b \times \text{Zylinderverhältnis}$$

$$\text{z. B.} \quad c\,d = a\,b\,\frac{1}{2,5}\,, \quad \text{bei einem Zylinderverhältnis } 1:2,5.$$

Wird nun Zwischendampf entnommen, so steht der Aufnehmer
durch das Entnahmeventil mit der Rohrleitung in Verbindung. Dadurch
wird die Annahme eines unendlich großen Receivers praktisch gerecht-
fertigt. Die Entnahmemenge sei dargestellt durch die Strecke d e,
Der Einströmdrosselung Rechnung tragend ziehe man die Admissions-
linie im Niederdruckzylinder um 0,2 bis 0,3 Atm. unter der Aufnehmer-
drucklinie und zeichne auf übliche Weise das Niederdruckdiagramm.
Die Summe der Flächeninhalte der beiden Diagramme gibt die Gesamtleistung. Das dem Kolbenweg d e und dem bei b herrschenden Dampfzustand entsprechende Dampfgewicht wird der Maschine bei jedem
Hub entnommen. Das stündlich entnommene Gewicht ist $60 \times 2\,n$
mal größer, wenn n die Tourenzahl ist. In den meisten Fällen ist das
stündlich zu entnehmende Gewicht bekannt. Man entwirft alsdann für
eine beliebig angenommene Hochdruckfüllung das Hochdruckdiagramm,
rechnet daraus das Volumen c d, subtrahiert davon das Volumen d e
und zeichnet das Niederdruckdiagramm. Durch Planimetrieren erhält
man die Leistung für die angenommene Hochdruckfüllung, welche im
allgemeinem mit der geforderten Leistung nicht übereinstimmen wird.
Man wiederholt in diesem Falle das ganze einfache Verfahren für eine
zweite Hochdruckfüllung.

Die Spannung des der Maschine entnommenen Zwischendampfes
richtet sich nach der Verwendung des Dampfes. Entweder ist die gewünschte Dampftemperatur maßgebend oder die Entfernung der Dampfverbrauchsstelle vom Maschinenhaus, mit anderen Worten, der zulässige Spannungsabfall des Dampfes bei dessen Fortleitung.

Je höher der Zwischendampfdruck ist, desto höher wird man den
Anfangsdruck der Maschine wählen. Die Entnahmespannung liegt bei
der Zweizylindermaschine zwischen 1 und etwa 5 Atm. Üb. Bei höherer
Zwischendampfspannung empfiehlt sich die Wahl einer Dreifachexpansionsmaschine oder die Aufstellung einer eigenen Hochdruck-
maschine, bei welchen man, wie schon erwähnt, bereits bis zu 8 Atm. Üb.
Abdampfspannung gegangen ist.

Bei   1   2   3   4   5   6   7   8 Atm. Üb. beträgt die
Dampftemperatur 120 133 143 151 158 164 169¹/₂ 174¹/₂ °C.

(Zahlentafel 13.)

In Fig. 23 bis 30 sind für verschieden hohe Dampfentnahme die
Hoch- und Niederdruckdiagramme einer mit 13¹/₂ Atm. Üb. und 280°C
betriebenen Verbundmaschine für 2 Atm. Üb. Entnahmespannung,

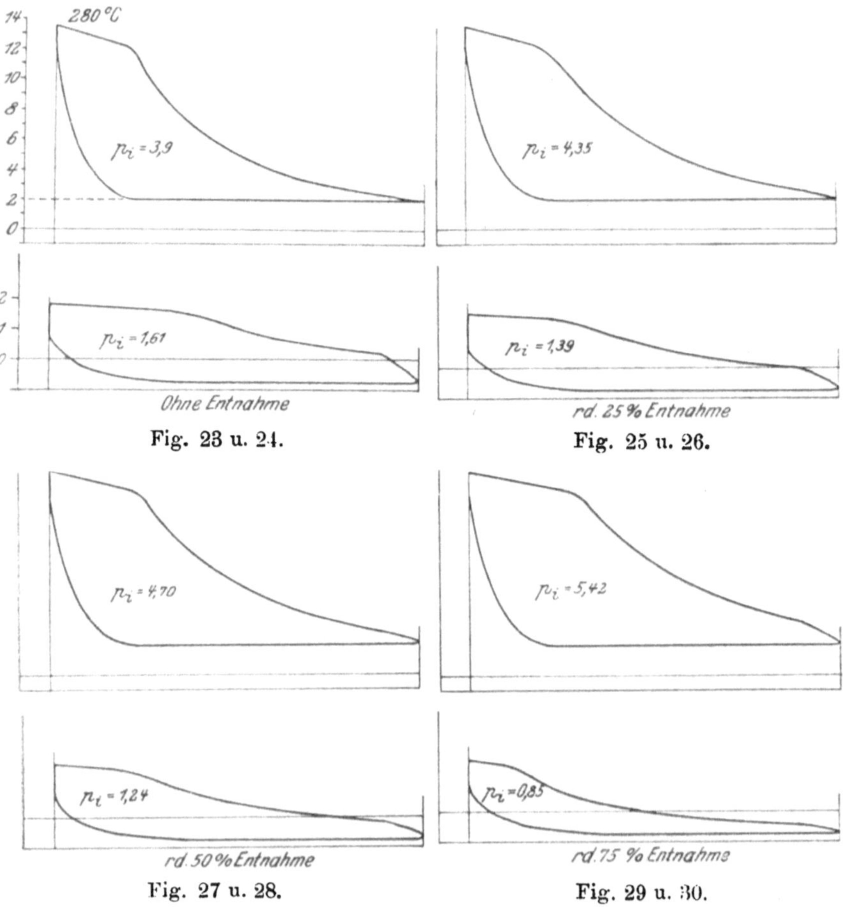

Fig. 23 u. 24.   Fig. 25 u. 26.

Fig. 27 u. 28.   Fig. 29 u. 30.

Fig. 23 bis 30. Indikatordiagramme für gleiche Maschinenleistung und veränderliche Zwischendampfentnahme von 2 Atm. Überdruck.
(Zylinderverhältnis 1 : 2,25.)

0,2 Atm. abs. Gegendruck im Niederdruckzylinder und gleichbleibender
Maschinenleistung bei einem Zylinderverhältnis 1:2,25 dargestellt.
Die Entnahme von 75 °/₀ der der Maschine zugeführten Dampfmenge
bildet noch nicht die Grenze der Entnahmemöglichkeit, da sowohl im

Hochdruckzylinder noch eine größere als im Niederdruckzylinder eine kleinere Füllung zulässig wäre. Die praktische Grenze der Hochdruckfüllung wird vorgeschrieben durch die Erhaltung einer guten Regulierfähigkeit; jene des Niederdruckzylinders ist durch die Schmierung bedingt, da der Niederdruckkolben nicht trocken laufen darf. Bei

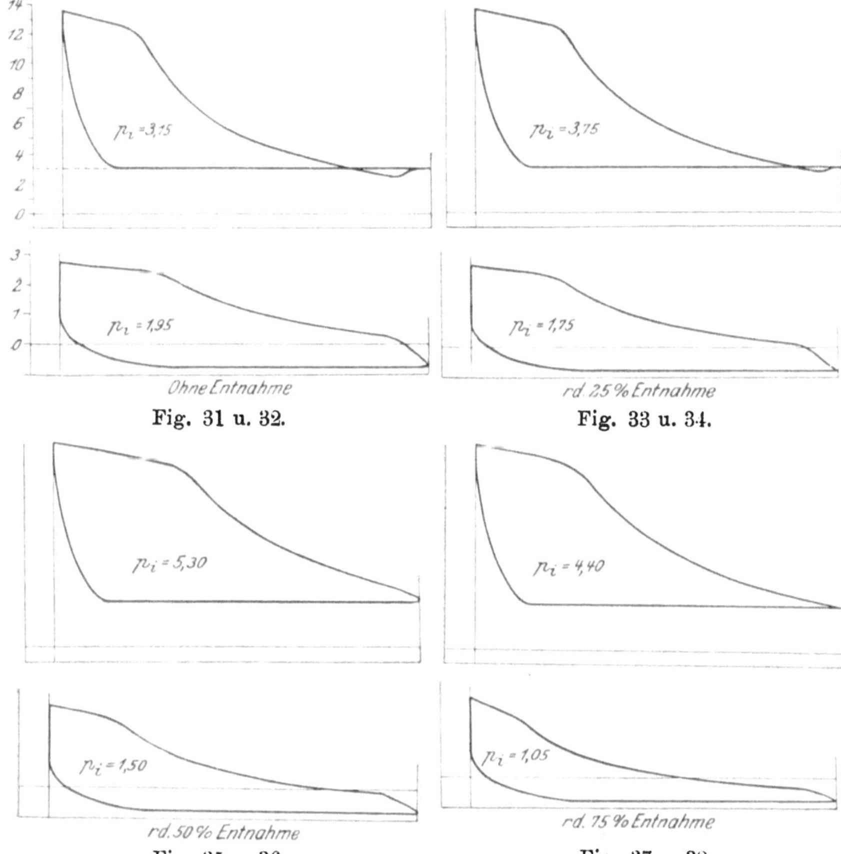

Fig. 31 u. 32.   Fig. 33 u. 34.

Fig. 35 u. 36.   Fig. 37 u. 38.

Fig. 31 bis 38. Indikatordiagramme für gleiche Maschinenleistung und veränderliche Zwischendampfentnahme von 3 Atm. Überdruck. (Zylinderverhältnis 1 : 2,25.)

steigender Dampfentnahme übernimmt der Hochdruckzylinder den Hauptteil der Leistung. Diese verteilt sich bei 2 Atm. Üb. Entnahmespannung folgendermaßen auf beide Zylinder:

Dampfentnahme in $^0/_0$ ca.	0	25	50	75
Hochdruckleistung $^0/_0$	52	58	63	74
Niederdruckleistung $^0/_0$	48	42	37	26

(Zahlentafel 14.)

Für genau dieselbe Maschinenleistung, das gleiche Zylinderverhältnis, den gleichen Dampfanfangszustand und Gegendruck im Niederdruckzylinder, aber 3 Atm. Üb. Entnahmespannung sind die Hoch- und die Niederdruckdiagramme in den Fig. 31 bis 38 wiedergegeben.

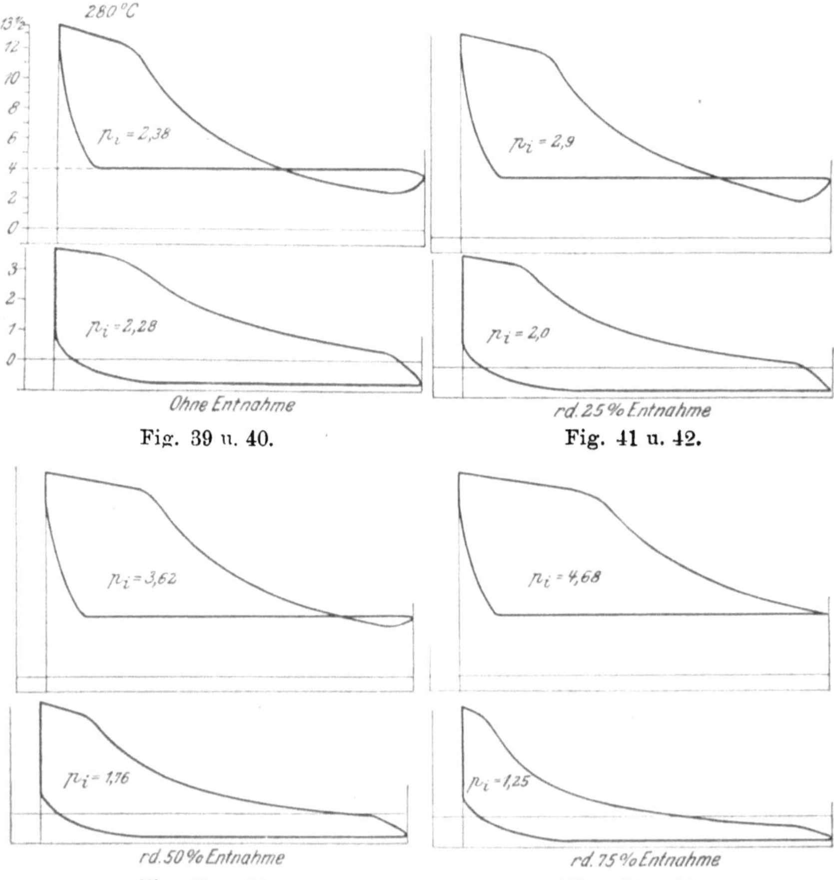

Fig. 39 u. 40.   Fig. 41 u. 42.

Fig. 43 u. 44.   Fig. 45 u. 46.

Fig. 39 bis 46. Indikatordiagramme für gleiche Maschinenleistung und veränderliche Zwischendampfentnahme von 4 Atm. Überdruck. (Zylinderverhältnis 1 : 2,25.)

Die Hochdruckfüllung wächst mit der Dampfentnahme etwas rascher an als im vorhergehenden Falle. Die Leistungsverteilung auf beide Zylinder ist bei

Dampfentnahme in % ca.	0	25	50	75
Hochdruckleistung %	42	49	56	69
Niederdruckleistung %	58	51	44	31

(Zahlentafel 15.)

Infolge des höheren Aufnehmerdruckes nimmt der Niederdruckzylinder etwas mehr an der Gesamtleistung teil wie vorher.

Endlich sind in Fig. 39 bis 46 die Hoch- und die Niederdruckdiagramme für die gleichen Voraussetzungen dargestellt, jedoch für eine Entnahmespannung von 4 Atm. Üb. Im Hochdruckdiagramm tritt bei geringen Entnahmegraden bereits eine merkbare Schleife auf.

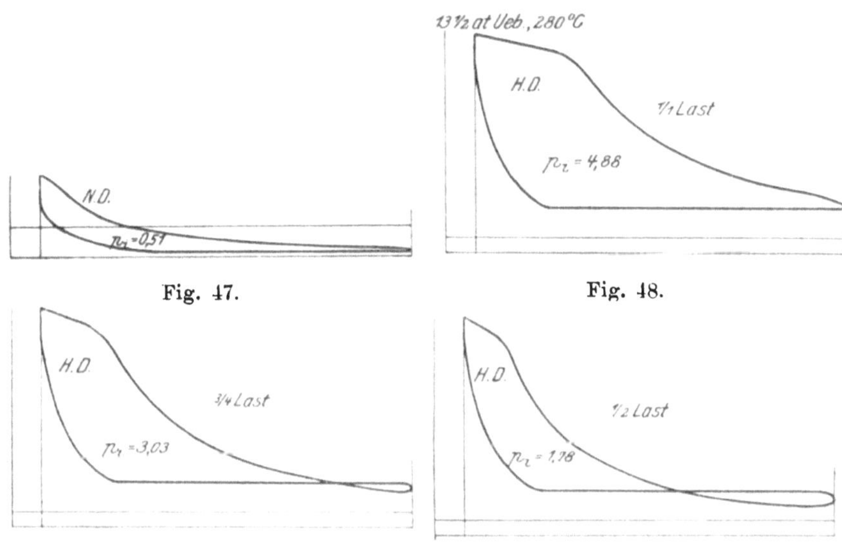

Fig. 47.   Fig. 48.

Fig. 49.   Fig. 50.

Fig. 47 bis 50. Indikatordiagramme für größte Zwischendampfentnahme
von 2 Atm. Überdruck bei Vollast, ³/₄ und ¹/₂ Last.
(Zylinderverhältnis 1 : 2,25.)

Diese ist von einigen Nachteilen begleitet. Zunächst zehrt sie bereits erzeugte mechanische Arbeit wieder auf. Da die Umwandlung von Wärme in Arbeit die wesentliche Aufgabe einer Dampfmaschine ist, muß uns jeder innere Verbrauch der einmal erzeugten Leistung als unerwünscht erscheinen. Überdies erniedrigt die Schleife auch den mechanischen Wirkungsgrad der Maschine, weil die Gestängereibung während eines Teiles des Hochdruckdiagrammes zu überwinden ist, ohne daß gleichzeitig eine Nutzarbeit verrichtet wird. Das Äquivalent der Schleifenarbeit erscheint allerdings wieder in der Verbesserung der Qualität des Zwischendampfes, also in Form von Wärme.

Die Leistungsverteilung auf beide Zylinder gestaltet sich bei 4 Atm. Üb. Entnahmespannung wie folgt:

Dampfentnahme in % ca.	0	25	50	75
Hochdruckleistung %	32	39	48	62
Niederdruckleistung %	68	61	52	38

(Zahlentafel 16.)

Bei einem Zylinderverhältnis von 1:2,25 wird also gleiche Leistung im Hochdruck- und im Niederdruckteil erreicht:

bei 2 Atm. Üb. Entnahmespannung und Betrieb ohne Entnahme
„ 3 „ „ „ „ 25 $^0/_0$ Dampfentnahme
„ 4 „ „ „ „ 50 $^0/_0$ „

Da jedoch die Maschine mit Zwischendampfentnahme meistens als Tandemverbundmaschine ausgeführt wird, so sind weder die ungleiche Leistungsverteilung auf beide Zylinder noch die ungleichen Kolben- und Gestängedrücke von Belang.

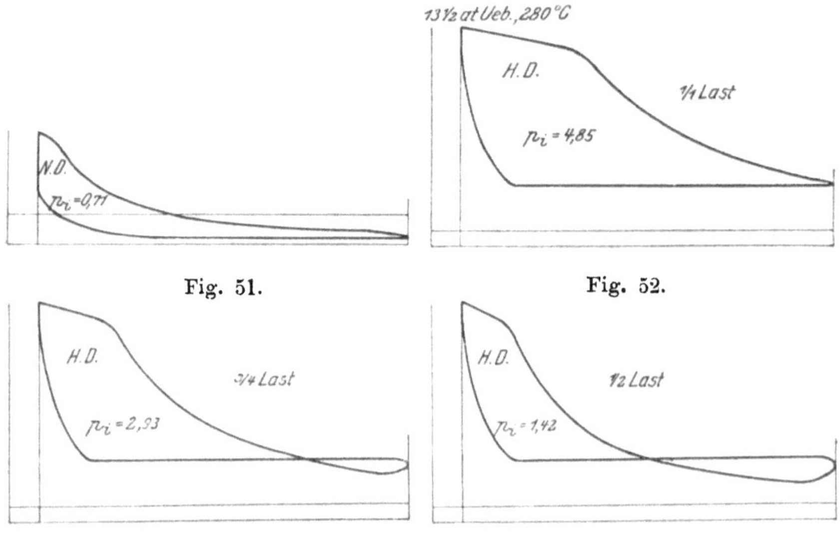

Fig. 51.   Fig. 52.

Fig. 53.   Fig. 54.

Fig. 51 bis 54. Indikatordiagramme für größte Zwischendampfentnahme von 3 Atm. Überdruck bei Vollast, $^3/_4$ und $^1/_2$ Last.
(Zylinderverhältnis 1 : 2,25.)

Die größtmögliche Dampfentnahme liegt bei jener Niederdruckfüllung, bei welcher noch so viel Dampf in den Zylinder eintritt, daß der Kolben nicht trocken läuft. Diese Füllung beträgt etwa 3 bis 5 $^0/_0$. Zu einem solchen Niederdruckdiagramm kann man die Hochdruckdiagramme für Vollast, $^3/_4$ Last und $^1/_2$ Last entwerfen, Es ist dies für 2 Atm. Üb. Entnahmespannung in Fig. 47 bis 50, für 3 Atm. Üb. Entnahmespannung in Fig. 51 bis 54 und für 4 Atm. Üb. Entnahmespannung in Fig. 55 bis 58 geschehen. Bei hohem Aufnehmerdruck und kleiner Maschinenbelastung erhält das Hochdruckdiagramm eine große Schleife, deren Nachteile soeben erwähnt wurden. Wird die Schleife so groß wie die positive Diagrammfläche — genaugenommen schon etwas früher

—· so verrichtet der Entnahmedampf im Hochdruckteil gar keine Leistung mehr und damit muß der Nutzen der Zwischendampfentnahme gleich Null werden. Hier soll eingeschaltet werden, daß die in den Fig. 47 bis 58 mit Vollast bezeichneten Diagramme alle fast den gleichen mittleren auf den Niederdruckkolben bezogenen indizierten Druck aufweisen. Diese Belastung ist jedoch, wie ein Blick auf die Diagramme zeigt, in allen Fällen noch nicht die äußerste Grenze, sondern vorübergehend noch um mindestens 20 °/o überschreitbar.

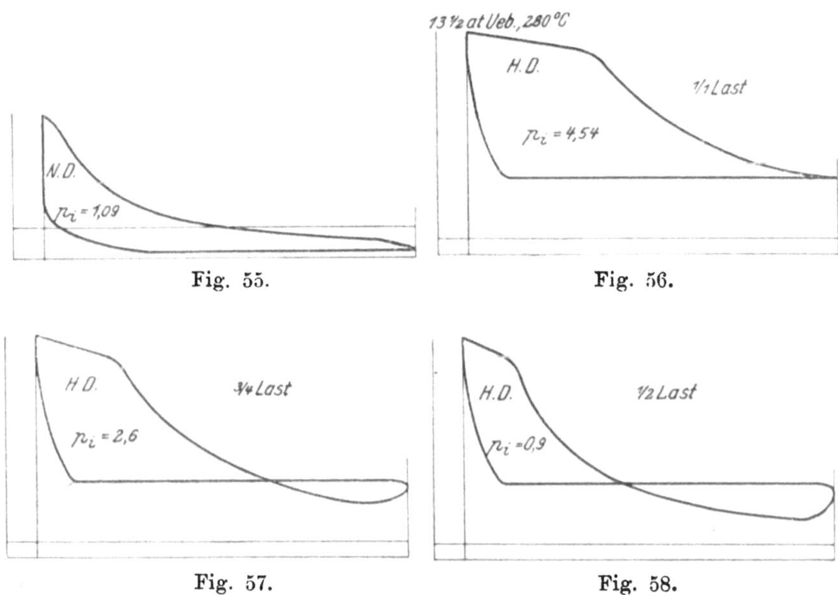

Fig. 55.   Fig. 56.

Fig. 57.   Fig. 58.

Fig. 55 bis 58. Indikatordiagramme für größte Zwischendampfentnahme
von 4 Atm. Überdruck bei Vollast, ³/₄ und ¹/₂ Last.
(Zylinderverhältnis 1 : 2,25.)

Wir können also sagen: Sinkt die Belastung der Maschine für längere Dauer auf die Hälfte bis ein Viertel bei gleichzeitiger größter Dampfentnahme von 4 Atm. Üb. oder höher, so wird man wegen der Schleifenbildung im Hochdruckdiagramm erwägen, ob sich nicht an Stelle einer Entnahmemaschine die Aufstellung einer Gegendruckmaschine empfiehlt, selbst wenn der Abdampf derselben zeitweise nicht ganz ausgenützt werden kann. Ein anderer Behelf wäre die Aufstellung mehrerer kleinerer Entnahmemaschinen, welche bei sinkendem Kraftbedarf außer Betrieb gesetzt werden, endlich auch die Wahl eines anderen Zylinderverhältnisses, d. h. eines kleineren Niederdruckzylinders. Auch die Entscheidung für eine Entnahmeturbine an Stelle der Kolbenmaschine kann in Betracht kommen. Allgemeine Richtlinien über den im Einzelfall einzuschlagenden Weg können nicht gegeben werden.

Das Verhalten der Entnahmemaschine unter verschiedenen Betriebsbedingungen sei noch an einem Beispiel erläutert, für welches folgende Annahmen gemacht werden:

Dampfdruck vor dem H.-Zyl.	13,5 Atm. Üb.
Dampftemperatur vor dem H.-Zyl.	280°C
Entnahmespannung	3 Atm. Üb.
Gegendruck im N.-Zyl.	0,2 Atm. abs.
Hochdruckzyl.-Durchm.	400 mm
Niederdruckzyl.-Durchm.	600 mm
Kolbenhub	800 mm
Umdrehungen	140/min.
Normalleistung	500 PS.

I. Fall. Betrieb der Maschine bei verschiedenen Belastungen und gleichbleibender Zwischendampfentnahme von rund 1800 kg/St.

Die Fig. 59 bis 64 zeigen die Indikatordiagramme für Vollast von 500 PS., rd. $^3/_4$ Last von 380 PS. und rd. $^1/_2$ Last von 276 PS. Bei Halblast entspricht eine Entnahme von 1800 kg/St. ungefähr dem erreichbaren Grenzwert von 68 %, bei Vollast einer Entnahme von 50 % der zugeführten Dampfmenge. Die Hauptrechnungsergebnisse sind in Zahlentafel 17 zusammengestellt. Über die Höhe des indizierten thermodynamischen Wirkungsgrades beider Zylinder wird später noch

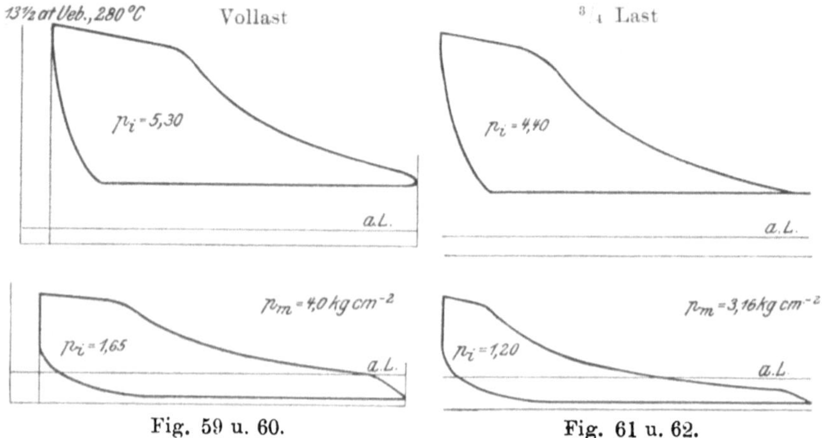

Fig. 59 u. 60.   Fig. 61 u. 62.

Fig. 59 bis 64. Indikatordiagramme für gleichbleibende Zwischendampfentnahme von 1800 kg/St. bei Vollast, $^3/_4$ Last und $^1/_2$ Last.

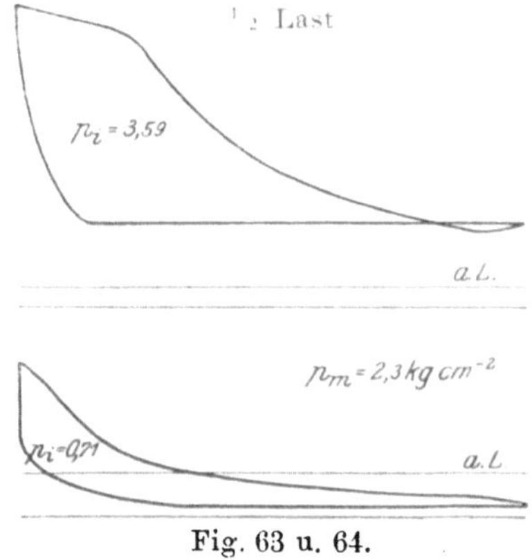

Fig. 63 u. 64.

einiges zu sagen sein. Der thermische Wirkungsgrad bezogen auf die Nutzleistung

$$\eta_{Lg} = \frac{\text{Zeile 11}}{\text{Zeile 9}} \cdot 100^0/_0$$

nimmt wie zu erwarten von 12,1 ab bis auf 9,1. Als thermischer Wirkungsgrad bezogen auf die Heizung läßt sich der Quotient

$$\eta_{Hg} = \frac{\text{Zeile 10}}{\text{Zeile 9}} \cdot 100^0/_0$$

bezeichnen. Infolge der steigenden prozentualen Zwischendampfentnahme nimmt der wirtschaftliche Gesamtwirkungsgrad

$$\eta_w = \frac{\text{Zeile 10} + \text{Zeile 11}}{\text{Zeile 9}} \cdot 100^0/_0$$

von 58,1 bis auf 71,6 zu. Der soeben erwähnte Wirkungsgrad bezogen auf die Nutzleistung könnte als **scheinbarer** effektiver thermischer Wirkungsgrad bezeichnet werden, während der **wirkliche** beträgt:

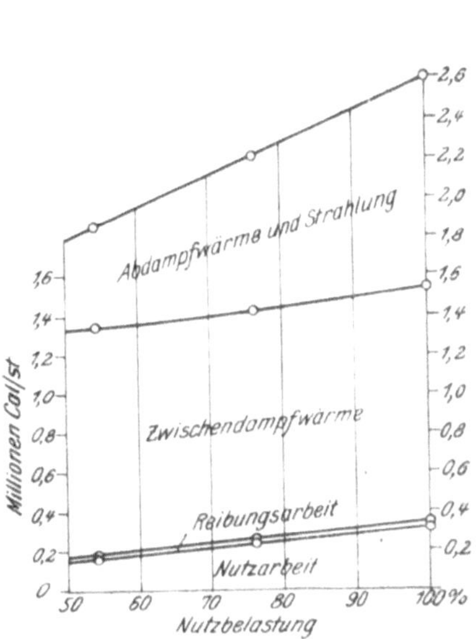

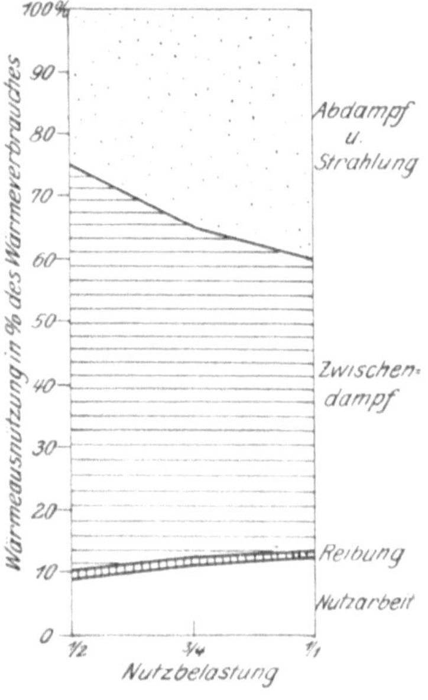

Fig. 65. Wärmebilanz einer 500 PSe-Entnahmemaschine bei verschiedenen Belastungen und gleichbleibender Zwischendampfentnahme von ca. 1800 kg/St. bei 3 Atm. Überdruck.

Fig. 66. Wärmeausnützung einer Entnahmemaschine bei verschiedenen Belastungen und gleichbleibender Zwischendampfentnahme bei 3 Atm. Überdruck.

Zahlentafel 17.

500 PS.-Entnahmemaschine bei konstanter Entnahme von 1800 kg/St.

			Voll-Last		$^3/_4$ Last		$^1/_2$ Last	
1	Indizierte Hochdruckleistung	PS$_i$	324		268		228	
2	Indizierte Niederdruckleistung	PS$_i$	226		164		97	
3	Indizierte Gesamtleistung N$_i$	PS$_i$	550		432		325	
4	Nutzleistung N$_e$	PS.	500		380		276	
5	Indiz. thermodyn. Wirkungsgrad des H.-Zyl. η_H	%	88		86		84,5	
6	Indiz. thermodyn. Wirkungsgrad des N.-Zyl. η_N	%	69		68		63	
7	Zugeführte Dampfmenge G	kg/St.	3620		3080		2670	
8	Entnahmemenge E	kg/St.	1800	%	1750	%	1820	%
9	Zugeführte Wärmemenge	Kal./St.	2 600 000	100	2 200 000	100	1 910 000	100
10	Wärmeinhalt des Entnahmedampfes	Kal./St.	1 190 000	46,0	1 150 000	52,3	1 200 000	62,5
11	Wärmeäquivalent der Nutzleistung	Kal./St.	315 000	12,1	240 000	10,9	175 000	9,1
12	Verluste durch Reibung und Luftpumpe	Kal./St.	31 500	1,2	31 000	1,4	31 000	1,6
13	Abdampfwärme und Strahlung	Kal./St.	1 063 500	40,7	779 000	35,4	504 000	26,8
14	Brutto-Dampfverbrauch	kg/PS.-St.	7,25		8,10		9,65	
15	thermischer Wirkungsgrad bez. auf die Nutzleistung η_{Lg}	%	12,1		10,9		9,1	
16	thermischer Wirkungsgrad bez. auf die Heizung η_{Hg}	%	46,0		52,3		62,5	
17	wirtschaftlicher Gesamtwirkungsgrad η_w	%	58,1		63,2		71,6	

Zahlentafel 19.

500 PS-Entnahmemaschine bei größter Zwischendampfentnahme.

Nr.	Bezeichnung	Einheit	Voll-Last	%	$^3/_4$ Last	%	$^1/_2$ Last	%	$^1/_4$ Last	%
1	Indizierte Hochdruckleistung	PS_i	443		295		179		85	
2	Indizierte Niederdruckleistung	PS_i	97		97		97		97	
3	Indizierte Gesamtleistung N_i	PS_i	540		392		276		182	
3	Nutzleistung N_e	PS	487		345		237		149	
5	Indiz. thermodyn. Wirkungsgrad des H.-Zyl. η_H	%	87		86		(83,5)		(78,5)	
6	Indiz. thermodyn. Wirkungsgrad des N.-Zyl. η_N	%	65,5		67		65,5		65,5	
7	Zugeführte Dampfmenge G	kg/St.	5500		3380		2250		1445	
8	Entnahmemenge E	kg/St.	4680		2580		1430		625	
9	Zugeführte Wärmemenge	Kal./St.	3950000	100	2420000	100	1610000	100	1035000	100
10	Wärmeinhalt des Entnahmedampfes	Kal./St.	3130000	79,2	1700000	70,0	945000	58,7	413000	40,0
11	Wärmeäquivalent der Nutzleistung	Kal./St.	307000	7,8	213000	9,0	149000	9,2	94000	9,1
11a	Arbeitsverlust durch Schleifenbildung HD	Kal./St.	—	—	—	—	6930	0,4	18600	1,8
12	Verluste durch Reibung und Luftpumpe	Kal./St.	34600	0,9	29600	1,2	24500	1,5	20800	2,0
13	Abdampfwärme und Strahlung	Kal./St.	478000	12,1	472400	19,8	484570	30	488600	47,1
14	Brutto-Dampfverbrauch	kg/PS-St.	11,3		9,8		9,5		9,7	
15	thermischer Wirkungsgrad bez. auf die Nutzleistung η_{Lg}	%	7,8		9,0		9,2		9,1	
16	thermischer Wirkungsgrad bez. auf die Heizung η_{Hg}	%	79,2		70,0		59,1		41,8	
17	wirtschaftlicher Gesamtwirkungsgrad η_w	%	87		79,0		68.3		50.9	

$$\frac{\text{Zeile 11}}{\text{Zeile 9} - \text{Zeile 10}} \cdot 100\,{}^{0}/_{0}.$$

Dieser beläuft sich bei

	Vollast	$^{3}/_{4}$ Last	$^{1}/_{2}$ Last
auf	22.4 $^{0}/_{0}$	22,8 $^{0}/_{0}$	25,3 $^{0}/_{0}$.

(Zahlentafel 18.)

Er nimmt also bei sinkender Belastung aus dem gleichen Grunde wie der wirtschaftliche Gesamtwirkungsgrad zu.

Die graphische Wärmebilanz ist in Fig. 65 wiedergegeben. Verlustwärmemengen stellen nur die Beträge für Reibungsarbeit und Luftpumpe, sowie die Abdampfwärme und die Strahlungswärme nach außen dar.

Da der Dampf- und Wärmeverbrauch der Heißdampfmaschinen in weiten Grenzen von der Maschinengröße unabhängig ist, gilt die in Fig. 66 dargestellte Wärmeausnützung für den allgemeinen Fall der Entnahmemaschine mit etwa 12 bis 14 Atm. Dampfüberdruck, 270 bis 300°C Dampftemperatur und rund 3 Atm. Üb. Entnahmespannung. Das Ansteigen des wirtschaftlichen Gesamtwirkungsgrades und des wirklichen effektiven thermischen Wirkungsgrades mit sinkender Belastung ist auch aus der Fig. 65 ohne weiteres abzulesen.

II. Fall. Betrieb der Maschine bei verschiedenen Belastungen und größtmöglicher Zwischendampfentnahme.

Die Indikatordiagramme für den Betrieb unter diesen Voraussetzungen wurden zum Teil bereits früher (Fig. 51 bis 54) abgebildet. Das dort mit Vollast bezeichnete Diagramm wurde aus Gründen, die schon erörtert wurden, der Zahlentafel 19 für $^{3}/_{4}$-Last zugrunde gelegt usw. Leistung, Dampf- und Wärmeverbrauch sind in dieser Zahlentafel enthalten. In Prozenten der zugeführten Dampfmenge beträgt die Entnahme:

bei Vollast	$^{3}/_{4}$ Last	$^{1}/_{2}$ Last	$^{1}/_{4}$ Last
85 $^{0}/_{0}$	80 $^{0}/_{0}$	64 $^{0}/_{0}$	43 $^{0}/_{0}$

(Zahlentafel 20.)

Der scheinbare thermische Wirkungsgrad bezogen auf die Nutzleistung

$$\eta_{Lg} = \frac{\text{Zeile 11}}{\text{Zeile 9}} \cdot 100\,{}^{0}/_{0}$$

nimmt bei sinkender Leistung zuerst zu, dann wegen der Schleifenbildung im Hochdruckzylinder wieder ab. Der wirtschaftliche Gesamtwirkungsgrad

$$\eta_w = \frac{\text{Zeile } 10 + \text{Zeile } 11 + \text{Zeile } 11\,\text{a}}{\text{Zeile } 9} \cdot 100\,^0/_0$$

sinkt mit der Belastung dauernd und zwar von 87 $^0/_0$ bei Vollast bis
auf 50,9 $^0/_0$ bei $^1/_4$ Last wegen der verhältnismäßig geringer werdenden
Zwischendampfentnahme. Der wirkliche effektive thermische Wirkungsgrad

$$\frac{\text{Zeile } 11}{\text{Zeile } 9 - \text{Zeile } 10 - \text{Zeile } 11\,\text{a}} \cdot 100\,^0/_0$$

berechnet sich bei

Vollast	$^3/_4$ Last	$^1/_2$ Last	$^1/_4$ Last
zu 37,5 $^0/_0$	30,4 $^0/_0$	22,6 $^0/_0$	15,6 $^0/_0$.

(Zahlentafel 21.)

Eine graphische Wärmebilanz wurde wieder
in Fig. 67 entworfen. Abdampfwärme und
Strahlung sind für alle Belastungen fast
gleichbleibend. Die größte Dampfentnahme ergibt sich zu 4680 kg/St.
bei 487 PS Maschinenleistung, bzw.
4920 kg/St. bei
500 PS Lei-
stung. Die der
Schleifenbil-
dung im Hoch-
druckdiagramm
gleichwertige
Wärmemenge
ist der Zwischen-
dampfwärme
zuzurechnen.
In Fig. 68
ist die Ausnüt-
zung der der Ma-
schine zugeführ-
ten Wärme dar-

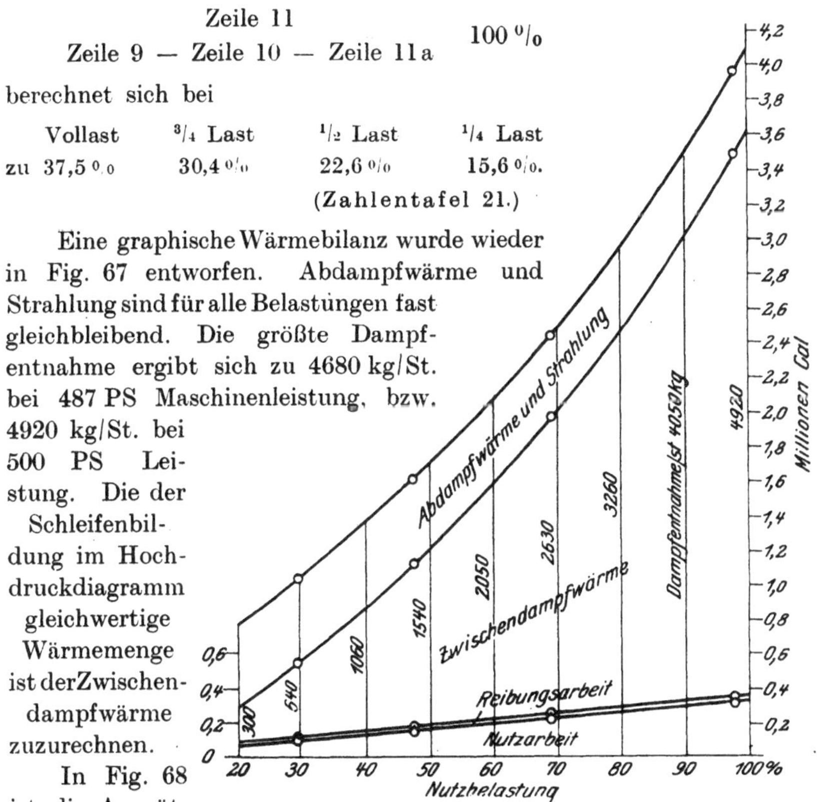

Fig. 67. Wärmebilanz einer 500 PS$_e$-Entnahmemaschine
bei verschiedenen Belastungen und größter Zwischendampfentnahme (300 bis 4920 kg/St.) bei 3 Atm. Überdruck.

gestellt. Die Figur hat wiederum allgemeinere Gültigkeit, wie im
Falle I die Fig. 66. Der verhältnismäßig größere Abdampfverlust bei
geringer Belastung erklärt das Sinken des wirtschaftlichen und des
wirklichen thermischen Nutzeffektes.

Zahlentafel 22.

500 PS-Entnahmemaschine bei 415 PS Belastung und verschiedener Entnahme.

			Ohne Entnahme		Entnahme rd. $^1/_4$		Entnahme rd. $^1/_2$		Entnahme rd. $^3/_4$	
1	Indizierte Hochdruckleistung	PS_i	192		228		268		324	
2	Indizierte Niederdruckleistung	PS_i	267		240		202		141	
3	Indizierte Gesamtleistung N_i	PS_i	459		468		470		465	
4	Nutzleistung N_c	PS	408		416		419		414	
5	Indiz. thermodyn. Wirkungsgrad des H.-Zyl. η_H	$^0/_0$	84,5		84,5		86		87	
6	Indiz. thermodyn. Wirkungsgrad des N.-Zyl. η_N	$^0/_0$	66		66		68		68	
7	Zugeführte Dampfmenge G	kg/St.	2240		2660		3080		3710	
8	Entnahmemenge E	kg/St.	0		625		1430		2580	
9	Zugeführte Wärmemenge	Kal./St.	1600000	100	1900000	100	2210000	100	2660000	100
10	Wärmeinhalt des Entnahmedampfes	Kal./St.	0	0	413000	21,7	945000	42,7	1700000	64
11	Wärmeäquivalent der Nutzleistung	Kal./St.	258000	16,7	263000	13,9	264000	11,9	261000	9,8
12	Verluste durch Reibung und Luftpumpe	Kal./St.	32000	2	32000	1,7	32000	1,4	32000	1,2
13	Abdampfwärme und Strahlung	Kal./St.	1310000	81,3	1192000	63,7	969000	44	667000	25
14	Brutto-Dampfverbrauch	kg/PS-St.	5,5		6,4		7,35		8,95	
15	thermischer Wirkungsgrad bez. auf die Nutzleistung η_{Lg}	$^0/_0$	16,7		13,9		11,9		9,8	
16	thermischer Wirkungsgrad bez. auf die Heizung η_{Hg}	$^0/_0$	0		21,7		42,7		64,0	
17	wirtschaftlicher Gesamtwirkungsgrad η_w	$^0/_0$	16,7		35,6		54,6		73,8	

III. Fall. Betrieb der Maschine bei gleichbleibender Belastung und verschieden hoher Zwischendampfentnahme.

Für solche Betriebsverhältnisse sind vier Sätze von Indikatordiagrammen in Fig. 31 bis 38 dargestellt. In welchem Maße die Hochdruckfüllungen zu- und die Niederdruckfüllungen abnehmen, ist aus den Diagrammen zu ersehen. Zahlentafel 22 enthält die wissenswerten Angaben über Leistungsverteilung, Dampf- und Wärmeverbrauch. sowie Wirkungsgrade. Der scheinbare thermische Wirkungsgrad bezogen auf die Nutzleistung

$$\eta_{Lg} = \frac{\text{Zeile 11}}{\text{Zeile 9}} \cdot 100\,{}^{0}/_{0}$$

nimmt mit steigender Entnahme ab, der wirtschaftliche Gesamtwirkungsgrad

$$\eta_w = \frac{\text{Zeile 10} + \text{Zeile 11}}{\text{Zeile 9}} \cdot 100$$

nimmt jedoch rasch zu von 16,7 ${}^{0}/_{0}$ der gewöhnlichen Kondensationsmaschine bis auf fast 74 ${}^{0}/_{0}$ bei einer Dampfentnahme von 70 ${}^{0}/_{0}$. Der wirkliche thermische Wirkungsgrad bezogen auf die Nutzleistung

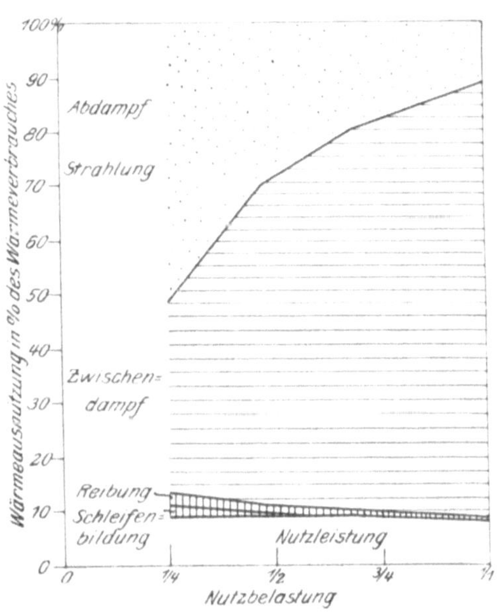

Fig. 68. Wärmeausnützung einer Entnahmemaschine bei verschiedenen Belastungen und größter Zwischendampfentnahme von 3 Atm. Überdruck.

$$\frac{\text{Zeile 11}}{\text{Zeile 9} - \text{Zeile 10}} \cdot 100\,{}^{0}/_{0}$$

beträgt bei

Betrieb ohne Entnahme	${}^1/_4$ Entnahme	${}^1/_2$ Entnahme	${}^3/_4$ Entnahme
16,7 ${}^{0}/_{0}$	17,7 ${}^{0}/_{0}$	20,9 ${}^{0}/_{0}$	27,2 ${}^{0}/_{0}$

(Zahlentafel 23.)

Hierin kommt die Bedeutung der Zwischendampfentnahme für die rationelle Krafterzeugung besonders klar zum Ausdruck. Schon bei Entnahme der Hälfte des der Maschine zugeführten Dampfes erreicht die Entnahmemaschine effektive thermische Wirkungsgrade, welche bei den besten normalen Kondensationsmaschinen oder Turbinen mit hoher Überhitzung kaum möglich sind. Bei Vollast und größter Entnahme steigt der effektive thermische Wirkungsgrad, wie wir unter Fall II gesehen haben, bis auf 37,5 % , also höher als der effektive thermische Wirkungsgrad des Dieselmotors, unserer thermisch besten Wärmekraftmaschine, ist.   Unter Fall I haben wir den effektiven thermischen Wirkungsgrad bei 54 % Belastung der Maschine und 68 % Entnahme zu 25,3 % gefunden, während er, wie jetzt gezeigt, bei einer Maschinenleistung, die 83 % der Vollast von 500 PS. entspricht und 70 % Dampfentnahme einen Wert von 27,2 % erreicht.   Bei gleicher prozentueller Entnahme sinkt der thermische Wirkungsgrad der Entnahmemaschine mit der Belastung etwa um die gleichen Absolutwerte wie bei der gewöhnlichen Kondensationsmaschine.

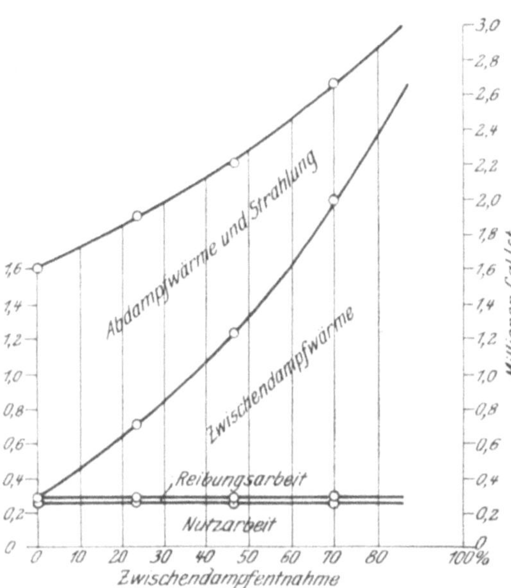

Fig. 69.   Wärmebilanz einer 500 PS$_e$ - Entnahmemaschine bei rd. 415 PS$_e$ - Belastung und verschieden hoher Zwischendampfentnahme.

Die graphische Wärmebilanz für Fall III ist in Fig. 69 gezogen.   Der Abdampfverlust nimmt ab, während die der Maschine im Zwischendampf entzogene Wärme anwächst.   Hierdurch erhöht sich der wirtschaftliche Gesamtwirkungsgrad der Entnahmemaschine mit steigender Zwischendampfentnahme bei gleichbleibender Belastung.

Die Umsetzung von je 100 der Maschine zugeführten Wärmeeinheiten in Nutzleistung, Reibungs- und Luftpumpenarbeit, Zwischendampfwärme, Abwärme und Strahlung ist in Fig. 70 dargestellt.   Die Schaubilder der prozentualen Wärmeausnützung Fig. 66, 68 und 70 gestatten lehrreiche Vergleiche mit den gleichartigen Diagrammen Fig. 113—118 u. 120 anderer Wärmekraftmaschinen.

Der effektive thermodynamische Wirkungsgrad der Maschine

$$\eta_e = \frac{632 \cdot N_e}{G\,(\Phi_I + \Phi_{II}) - E\,\Phi_{II}} \quad \text{(siehe S. 107)}$$

bei Belastung mit rund 400 und 250 PS., also mit $^4/_5$ und $^1/_2$ Last ist in Fig. 71 dargestellt. Er nimmt mit steigender Dampfentnahme zu (vgl. damit Fig. 96 und 99 für die Entnahmeturbine). Auch Versuche an ausgeführten Maschinen (Zahlentafel 26, Versuche Nr. 4 und 5, 6 und 7, 12 bis 14 an denselben Maschinen mit verschiedener Dampfentnahme) bestätigen dies. Die steigende Zwischendampfentnahme verbessert also die Dampfmaschine als Wandlerin von Wärme in mechanische Energie, mit anderen Worten, die Kraftausbeute der Entnahmemaschine steigt mit der Dampfentnahme. Begründet liegt dies darin, daß der thermodynamisch besser arbeitende Hochdruckteil um so mehr zur Arbeitsleistung herangezogen wird, je höher die Zwischendampfentnahme ist.

Die doppelte Abhängigkeit des Wärme- oder des Dampfverbrauches einer Entnahmemaschine von der Belastung und von der Höhe der Zwischendampfentnahme läßt sich in einem Raumdiagramm darstellen. Aus einem solchen Diagramm können alle Beziehungen abgelesen werden, welche im Vorhergehenden unter I, II und III besprochen worden sind.

In Fig. 72 ist der Gesamtwärmeverbrauch der Maschine über der Belastung und der Höhe der

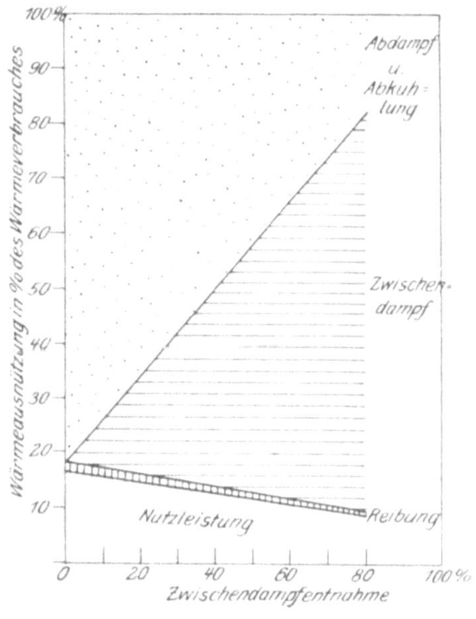

Fig. 70. Wärmeausnützung einer Entnahmemaschine bei gleichbleibender Belastung und verschieden hoher Zwischendampfentnahme von 3 Atm. Überdruck.

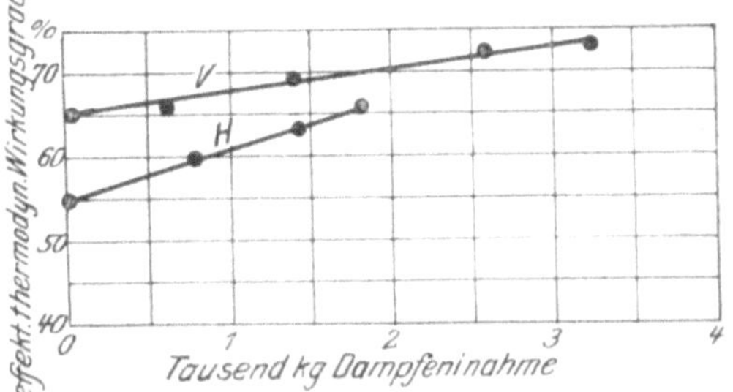

Fig. 71. Veränderung des effektiven thermodynamischen Wirkungsgrades einer 500 PS-Entnahmemaschine mit der Höhe der Dampfentnahme bei Vollast (V) und Halblast (H).

Zwischendampfentnahme in Prozent der der Maschine zugeführten Dampfmenge versinnlicht. Auf die Fläche des Gesamtwärmeverbrauches kann man eine (stark ausgezogene) Kurve legen, welche den reellen Teil der Fläche vom virtuellen Teil scheidet. Dies ist die

Grenzkurve für die größtmögliche Zwischendampfentnahme bzw. die geringste zulässige Belastung der Maschine. Links von ihrem Verlauf liegt der virtuelle Teil des Raumdiagramms. Ihm sind Niederdruckfüllungen zugeordnet, bei welchen die sichere Schmierung des Nieder-

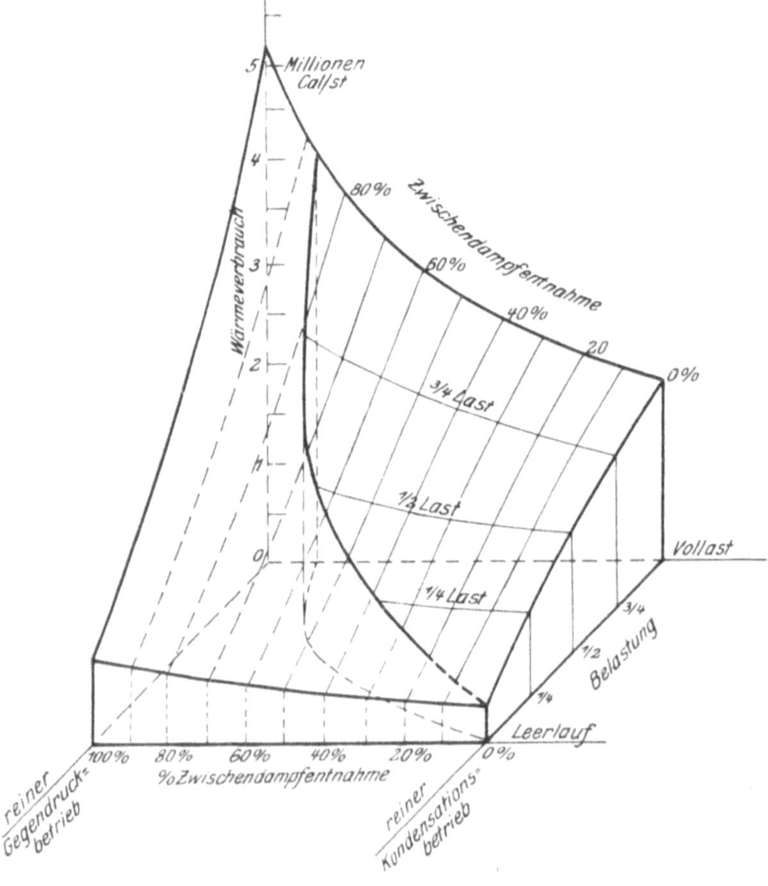

Fig. 72. Wärmeverbrauch einer 500 PS-Entnahmemaschine. (Kurven gleicher Belastung und prozentualer Dampfentnahme.)

p_a 13½ Atm. Üb.
t_a :   280° C.
p_c 3 Atm. Üb.
p_c -   0,25 Atm. abs.

druckkolbens nicht mehr gewährleistet erscheint. Der reine Gegendruckbetrieb wäre bei abgekuppeltem Niederdruckzylinder (etwa bei einer Zweikurbelverbundmaschine) reell erreichbar.

In Fig. 73 sind in das Raumdiagramm ferner eingetragen die Kurven für Leerlauf bis Vollast von 10 zu 10 °/o Belastung, sowie für eine Zwischendampfentnahme von 10 zu 10 %. Aus Fig. 72 folgt, daß bei Volllast höchstens 87 % der zugeführten Dampfmenge, bei $^8/_4$ Last höchstens 79 %, bei $^1/_2$ Last höchstens 64 % und bei $^1/_4$ Last höchstens 38 % entnommen werden können. Aus der nächsten Abbildung geht hervor, daß bei einer Entnahme von drei Vierteln der zugeführten Dampfmenge

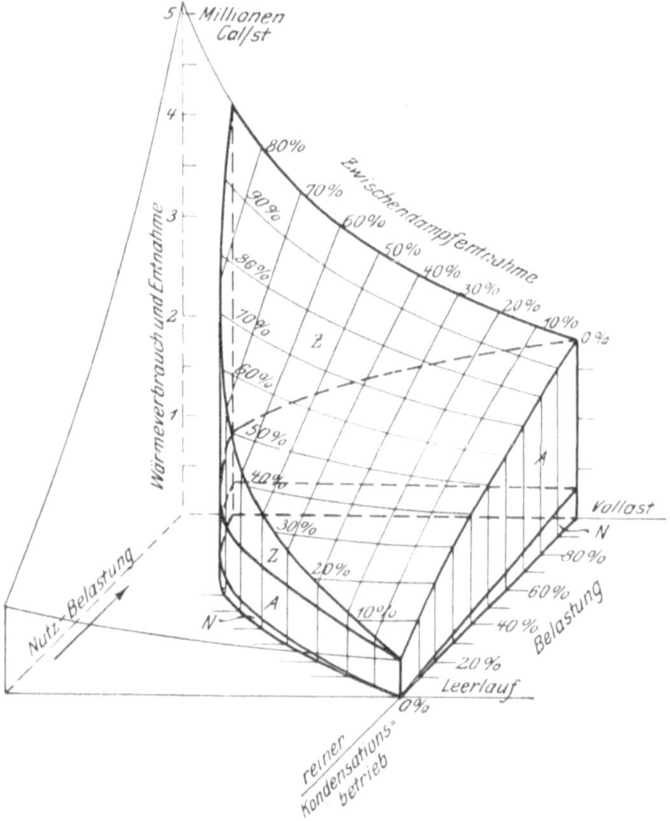

Fig. 73. Wärmeverbrauch einer 500 PS-Entnahmemaschine bei veränderlicher Belastung und Dampfentnahme.

N = Wärmeaufwand für Nutzleistung.
A =   „   „   Reibung, Strahlung und Abdampfverlust.
Z = entnommene Zwischendampfwärme.

$p_a = 13^1/_2$ Atm. Üb.
$t_a = 280°$ C.
$p_e = 3$ Atm. Üb.
$p_c = 0{,}25$ Atm. abs.

die Nutzleistung der Maschine nicht unter 60 %, bei halber Entnahme nicht unter 35 % sinken darf.

Zuweilen findet man die Dampfentnahme nicht bezogen auf die der Maschine gerade zugeführte Dampfmenge, sondern auf den Dampfverbrauch der normalen Kondensationsmaschine. Damit erreichen die

Zahlen der prozentualen Dampfentnahme natürlich ganz andere, höhere
Werte. Da der Dampfverbrauch im vorliegenden Beispiel bei 3 Atm.
Entnahmeüberdruck und dem Zylinderverhältnis 1:2,25 von jenem
der normalen Kondensationsmaschine nur wenig abweicht, können wir
den Dampfverbrauch der normalen Kondensationsmaschine unmittel-

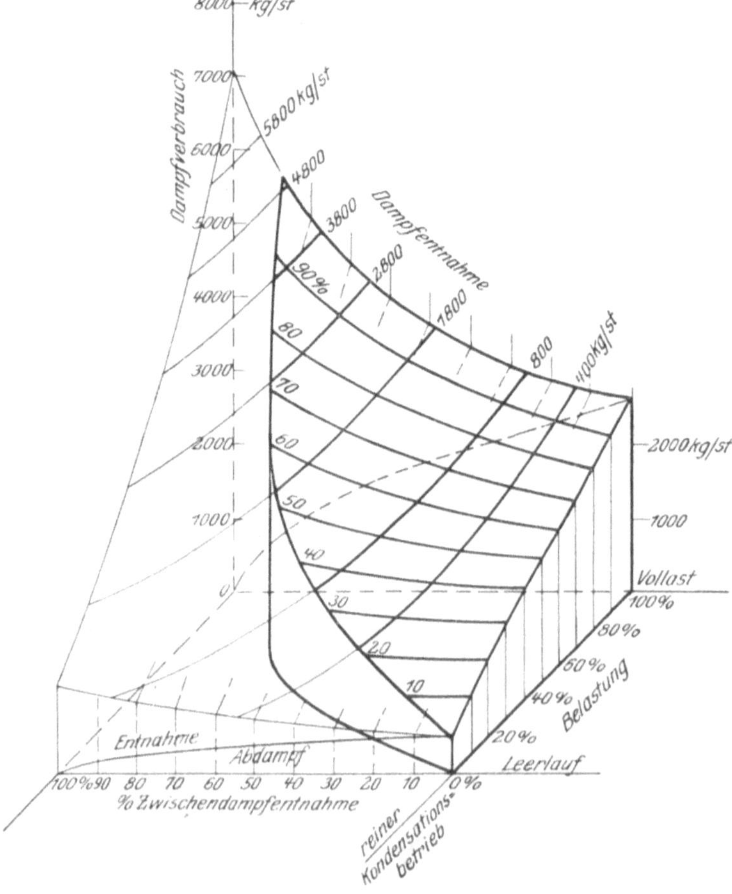

Fig. 74. Dampfverbrauch einer 500 PS-Entnahmemaschine bei
verschiedenen Belastungen und Entnahmemengen.
(Kurven gleicher Entnahmemengen.)

$p_a = 13\frac{1}{2}$ Atm. Üb.
$t_a = 280^\circ$ C.
$p_c = 3$ Atm. Üb.
$p_c = 0{,}25$ Atm. abs.

bar der Fig. 72 oder 73 entnehmen, indem wir den Wärmeverbrauch
bei Vollast und Entnahme Null durch den Wärmeinhalt von 1 kg
Frischdampf, nämlich 718 Kal., teilen. Wir finden so den Dampfverbrauch der normalen Kondensationsmaschine zu 2690 kg/St. bei

500 PS Leistung. Folgende Zahlentafel 24 kann zur Umrechnung der beiden Angaben der Zwischendampfentnahme dienen:

Entnahme in $\begin{cases}$ %/o der zugeführten Dampfmenge   20   40   60   80 \\ %/o des Dampfverbrauches der \\   normalen Kondensationsmasch.   22   50   89   150 $\end{cases}$

(Zahlentafel 24.)

Einer Entnahme von 87 %/o des der Maschine zugeführten Dampfes entspricht 180 %/o des Dampfverbrauches der normalen Kondensationsmaschine.

In Fig. 73 ist der Gesamtwärmeaufwand unterteilt in jenen zur Erzeugung der Nutzleistung (N), in die Wärmeverluste durch Abdampf, Reibung und Strahlung (A) und in die Zwischendampfwärme (Z).

In Fig. 74 ist schließlich als Ordinate der Gesamtdampfverbrauch der Maschine gewählt, welcher sich im vorliegenden Fall ergibt zu

$$D \; \text{kg/St.} = \frac{\text{Wärmeverbrauch Kal./St.}}{718 \; \text{Kal./kg}}$$

Auf die obere Begrenzungsfläche des Körpers sind die Kurven für Nutzbelastungen der Maschine von 10 zu 10 %/o gelegt und außerdem Kurven gleicher absoluter Entnahmemengen. Jene für 1800 kg entspricht den in Fall I ausführlich behandelten Verhältnissen. Die größte Entnahme beträgt bei Vollast 4920 kg/St.

Die kleinste Belastung, bei welcher eine bestimmte Zwischendampfmenge entnommen werden kann, ist abhängig vom Zylinderverhältnis und vom Zwischendampfdruck. Je

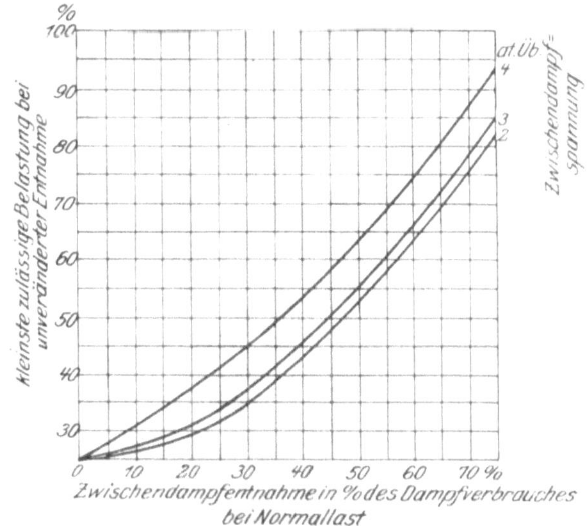

Fig. 75. Abhängigkeit der kleinsten zulässigen Belastung von der Höhe der Dampfentnahme.

kleiner der Niederdruckzylinder, desto kleiner wird die zulässige Belastung. Je höher der Entnahmedruck, desto größer wird der Flächeninhalt des kleinsten Niederdruckdiagrammes und Hand in Hand damit die Maschinenleistung. Diese Abhängigkeit ist für verschiedene

Zwischendampfüberdrücke in der Fig. 75 dargestellt. Bei 3 Atm. Zwischendampfüberdruck kann beispielsweise unter Halblast noch eine Dampfmenge entnommen werden, welche 44 % Dampfentnahme bei Vollast entspricht. Bei 4 Atm. Zwischendampfüberdruck sind unter Halblast jedoch nur mehr 36 % des Dampfverbrauches bei Normallast zu entnehmen.

Wahl des Zylinderverhältnisses.

Wie schon erwähnt, liegt die praktisch größte Zwischendampfentnahme bei etwa 3 bis 5 % Niederdruckfüllung, da dem Niederdruckzylinder etwas Dampf zugeführt werden muß, um zu verhindern, daß der Kolben trocken läuft.

Je kleiner das Verhältnis

$$\frac{\text{Hochdruckzylindervolumen}}{\text{Niederdruckzylindervolumen}}$$

und je höher die Zwischendampfspannung, desto weniger Dampf kann der Maschine entnommen werden. In Fig. 76 ist die gegenseitige Abhängigkeit von Zwischendampfentnahme in Prozent der der Maschine zugeführten Dampfmenge, Zwischendampfdruck und Zylinderverhältnis graphisch dargestellt und zwar hat die Figur Gültigkeit für 12 Atm. Anfangsüberdruck und 300° Dampftemperatur vor der Maschine und für 80 % Luftleere im Niederdruckzylinder.

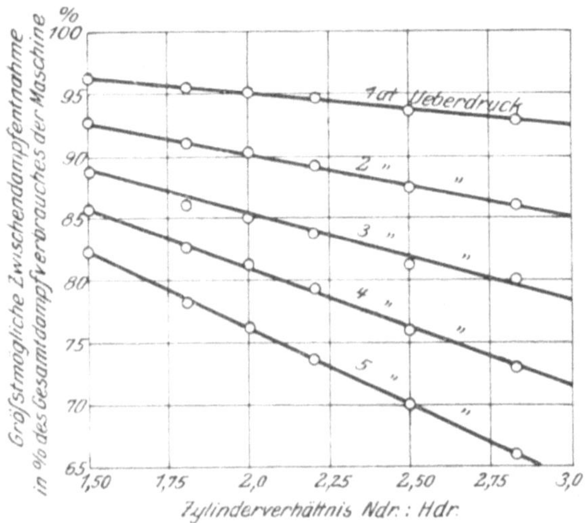

Fig. 76. Abhängigkeit der Grenze der Zwischendampfentnahme vom Zylinderverhältnis und vom Zwischendampfdruck.

Aus dieser Darstellung ist ersichtlich, daß man von dem üblichen Zylinderverhältnis 1:2,8 bis 1:2,5 nicht abzugehen braucht, um schon recht beträchtliche Mengen von Zwischendampf entnehmen zu können. Es ist jedoch zu empfehlen, den Niederdruckzylinder klein zu wählen, da sonst seine Füllungsgrade bei größerer Dampfentnahme sehr gering ausfallen, wodurch der thermische Wirkungsgrad dieses Zylinders verschlechtert

wird. Man hat in dieser Erkenntnis für besondere Zwecke schon das
Zylinderverhältnis 1:1 ausgeführt.

Die Verteilung der Leistung auf beide Zylinder wird vom Zylinderverhältnis fast nicht beeinflußt, was bei näherer Betrachtung auch selbstverständlich erscheint, da ja im Grunde nicht die Größe der Zylinder,
sondern die Menge des darin arbeitenden Dampfes und dessen Druck
die Leistung bestimmt. An einer Reihe von Diagrammen wurde die
Hochdruckleistung in Prozent der Gesamtleistung bei 2 bis 5 Atm. Üb.
Aufnehmerspannung und 1:2,8 sowie 1:1,8 Zylinderverhältnis ermittelt.

Das Ergebnis ist folgendes:

Zahlentafel 25.

	Zwischen-dampfdruck Atm. Üb.	Leistung PS.	Hochdruck-leistung in %% der Ge-samtleistung	Zwischen-dampf-entnahme %	Theoretische Niederdruck-füllung %
Zylinderverhältnis 1:2,8	2	174	81	86	2
	3	171	70	80,5	3
	4	170	56	71	3,5
	5	174	41,5	61,5	4
1:1,8	2	171	82,5	88	3,5
	3	169	70,5	80,5	5
	4	165	57,5	71	6,5
	5	168	43	61,5	8

Der Dampfanfangszustand war zu 12 Atm. Üb. und 300°, die
konstante Hochdruckfüllung zu 40 % genommen. Bei 2 Atm. Auf-
nehmerüberdruck und 1:2,8 Zylinderverhältnis ist unter den besagten
Annahmen eine Dampfentnahme von 86 % das Maximum (vgl. Fig. 76).
Aus vorstehender Tabelle ist ersichtlich, daß der Anteil des Hochdruckzylinders an der Gesamtleistung bei beiden Zylinderverhältnissen fast
gleich hoch ist.

Konstruktion und Betrieb der Entnahmemaschinen.

Die Maschinen mit Zwischendampfentnahme unterscheiden sich
von den gewöhnlichen Verbunddampfmaschinen durch das vom normalen (1:2,4 bis 1:3) oft abweichende Zylinderverhältnis, dessen Wahl
hauptsächlich nach der Höhe der regelmäßig stattfindenden Dampfentnahme erfolgt.

Hoher Anfangsdruck und große Hochdruckkolbenfläche sowie hoher
Aufnehmerdruck ergeben große Kolbenkräfte, was bei Berechnung der
Zapfen usw. berücksichtigt werden muß.

Als Bauart eignet sich besonders die Tandemmaschine wegen der ungleichen Arbeitsverteilung auf beide Zylinder bei Zwischendampfentnahme. Der Unterschied in der Leistung beider Zylinder gegenüber normalem Betrieb kann ziemlich bedeutend werden. Bei schwacher Belastung ist eine Schleifenbildung im Hochdruckdiagramm in Kauf zu nehmen.

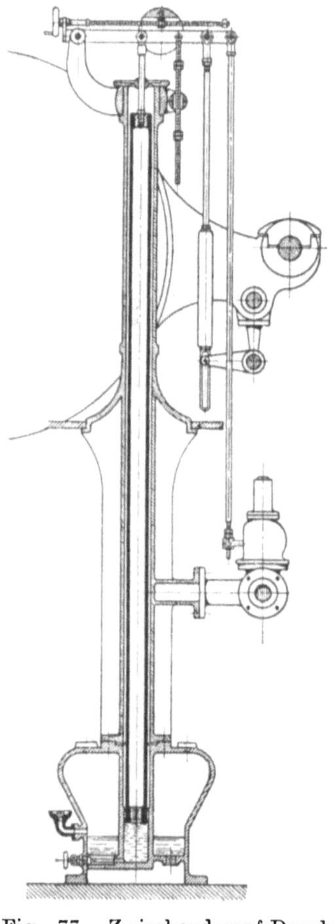

Die wichtigste konstruktive Einzelheit der Entnahmemaschine ist eine Vorrichtung, welche den Füllungsgrad des Niederdruckzylinders dem Zwischendampfbedarf anpaßt. Die Einstellung der Niederdruckleistung kann von Hand erfolgen, meist wird man jedoch eines der selbsttätigen Verfahren bevorzugen.

Sinkt der Heizdampfbedarf bei gleichbleibender Belastung der Maschine, so steigt der Aufnehmerdruck, da sich der Dampf im Aufnehmer anstaut. Man läßt diese Druckerhöhung auf die Niederdruckeinlaßsteuerung einwirken, und zwar so, daß die Füllung vergrößert wird. Der für die Heizung nicht benötigte Dampf strömt alsdann durch den Niederdruckzylinder Arbeit verrichtend ab. Die dadurch bedingte Tourenerhöhung setzt den Fliehkraftregler in Tätigkeit, wodurch die Hochdruckfüllung verringert wird. Eine solche kombinierte Regelung entspricht allen Anforderungen an Genauigkeit und hat sich unter schwierigen Verhältnissen z. B. Parallelarbeiten mehrerer Dampfdynamos auf ein Wechselstromnetz bestens bewährt. Sie läßt sich in einfacher Weise nur bei Ventilsteuerungen bauen und zwar am einfachsten bei solchen mit geringem Verstellwiderstand.

Fig. 77. Zwischendampf-Druckregler mit zwangläufiger Frischdampfbeimischung. Gebr. Sulzer.

Fig. 77 zeigt einen Quecksilberregler von Gebr. Sulzer. Der 2725 mm hohe röhrenartig ausgebildete Ständer wird, mit seinem Fuß auf dem Unterflurboden stehend, neben dem Niederdruckzylinder der Dampfmaschine aufgestellt. Je nach dem Zwischendampfbedarf schwankt der Dampfdruck und wirkt auf den im unteren Teil des Ständers befindlichen Quecksilberspiegel, welcher seinerseits wieder auf einen gußeisernen mit Blei ausgegossenen Kolben drückt, der im inneren Hohlraum des Ständers angeordnet im Quecksilber schwimmt. Mittels eines Hebels und einer Stange beeinflußt der je nach dem Dampf- druck höher oder tiefer stehende Kolben die Einlaßsteuerung des Nieder- druckzylinders. Der Dampf drückt je nach seiner Pressung das Queck-

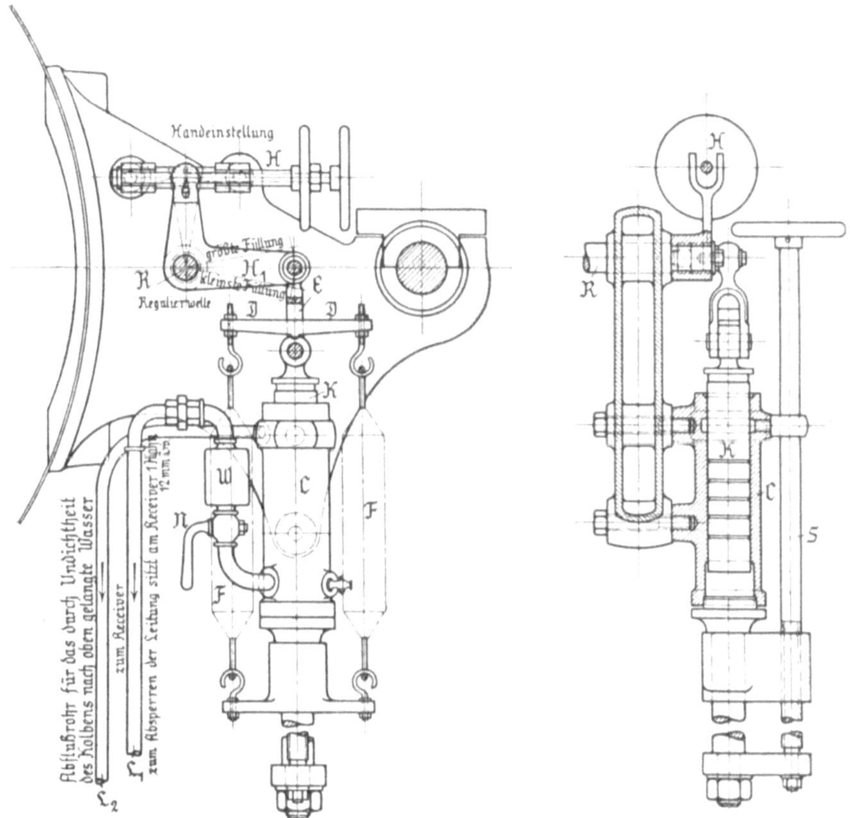

Fig. 78. Zwischendampf-Druckregler mit Vorrichtung zum Einstellen des Zwischendampfdruckes. Maschinenfabrik Augsburg-Nürnberg.

silber durch eine feine Drosselöffnung in den Hohlraum mehr oder weni- ger hoch, wodurch die Höhenlage des reibungslos schwimmenden Kolbens entsprechend geändert wird. Ein am Quecksilberbehälter angeschlosse- nes Manometer läßt den Zwischendampfdruck ablesen. Eine Einstell- vorrichtung gestattet den Zutritt des Quecksilbers zum Kolben zu drosseln. Bezweckt wird damit, die in der Zwischendampfleitung gelegentlich auftretenden plötzlichen Druckschwankungen dämpfend zu beeinflussen. Es ist dies dasselbe Prinzip, wie es vielfach bei den Fliehkraftreglern in Form der Ölkatarakte angewendet wird. Mittels der Muttern auf einer senkrechten Schraubenspindel können die gewünschten Endstellungen des wagerechten Hebels fixiert werden.

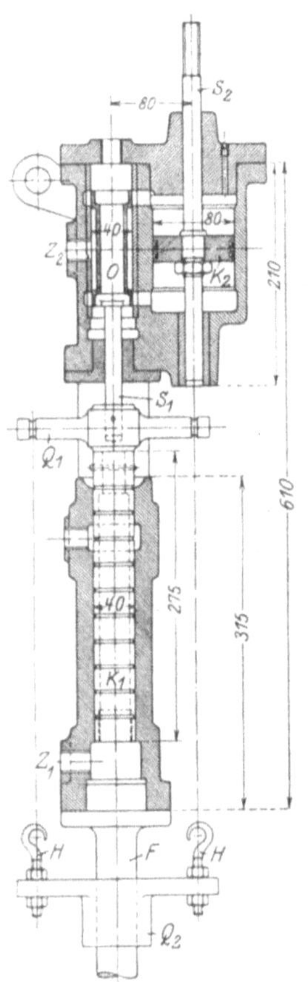

Fig. 79. Zwischendampf-Druckregler mit Druckölschaltung für Zwanglaufsteuerungen. Maschinenfabrik Augsburg-Nürnberg.

Wenn der Zwischendampfbedarf eine gewisse Grenze übersteigt, wird durch eine Zugstange ein Ventil geöffnet, durch welches dem Zwischendampf mehr oder weniger Frischdampf zugesetzt wird.

Eine Ausführung des Druckreglers der Maschinenfabrik-Augsburg-Nürnberg für ihre Ausklinksteuerung ist in Fig. 78 dargestellt.

Der Zwischendampf drückt auf den Kolben K, welcher in den Zylinder C dampfdicht eingepaßt ist. Zwei Zugfedern F halten dem Dampfdruck das Gleichgewicht. Eine Änderung des Zwischendampfdruckes bewirkt eine Verstellung des Kolbens K, welche mittels des Zwischengliedes E auf den Hebel H_1 und dadurch auf die Regulierwelle R übertragen wird. Durch Verstellung der Spindel S kann der konstant zu haltende Zwischendampfdruck in einem gewissen Intervall gewählt werden. Soll die Maschine ohne Zwischendampfentnahme arbeiten, so kann durch den Hahn N der Zutritt des Dampfes aus der Leitung L_1 in den Zylinder C abgesperrt und die Niederdruckfüllung mittels der Spindel H von Hand aus eingestellt werden.

Während die Ausklinksteuerungen nur einen geringen Verstellwiderstand besitzen, beanspruchen andere schon ziemlich bedeutende Kräfte. Man ordnet bei solchen Steuerungen zwei Druckregler an, die unmittelbar auf die Regulierwelle des Niederdruckzylinders wirken oder eine Öldrucksteuerung, wie nach einer Ausführung der Maschinenfabrik Augsburg-Nürnberg in Fig. 79 dargestellt.

Auf den Kolben K_1 drückt der bei Z_1 eintretende Zwischendampf. Zwei Zugfedern zwischen dem Querhaupt Q_1 und den Halken H halten dem Dampfdruck das Gleichgewicht. Durch die Schwankungen der

Zwischendampfspannung wird der Kolben K_1 und damit das Querhaupt Q_1, die Spindel S_1 und der hohle Ölschieber O vertikal verstellt. Letzterer läßt das bei Z_2 eintretende Drucköl oberhalb bzw. unterhalb des Kolbens K_2 treten, dessen Spindel S_2 die Einlaßsteuerung des Niederdruckzylinders verlegt. Das Querhaupt Q_2 ist auf der Führung F vertikal mittels einer Schraubenspindel verschiebbar (vgl. Fig. 78), wodurch ein beliebiger Aufnehmerdruck eingestellt werden kann.

Mittels des Querhauptes Q_2 in Fig. 79 bzw. der Spindel S in Fig. 78, ist es möglich, den Receiverdruck von der Dampfverbrauchsstelle etwa vom Sudhaus einer Brauerei oder der Appreturanstalt einer Weberei aus einzustellen. Die Einstellung des Druckreglers auf die gewünschte Spannung erfolgt ähnlich wie die Einstellung der Tourenzahl mehrerer parallel geschalteter Maschinen, die synchron auf ein Drehstromnetz arbeiten müssen, vom Schaltbrett aus, nämlich mittels eines kleinen Elektromotors.

Ein Zwischendampfdruckregler der Maschinenfabrik J. A. Maffei, München, der unter Zuhilfenahme von Drucköl auf die Niederdruckeinlaßsteuerung wirkt, ist in Fig. 80 und 81 dargestellt. Auf der

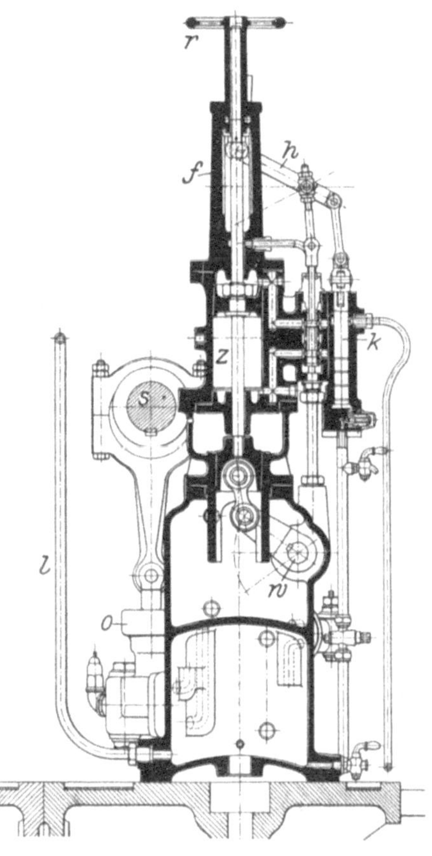

Fig. 80 (siehe auch Fig. 81).

Steuerwelle s sitzt das Exzenter für die Ölpumpe o. Der hohle Ständer des Reglers birgt in seinem unteren Teil einen abgetrennten Raum, den Druckölbehälter, von welchem eine Leitung l zum Ölsteuerschieber führt. Der über dem Druckbehälter befindliche Raum dient als Saugbehälter. Der Zwischendampf drückt vermittels einer Dampfwassersäule auf den durch Federkraft im Gleichgewicht gehaltenen Kolben k, der bei seiner Bewegung den Ölsteuerschieber verstellt und das Drucköl in den Zylinder z ober- oder unterhalb des darin befind-

lichen Kolbens treten läßt. Auf der Welle w ist außerhalb des
Ständers ein Hebel aufgekeilt, der die vom festen Steuerungsexzenter
abgeleitete Bewegung des Niederdruckeinlaßventils vermittels eines
Doppelhebels beeinflußt. Das durch Undichtheiten nach oben gelangende Wasser und Drucköl werden in Leckleitungen gesammelt.

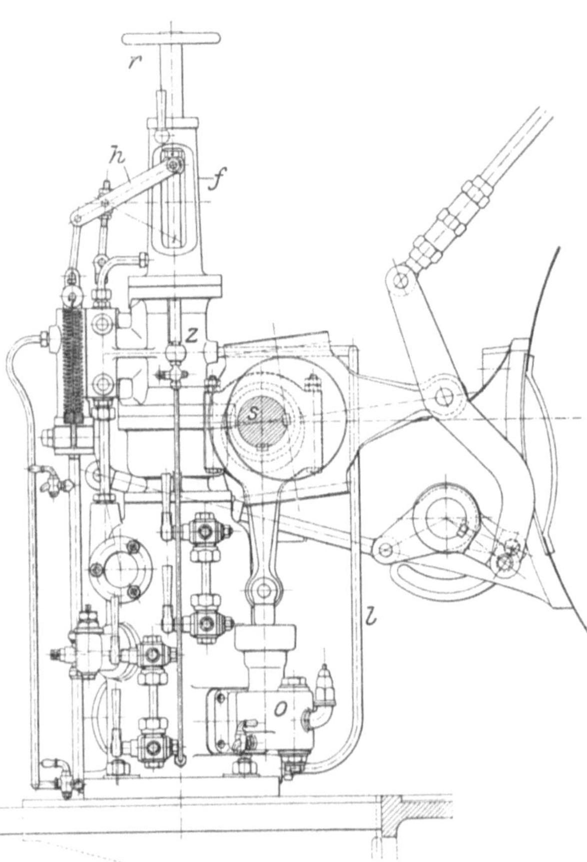

Fig. 81. Zwischendampf-Druckregler mit Druckölschaltung für Wälzhebelsteuerung: Maßstab 1 : 15.
Maschinenfabrik J. A. Maffei, München.

Der Hebel h führt den Ölsteuerschieber wieder in seine Mittellage zurück. Durch das Handrad r kann die Niederdruckfüllung auch vom Maschinenwärter unabhängig vom Zwischendampfdruck zwischen 0 und 55 °/o eingestellt werden. An der Führung f ist eine Teilung angebracht, auf welcher ein mit der Stange des Öldruckkolbens verbundener Zeiger den Füllungsgrad angibt. Auf einem geschlitzten Bogen kann endlich die Niederdrucksteuerung für unveränderliche Füllungen festgeklemmt werden. Ein an den Druckraum des Ölbehälters angeschlossenes Manometer läßt den jeweils herrschenden Öldruck ablesen. Der in den Fig. 80 und 81 dargestellte Druckregler im Maßstab 1 : 15 gehört einer 800 PS-Entnahmemaschine einer Brauerei an.

Eine liegende Anordnung des Zwischendampfdruckreglers ebenfalls nach einer Ausführung der Maschinenfabrik J. A. Maffei

in München für eine Dampfmaschine mit Proell'scher Achsenregler-Steuerung ist in Fig. 82 und 83 dargestellt. Der Dampfdruckzylinder z ist bei a mit dem Aufnehmer durch eine mit Dampfwasser angefüllte, unter dem Zwischendampfdruck stehende Leitung verbunden. Zwei Schraubenfedern halten dem Zwischendampfdruck das Gleichgewicht. Durch den Dampfkolben wird der Ölsteuerschieber im Gehäuse g ver-

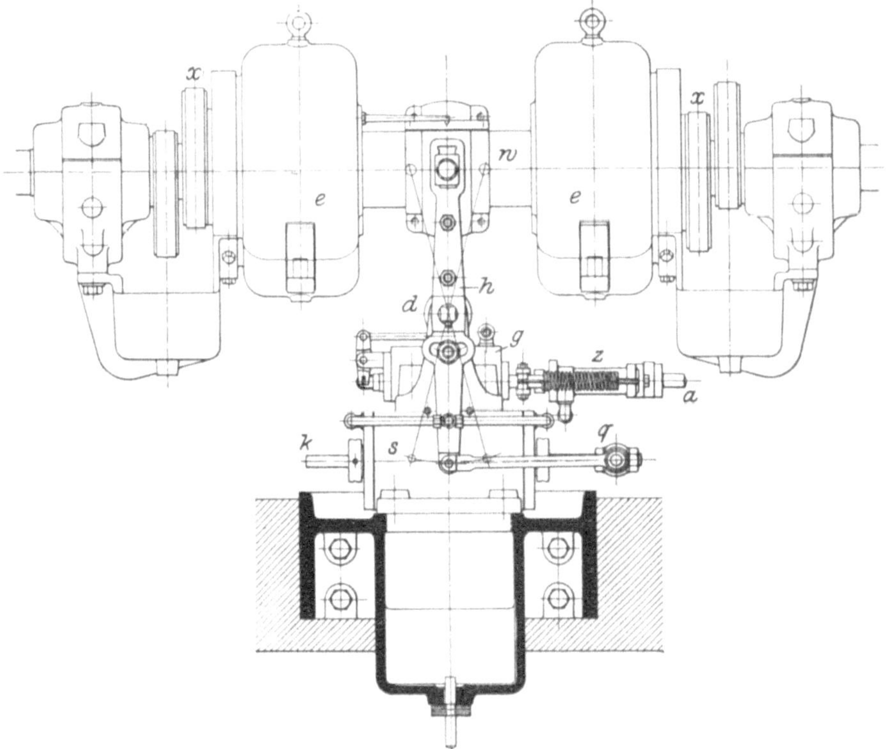

Fig. 82 (siehe auch Fig. 83).

stellt, der den Ölzutritt in den Steuerungszylinders regelt. Die beiderseits durchgehende Kolbenstange k trägt an einem Ende ein Querhaupt q, von welchem ein Gestänge zum Hebel h führt, der eine Hohlwelle w durch eine spiralförmige Schlitzführung verdreht. Auf der Welle sitzen in den Gehäusen e die Hebel, welche die beweglichen Einlaßexzenter auf die richtige Füllung einstellen. Hebel h kann durch eine Klemmvorrichtung auch auf eine beliebige Füllung festgestellt werden. Er ist drehbar auf einer kurzen Welle d gelagert, von welcher die Rückstellvorrichtung des Ölsteuerschiebers bedient wird. Strichteilung und

Zeiger oberhalb der Welle w lassen den jeweiligen Niederdruckfüllungsgrad ablesen.

Ein senkrechter Schnitt durch die wesentlichen Teile des Druckreglers ist in Fig. 83 wiedergegeben[1]).

Der von der Sächsischen Maschinenfabrik vorm. R. Hartmann in Chemnitz angewandte Druckregler (Fig. 17) besteht aus zwei kommunizierenden an einem Wagebalken aufgehängten und mit Quecksilber gefüllten Röhren. Die eine dieser Röhren steht unter dem Druck des Zwischendampfes, so daß jede Veränderung dieses Druckes die Quecksilberverteilung auf beide Röhren beeinflußt. Dadurch wird der auf der Reglerwelle sitzende Wagbalken gedreht und die Niederdruckfüllung verändert.

Fig. 84 zeigt die von der Hannoverschen Maschinenbau-A.-G. ausgeführte Vorrichtung zur Konstanthaltung des Heizungsdruckes. Die Veränderung der Niederdruckfüllung geschieht hier durch den Druckregler a, der mittels einer Kontaktschaltung b einen kleinen Elektrohilfsmotor c steuert. Der Druckregler a besteht aus einem federbelasteten Dampfkolben, der durch die Schwankung des Aufnehmerdruckes bewegt wird. Durch ein Zwischengetriebe d wirkt der Elektromotor c unmittelbar auf die Niederdrucksteuerung ein. Bei kleinen Belastungen der Maschine kann es vorkommen, daß dem Aufnehmer nicht genügend Heizdampf entnommen werden kann. Die Reguliervorrichtung hat die Niederdruckfüllung auf das geringste noch zulässige Maß eingestellt, der Aufnehmerdruck sinkt aber trotzdem noch weiter. Hier tritt, ähnlich wie bei dem Regler Fig. 77, ein Frischdampfzusatzventil zwangläufig in Tätigkeit dadurch, daß es in der Endlage der

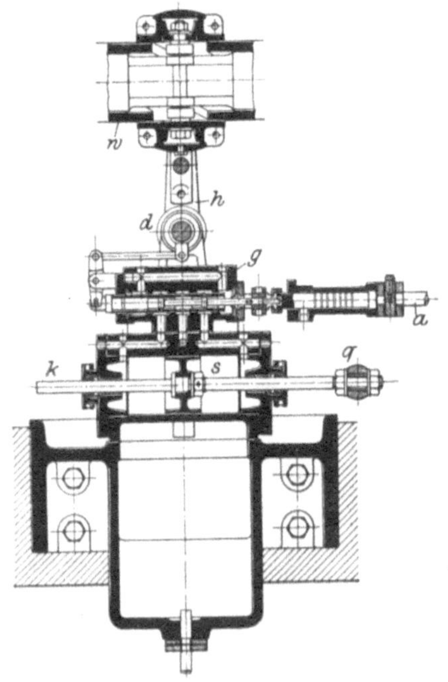

Fig. 83. Zwischendampf-Druckregler mit Druckölschaltung für Flachreglersteuerungen: Maßstab 1:15.
Maschinenfabrik J. A. Maffei, München.

---

[1]) Ein Regler dieser Bauart ist an der in Fig. 127 dargestellten Dampfmaschine angebracht.

Niederdrucksteuerung gedrosselten Heizdampf in die Heizleitung treten läßt. Die Betätigung des Zusatzventiles erfolgt von der Spindel der Kontaktschaltung b, die nötigenfalls nach unten verlängert wird.

Besondere Verhältnisse ergeben sich beim Leerlauf der Maschinen mit Zwischendampfentnahme.

Fig. 84. Zwischendampfdruckregler mit elektromotorischer Verstellung
der Niederdrucksteuerung.
Hannoversche Maschinenbau A.-G., Hannover-Linden.

Die folgenden Betrachtungen gelten für den Fall, daß der Hochdruckzylinder durch einen Fliehkraftregler, der Niederdruckzylinder durch einen Druckregler beeinflußt wird.

Zunächst muß es möglich sein, die unbelastete Maschine auf die volle Tourenzahl zu bringen, falls dieselbe etwa auf ein Drehstromnetz geschaltet werden soll. Die bei Leerlauf entstehende große Schleife des Hochdruckdiagramms (vgl. Fig. 58) muß durch eine noch größere positive Leistung des Niederdruckzylinders aufgewogen werden. Die

Niederdrucksteuerung bzw. der darauf einwirkende Druckregler ist also so einzustellen, daß eine gewisse Füllung erreicht wird, welche den Eintritt des Aufnehmerdampfes auf den allein Arbeit leistenden Niederdruckkolben gestattet.

Bei geöffnetem Frischdampfventil und geöffneter Entnahmestelle darf aber andererseits der Fall nicht eintreten, daß die unbelastete Maschine durch den vom Aufnehmer bzw. der Heizleitung her eintretenden Dampf zum Durchgehen gebracht wird. Das Frischdampfzusatzventil muß daher so eingestellt sein, daß es erst öffnet, wenn die kleinste Niederdruckfüllung durch den Druckregler hergestellt ist.

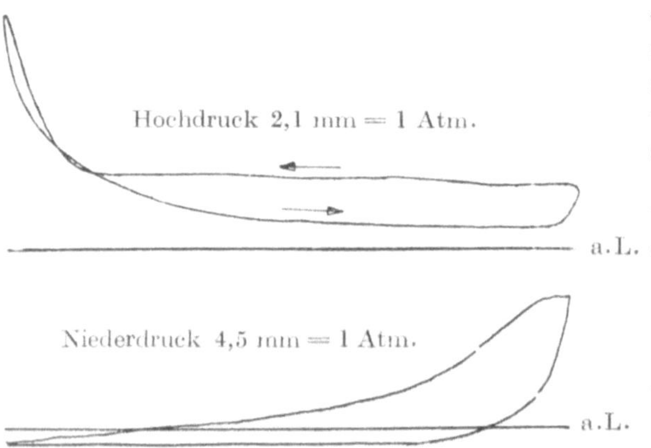

Fig. 85 u. 86.   Leerlaufdiagramme.
Dampfabsperrventil und Aufnehmer-Absperrventil offen.

Das Durchgehen der Maschine wird vermieden, indem im Niederdruckzylinder annähernd so viel Arbeit geleistet wird als im Hochdruckzylinder durch Schleifenbildung Arbeit verzehrt wird. Die in diesem Fall entstehenden Indikatordiagramme haben den in Fig. 85 und 86 dargestellten Charakter.

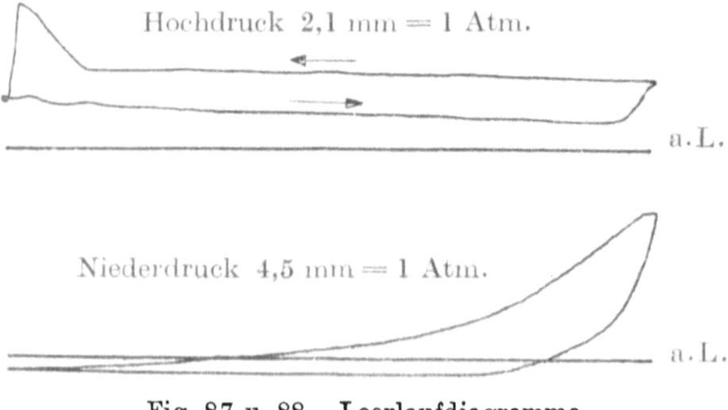

Fig. 87 u. 88.   Leerlaufdiagramme.
Dampfabsperrventil geschlossen.   Aufnehmer-Absperrventil offen.

Ebensowenig darf die Maschine bei geschlossenem Dampfzulaß und geöffnetem Heizdampfentnahmeventil durchgehen. In diesem Fall gibt die Hochdrucksteuerung größte Füllung und, wenn Dampfzusatzventil und Druckregler richtig eingestellt sind, die Niederdrucksteuerung wiederum kleinste Füllung, so daß Indikatordiagramme nach Fig. 87 und 88 entstehen. Natürlich ist es das beste, wenn darauf geachtet

Fig. 89.   Tandem-Verbundmaschine von 2000 bis 2500 PS mit Zwischen- und Abdampfverwertung für späteren Ausbau auf 5000 PS.   Maschinenfabrik Augsburg-Nürnberg.

$p_a = 13$ Atm. Üb. $t_a = 270^0$ C. $p_e = 1^1/_4$ Atm. Üb $n = 85$/min.

wird, daß der Aufnehmer der Maschine bei Stillstand derselben von der anschließenden Heizleitung abgesperrt ist.

Maschinen mit Zwischendampfentnahme sind bereits bis zu den ansehnlichsten Dimensionen ausgeführt. In Fig. 89 ist eine Tandemmaschine mit Zwischen- und Abdampfverwertung von 2000 bis 2500 PS. für späteren Ausbau auf 5000 PS. dargestellt. Die Hauptkennziffern dieser Maschine sind:

$$13 \text{ Atm. Anfangsüberdruck,}$$
$$270^0 \text{ Dampftemperatur,}$$
$$2{,}25 \text{ Atm. abs. Aufnehmerdruck,}$$
$$875 \text{ mm Hochdruckzylinderdurchm.,}$$
$$1480 \text{ mm Niederdruckzylinderdurchm.,}$$
$$1600 \text{ mm Hub,}$$
$$85 \text{ Umdrehungen per Minute.}$$

Der Zwischendampf, in einer stündlichen Menge von 2500 kg entnommen, wird zu Heizzwecken verwendet. Mit dem Abdampf können stündlich maximal 80000 cbm Luft von 10^0 auf 50^0 C und in einem besonderen Vorwärmer stündlich 10 cbm Wasser ebenfalls von 10^0 auf 50^0 erwärmt werden. Der Rest des Abdampfes geht zur Einspritzkondensation. Das erreichte Vakuum ist normal. Die große Seiltrommel von 6,2 m Durchmesser mit 78 Rillen und einem Gewicht von 92000 kg dient zum Antrieb der Transmissionen in einem mehrstöckigen Spinnerei- und Webereigebäude.

Die Dampfmaschinen mit Zwischendampfentnahme aus dem Aufnehmer zwischen Hoch- und Niederdruckzylinder passen sich weitgehend an alle vorkommenden Verhältnisse an durch:

Abgabe von Heizdampf in ziemlich weiten Grenzen unabhängig von der Belastung;

Abgabe von Heizdampf mit veränderlicher Spannung ohne Verschlechterung des thermodynamischen Wirkungsgrades der Maschine einfach durch Verstellung des Druckreglers;

Völlig selbsttätige Gleicherhaltung der einmal gewählten Zwischendampfspannung;

Feine Regulierung der Leistung und Umdrehungszahl der Maschine, welche die Schaltung der Entnahmemaschinen sogar auf ein Drehstromnetz erlaubt, wo der Abfall der Umlaufzahl durch Belastungsänderungen von Leerlauf auf Vollast nur 3 bis 4 $^0/o$ betragen darf;

Möglichkeit des Betriebes der Maschine als normale Kondensationsmaschine mit hoher Wirtschaftlichkeit zu Zeiten gänzlich ruhenden Heizdampfbedarfes.

Hervorgehoben soll noch werden, daß in vielen Fällen normale Kondensations-Verbundmaschinen unter Beibehaltung des üblichen Zylinderverhältnisses durch einfache Ergänzung der Niederdrucksteuerung durch einen Druckregler in Entnahmemaschinen umgebaut werden können.

Besonders der erste Punkt verschafft der Entnahmemaschine große Vorteile gegenüber der Gegendruckmaschine. Fälle, wo die Belastung sich ganz nach dem Abdampfbedarf richten kann, sind zwar nicht selten,

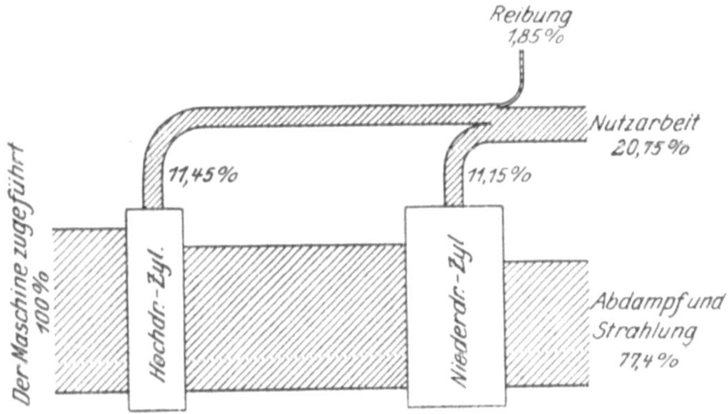

Fig. 90. Wärmeverteilung einer 200 PS Verbunddampfmaschine ohne Zwischendampfentnahme. (Versuchswerte.)
Anfangsüberdruck 10 1/2 Atm. Dampftemperatur 225° C.
Gegendruck 0,22 Atm. abs.

aber öfter kommt es doch vor, daß Kraft- und Abdampfbedarf nicht harmonieren. Hier liegt also das Anwendungsfeld der Zwischendampfentnahme.

Eine übersichtliche Darstellung der Wirtschaftlichkeit der Zwischendampfentnahme erhält man, wenn man die Wärmeausnützung in der Maschine in Form eines Wärmestromes mit den entsprechenden Abzweigungen aufzeichnet. Dies ist in den Fig. 90 und 91 an Hand von Versuchswerten mit einer 200 PS. Verbundmaschine mit und ohne Zwischendampfentnahme gemacht. Solche Schaubilder zeigen auch dem Laien in leichtverständlicher Weise, worin der Vorteil der Zwischendampfentnahme liegt. Besonders augenfällig werden die Vorteile, wenn man neben dem Dampfverbrauch der normalen Maschine ohne Entnahme auch noch den Heizdampfbedarf gesondert aufträgt und so die Heizungskraftanlage vergleicht mit der Anlage getrennter Kraft- und Heizdampferzeugung. Es wird so dem der Sache Fernerstehenden zum

Bewußtsein gebracht, daß die Zwischen- und Abdampfverwertung auch bedeutende Vorteile durch eine kleinere Kesselanlage mit sich bringt.

Versuchsergebnisse des Dampfverbrauches und der Wirkungsgrade ausgeführter Entnahmemaschinen sind in Zahlentafel 26 zusammengestellt. Die indizierten Wirkungsgrade des Hoch- und des

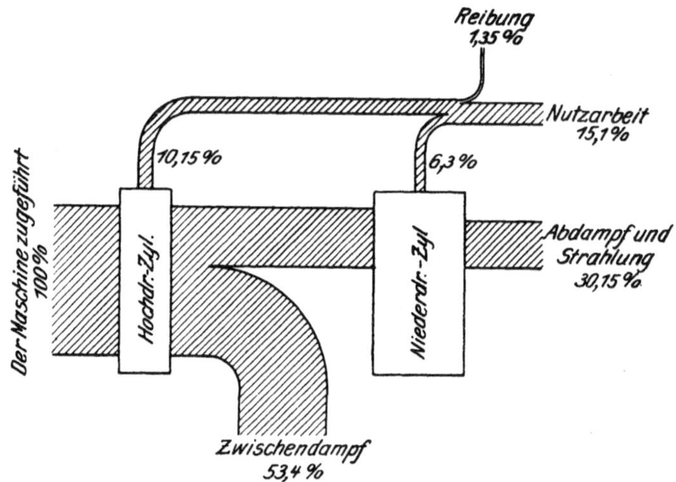

Fig. 91. Wärmeverteilung einer 200 PS-Verbunddampfmaschine bei 1020 kg. = 56 % stündl. Zwischendampfentnahme. (Versuchswerte.)
Anfangsüberdruck 10 1/2 Atm. Dampftemperatur 225° C.
Entnahmedruck 1,3 Atm. Überdruck. Gegendruck 0,16 Atm. abs.

Niederdruckzylinders η_H und η_N sind berechnet aus den Gleichungen:

$$632\, N_{iH} = G \cdot \eta_H \cdot \Phi_H \text{ und}$$
$$632\, N_{iN} = (G - E) \cdot \eta_N \cdot \Phi_N.$$

Φ_N, das adiabatische Wärmegefälle des Dampfes im Niederdruckzylinder, ist dem i-s-Diagramm entnommen zwischen dem Entnahmedruck p_e und der Drosselungshorizontalen $\Phi_H \cdot \eta_H$ einerseits und dem Gegendruck im Niederdruckzylinder p_g andererseits, also unter Berücksichtigung der Möglichkeit der teilweisen Rückgewinnung der im Hochdruckzylinder durch die Entropiezunahme verlorenen mechanischen Energie. Der effektive thermodynamische Wirkungsgrad η_e der ganzen Maschine ist berechnet aus

$$632\, N_e = [G \cdot (\Phi_H + \Phi_N) - E \cdot \Phi_N] \cdot \eta_e.$$

Zahlentafel 26.

Versuche an Maschinen mit Zwischendampfentnahme.

No.	Norm.-Lei-stung PS.	An-fangs-druck Atm Üb.	Dampf-tempe-ratur °C	Ent-nahme-druck Atm.Üb.	Dampf-entnahme in % des Dampfver-brauchs der Maschine ohne Entn.	Dampf-entnahme in % des der Maschine zugeführten Dampfes	Dampf-Mehrver-brauch gegenüber der Ma-schine ohne Entnahme %	indiz. thermodyn. Wirk.-Grad η_H %	indiz. thermodyn. Wirk.-Grad η_N %	effektiv. thermodyn. Wirk.-Grad η_e %	Quelle
1	600	8,9	250	1,5	68	47,5	43	79	65	63,2	Z. bay. R. V. 1912, S. 176
2	400	10,6	260	0,82	115	75,5	52	76,5	70	63,4	,,
3	120	9	240	0,36	—	62,5	—	79	71	59,0	,,
4	450	12,9	304	1,29	59	48	22	77	71	68,2	Z. bay. R. V. 1915, S. 189
5	200	11,4	247	1,1	—	9,2	—	70	65,5	56,0	,,
6	200	10,5	225	1,3	69	56	24	76	61	62,5	Z. bay. R. V. 1915, S. 101
7	200	10,6	233	1,4	66	54	19	78	62,5	61,0	,,
8	270	12,2	266	2,6	—	50,5	—	88	57	65,0	Z. D. M. 1912, S. 204
9	300	8,0	Sattd.	1,1	81,5	55,2	46	67	57	57	Z.V. dtsch. Ing. 1912, S.11
10	300	7,8	206	1,3	99	64,7	52	74,5	54	60	,,
11	300	8	207	1,1	63	47,4	33	69,5	60	58,5	,,
12	1400	12	282	2,0	28,2	24,7	14	81,5	52	63	,,
13	1400	12,4	275	2,0	123	77,2	61	81	55	69	,,
14	1400	12,5	268	1,0	113	75,5	50	78,5	64	70	,,

Dabei bedeutet

N_{iH} die indizierte Leistung des Hochdruckzylinders,

N_{iN} die indizierte Leistung des Niederdruckzylinders,

N_e die Nutzleistung der Maschine,

G die der Maschine stündlich zugeführte Dampfmenge,

E die der Maschine stündlich entnommene Dampfmenge,

Φ_H das adiabatische Wärmegefälle im Hochdruckzylinder bis zum Entnahmedruck,

Φ_N das adiabatische Wärmegefälle im Niederdruckzylinder bis zum Gegendruck in demselben.

Mit Rücksicht auf den hohen Anfangsdruck, die Überhitzung von 280 °C und den hohen Entnahmedruck von 3 Atm. Üb. stehen somit die im Beispiel der 500 PS.-Entnahmemaschine angenommenen Wirkungsgrade mit den erreichten in Einklang. Zu Zahlentafel 26 ist zu bemerken, daß für die Berechnung von η_e der mechanische Wirkungsgrad bei Versuch Nr. 4 gleich 92 %, bei Versuch Nr. 5, 9, 10 und 11 gleich 90 % von mir angenommen wurde. Alle übrigen Rechnungsunterlagen finden sich in den Quellen. Die Versuche sind bei der angegebenen Normalleistung gemacht, nur Versuch Nr. 13 und 14 bei rund $^8/_4$ Leistung.

Einschlägige Literatur.

(Siehe auch S. 16.)

F. Knüttel, Verwendung von Heizdampf aus der Zwischenkammer von Verbundmaschinen. Z. V. deutsch. Ing. 1895 S. 1292.

Ch. Eberle, Die Wärmeausnützung in den Dampfanlagen. Z. bay. R. V. 1902 S. 1.

Ch. Eberle, Einfluß des Gegendruckes und der Zwischendampfentnahme auf den Dampfverbrauch von Kolbenmaschinen. Z. bay. R. V. 1907 S. 85.

Ch. Eberle, Dampfanlage der ,,Münchener Neuesten Nachrichten''. Z. bay. R. V. 1907 S. 175.

Ch. Eberle, Ausnützung des Maschinendampfes zu Heizzwecken. Z. bay. R. V. 1909 S. 76.

W. Deinlein, Dampfmaschinen und Heizungsanlagen. Z. bay. R. V. 1908 S. 13.

E. Reutlinger, Die Zwischendampfverwertung in Entwicklung, Theorie und Anwendung. Z. V. deutsch Ing. 1911 S. 2106. Besprechnung seines im Kölner Bezirksverein gehaltenen Vortrages.

E. Reutlinger, Zur Berechnung und Bewertung von Kolbendampfmaschinen an Hand des Wärme-Entropie-Diagramms. Z. bay. R. V. 1912 S. 91.

L. Schneider, Krafterzeugung und Warmwasserbereitung. Dingler
1912 S. 245. Z. ges. Brauwes. 1912 S. 384.
An dem Beispiel einer Heizungskraftanlage mit monatlich veränderlicher Belastung und konstantem Bedarf an Warmwasser wird die
Wirtschaftlichkeit folgender 5 Arbeitsweisen untersucht:
1. Getrennte Krafterzeugung und Warmwasserbereitung.
2. Gegendruckbetrieb und Warmwasserbereitung mittels Abdampf.
3. Betrieb einer Maschine mit Gegendruck und einer zweiten
   Maschine mit Kondensation (Zuschaltmaschine), Warmwasserbereitung mittels Abdampf.
4. Betrieb mit abgeschwächtem Vakuum und Warmwasserbereitung mittels Abdampf.
5. Krafterzeugung und Warmwasserbereitung mit Zwischendampfentnahme.
Die durch Verwertung des Abdampfes zur Warmwasserbereitung
erzielte Dampfersparnis gegenüber Betriebsart 1 beträgt 7 bzw. 19,5
bzw. 25 bzw. 27,5 %. Hand in Hand mit der Verringerung des Dampfverbrauches geht eine solche der größten Kesselbelastung; dieselbe
betrug bei den letzten drei Betriebsarten 86 bzw. 85 bzw. 79 % der
Kesselbelastung bei getrenntem Betrieb. So bedingt also die Zwischendampfentnahme nicht nur eine wesentliche Verringerung der Betriebskosten durch Verminderung des Dampfverbrauches, sondern auch eine
Verminderung der Anlagekosten durch die Möglichkeit der Wahl
einer kleineren Kesselanlage.

E. Krimm, Dampfverbrauchsversuch an einer Dampfmaschine
mit Zwischendampfentnahme. Z. D. M. 1912 S. 204 u. 368.

V. Kammerer, Einige Untersuchungsergebnisse von Maschinen
und Turbinen mit Gegendruck und Zwischendampfentnahme. Z. bay. R. V. 1912 S. 176.

M. Hottinger, Einige Dampfkraftanlagen mit Abwärmeverwertung. Z. V. deutsch. Ing. 1912 S. 11.
Schematische Darstellung kennzeichnender Anordnungen von Dampfkessel, Heizanlagen, Gegendruckmaschinen, Entnahmemaschinen,
Warmwasserapparaten, Vorwärmern und der sie verbindenden Rohrleitung. Besprechung verschiedener Sulzerscher Quecksilberregler
für die Dampfzufuhr zum Niederdruckzylinder. Ausführliche Beschreibung mehrerer Anlagen mit Ab- und Zwischendampfverwertung,
nämlich Brauerei R. Leicht in Vaihingen bei Stuttgart, Metallwaren-
fabrik Wieland & Co. in Ulm, Spinnerei und Weberei Gebr. Poma
vorm. Peter Miagliano und einer großen chemischen Fabrik. Versuchsergebnisse.

Pfleiderer, Eine Einzylindermaschine mit Zwischendampfent-
nahme. Z. V. deutsch. Ing. 1913 S. 2030 u. 1914 S. 560.
Beschreibung der seinerzeit von Thyssen & Co. gebauten Missong-
Dampfmaschine.

V. Kammerer, Einfluß der Überhitzungstemperatur auf den
Dampfverbrauch der Dampfmaschinen. Z. D. M. 1914 S. 483.

K. Pfaff, Die Verwertung des Abdampfes und des dem Aufnehmer entnommenen Zwischendampfes der Kolbendampfmaschinen. Z. D. M. 1915 S. 377.

Dampfverbrauch zweier Dampfmaschinen in Abhängigkeit von der Belastung. Z. bay. R. V. 1915 S. 99.

M. A. Nüscheler, **Die Wirtschaftlichkeit des Dampfbetriebes für industrielle Werke in der Schweiz.** Z. bay. R. V. 1915 S. 75.
Nachweis, daß die Dampfanlage bei richtiger Wahl der Kohle, zweckmäßigster Einrichtung der Kesselanlage, weitgehender Ausnützung des Abdampfes und Rückführung des Dampfwassers zum Rauchgasvorwärmer wirtschaftliche Ergebnisse liefert, die ihren Bestand neben der Wasserkraftanlage sichert. Abschreibungen bei Wasserkraftanlagen. Beispiel eines größeren Schweizer Betriebes, in welchem die Wahl auf Dampfbetrieb mit Zwischendampfverwertung gegen Dieselmaschinen oder Strombezug von einer Überlandzentrale fiel. Beschreibung der Anlage. Betriebsergebnisse. Dampfverbrauchsversuche.

Die Vorteile der Anzapf-Dampfkraftmaschine in wärmetechnischer Beziehung. Dingler 1915 S. 429.
Allgemeines über die Vorteile des vereinigten Kraft- und Heizbetriebes gegenüber dem getrennten. Rechnungsbeispiel einer Entnahmemaschine mit geschätzten Grundlagen.

F. Barth, **Wahl zwischen Dampfmaschine und Elektromotor bei Betrieben mit gleichzeitigem Kraft- und Wärmebedarf.** Z. D. M. 1915 S. 43.
Wärmebilanz einer Auspuff- und einer Kondensationsdampfmaschine von 200 PS$_i$. Brennstoffkosten für Krafterzeugung bei vollständiger und teilweiser Abdampfverwertung. Beispiel einer Brauereimaschine von 80 PS. Ergebnisse der Kessel- und Maschinenuntersuchung. Beispiel einer 525 PS-Maschine mit Zwischendampfentnahme einer Weberei.
Kritik hieran vom Standpunkt des Elektrofachmannes. Mitt. V. El.-W. 1915 S. 371.

K. Everts, **Wärmewirtschaft nach dem Kriege.** Z. D. M. 1918 S. 225.
Allgemeiner Überblick über die Möglichkeiten einer wirtschaftlichen Gewinnung der zum Betrieb einer Fabrik benötigten Wärmemengen. Verbesserung einer Anlage durch Aufstellung einer Gegendruckmaschine. Verzinsung und Tilgung der Anlagekosten. Dampfersparnis bei Zwischendampfentnahme nach Garantiezahlen.

F. Wohlfarth, **Leistungswärmediagramm für Verbundmaschinen mit Zwischendampfentnahme.** Ges. Ing. 1918 S. 357.
Entwicklung eines zeichnerischen Verfahrens zur Darstellung der Betriebsgrößen und ihres gegenseitigen Zusammenhanges für Zwischendampfentnahme an Verbundmaschinen mit besonderer Rücksicht auf große Schwankungen der Maschinenleistung und der Entnahmemengen.

Steuerungsverhältnisse der abwechselnd mit und ohne Kondensation arbeitenden Dampfmaschinen. Z. bay. R. V. 1918 S. 165.

A. Lütschen, **Abdampfheizung als Dampfersparnis bei der Fördermaschine.** Z. V. deutsch. I. 1919 S. 956.
Allgemeine Betrachtungen über die Ausnützung der Wärme im Dampfmaschinen-, insbesondere im Fördermaschinenbetrieb. Gesteuerte Verbindung des Auspuffes mit zwei Rohrleitungen zur Verhütung des Ansaugens von Dampf aus der Heizung.

2. Dampfturbinen.

a) Die Turbine mit hohem Vakuum.

Wie schon erwähnt, liegt der thermisch beste Teil der Turbine im Niederdruckgebiet. Die neueren Verbesserungsbestrebungen des Turbinenbaues zielten deshalb vornehmlich darauf hin, die Energieumsetzung im Hochdruckteil besser zu gestalten und wir können als eine Folge dieser Bestrebungen die Tatsache feststellen, daß die verschiedenen Konstruktionen sich mehr und mehr nähern. Allgemein bevorzugt man für den Hochdruckteil ein Geschwindigkeitsrad mit 2, höchstens 3 Stufen, für den Niederdruckteil eine Ausnützung des Wärmegefälles in Gleichdruck- oder in Überdruckstufen. Im Hochdruckteil entspannt sich der Dampf in der Regel bis zu einem Überdruck von 1 bis 3 Atm. Überdruck.

Hand in Hand mit der Vereinheitlichung der Bauarten ging eine solche der Regulierung. Bekanntlich unterscheidet man zwei Regulierarten: die Drosselregulierung und die Füllungsregulierung. Die erstere beruht darauf, daß mit abnehmender Belastung die Entropie der gleichbleibenden Dampfmenge ohne Änderung ihres Wärmeinhaltes vergrößert und dadurch die in mechanische Arbeit umsetzbare Wärmemenge verkleinert wird, die zweite dagegen auf einer Variierung des der Turbine zugeführten Dampfgewichtes. Die zweite Regelungsart kann nur bei Turbinen angewendet werden, die partiell beaufschlagt, also wenigstens in der ersten Stufe reine Gleichdruckturbinen sind.

Beide Regelungsarten haben bei Entlastung eine Leistungskonzentrierung auf den Hochdruckteil zur Folge. Je geringer die Belastung, desto weniger nehmen die letzten Stufen an der Gesamtleistung teil. Gensecke[1] konstatierte an einer 300-KW.-Parsonsturbine mit Drosselregulierung bei verschiedenen Belastungen folgende Verteilung des adiabatischen Wärmegefälles:

Zahlentafel 27.

Belastung	450 PS	310 PS	170 PS	Leerlauf
Hochdruckteil . . . . Kal.	49	50	53	43
Mitteldruckteil . . . . „	54,5	55,5	55,5	42
Niederdruckteil . . . . „	91	80	62	20
Summa Kal.	194,5	185,5	170,5	105

[1] Gensecke, Untersuchung einer 300-KW.-Parsonsturbine. Z. ges. Turbinenwesen, 1909, S. 158.

Bei Füllungsregulierung ist die Leistungskonzentrierung auf den Hochdruckteil noch bedeutend stärker[1]). Eine unmittelbare Folge davon ist, daß die Turbinen mit Füllungsregulierung bei Teillasten gegen eine Verschlechterung des Vakuums bedeutend weniger empfindlich sind als jene mit Drosselregulierung.

Ziemlich allgemein finden wir heute als Regulierart ein kombiniertes System mit Düsenabschaltung für die grobe Regulierung und gleichsam zur Interpolation die Drosselregulierung. Diese Regulierart ist auch die geeignetste bei der Verwertung des Abdampfes, womit ja leicht eine wenigstens gelegentliche Verschlechterung des Vakuums verbunden sein kann.

Der geringste Dampfverbrauch liegt für die Dampfturbine im Gegensatz zur Kolbenmaschine bei dem höchsten erreichbaren Vakuum. Die übliche Luftleere beträgt deshalb im Turbinenbetrieb 90 bis 97 $^0/_0$, d. h. der absolute Gegendruck 0,1 bis 0,03 Atm. In diesem Bereich und darüber hinaus entspricht einer Änderung des Vakuums um 1 $^0/_0$ eine Änderung des Dampfverbrauchs um 2 bis 3 $^0/_0$. Bei der Kolbenmaschine bewirkt eine Änderung des Gegendruckes im Gebiet der Luftleere um 1 $^0/_0$ nur eine Dampfverbrauchsschwankung um 0,5 $^0/_0$. Höhere Dampfanfangsdrücke als 12 Atm. Üb. sind im Turbinenbetrieb selten, weil die durch Drucksteigerung über diesen Betrag erreichbare Dampfersparnis nur etwa $^1/_4$ $^0/_0$ pro 1 Atm. entspricht gegen $1^1/_2$ $^0/_0$ bei der Kolbenmaschine.

Der Abdampf von Turbinen hat bei 0,1 Atm. abs. Gegendruck nur 45 °C, bei 0,03 Atm. nur 25 °C Temperatur. Er kommt deshalb für Heiz- oder Trockenzwecke kaum mehr in Betracht. Oft führt gerade das Vorhandensein von reichlichem und kaltem Kühlwasser für die Kondensation zur Wahl der Turbine als Kraftmaschine und man würde dann durch die Abdampfverwertung bei höherer Temperatur als rund 45 °C sich des zuerst gesuchten Vorteils des hohen Vakuums wieder begeben. Dies ist der Grund, weshalb man normale Turbinen mit Abwärmeverwertung verhältnismäßig selten antrifft.

Eine teilweise Verwertung der Abdampfwärme ist im gewöhnlichen Turbinenbetrieb auf folgende Weise möglich, wobei das Vakuum nicht verschlechtert, sondern zum Teil verbessert wird. Im oberen Teil des Oberflächenkondensators Fig. 92, wo die größte Wärme herrscht, befindet sich ein Rohrbündel, welches vom Kühlwasserdurchfluß a b c d abgesperrt ist. Die entsprechend abgetrennten Teile finden sich auch in den Wasserkammern bei t und t′, die mit Rohranschlüssen r und r′ versehen sind. Bei Rückspeisung des Turbinenkondensates in den

---

[1]) Baer, Die Regelung von Dampfturbinen und ihr Einfluß auf die Leistungsentwicklung in den einzelnen Druckstufen. Forschungsarbeiten. Heft 86.

Dampfkessel müssen bekanntlich die Abgänge infolge von Undichtheiten, an den Kesseln, insbesondere der Sicherheitsventile, der Dichtungen und Stopfbüchsen, der Kondenstöpfe usw. ersetzt werden. In gut unterhaltenen Anlagen kann die Zusatzspeisewassermenge auf 5 $\%$ der erzeugten Dampfmenge beschränkt werden. Im allgemeinen rechnet man mit einer Menge von 7 bis 8 $\%$, es gibt aber auch Fälle, wo sie 10 $\%$ überschreitet. Das als Zusatzwasser etwa benutzte Brunnenwasser hat im Sommer wie Winter eine ziemlich gleichbleibende Temperatur von rd. 10 ^{0} C, während die Temperatur des in gewissen Fällen einem Bache oder Flusse entnommenen Kühlwassers im Winter fast

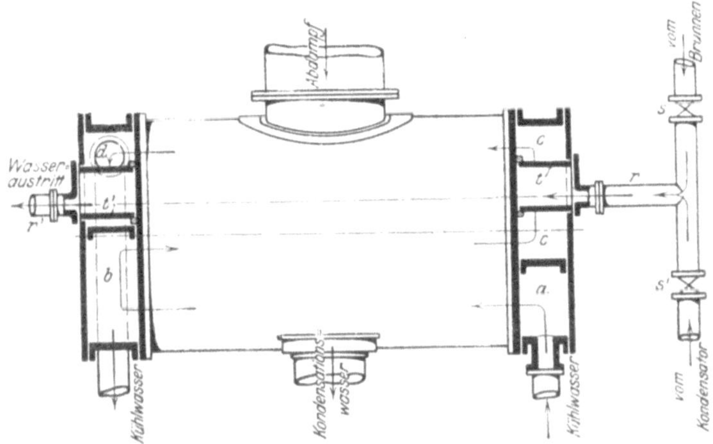

Fig. 92. Vorrichtung zur Speisewasservorwärmung am Oberflächenkondensator einer Dampfturbine.

0 ^{0} C, im Sommer dagegen bis zu 25 ^{0} C betragen kann. Im Sommer verläßt daher das Kondensat die Turbine mit Temperaturen von über 30 ^{0} C, im Winter bis herunter zu 10 ^{0} C. Während der kalten Jahreszeit wird durch den Wasserschieber s' und das abgeschlossene Rohrbündel das abgekühlte Kondensat geleitet, bevor es in den Rauchgasvorwärmer eintritt. In der warmen Jahreszeit, wo das Zusatzwasser kälter ist als das Kühlwasser, wird das Zusatzwasser anstatt des Kondensates dem abgetrennten Rohrbündel durch den Wasserschieber s zugeführt. In beiden Fällen wird also das Speisewasser durch den Abdampf der Turbine vorgewärmt und im Sommer dadurch sogar die Luftleere verbessert. Genaue Temperaturmessungen an einer mit einem solchen Kondensator versehenen 8000-KW-Turbine im Elektrizitätswerk Straßburg i. Els. haben ergeben, daß das Kondensat um 5 bis 8 ^{0} C erwärmt wird.

In vielen Fällen muß die dem Kondensat beigemischte Zusatzwassermenge durch einen Wasserreiniger oder eine Destillationsanlage enthärtet werden. Im letzteren Fall kann durch eine Konstruktion von Josse und Gensecke die Abdampfwärme des Turbinendampfes zur Destillation Verwendung finden. Nach dem gleichen Verfahren kann auch das Eindampfen von Flüssigkeiten, Säften oder Laugen erfolgen. Nach den bis jetzt vorliegenden Erfahrungen lassen sich etwa 50 bis 60 % der in den Kondensator strömenden Abwärme auf diese Weise nutzbar machen, ohne daß dadurch das im Kondensator erzielte Vakuum im geringsten beeinträchtigt wird. Die Abwärmeverwertung erfolgt dadurch, daß ein Teil des aus der Dampfturbine in den Kondensator strömenden Dampfes abgezweigt und durch die Rohre eines Verdampfers, Fig. 93, geleitet wird, von wo der etwa hier nicht kondensierte Abdampf wieder in den Hauptkondensator der Turbine gelangt. Um die Verdampfung des Kühlwassers erzwingen zu können,

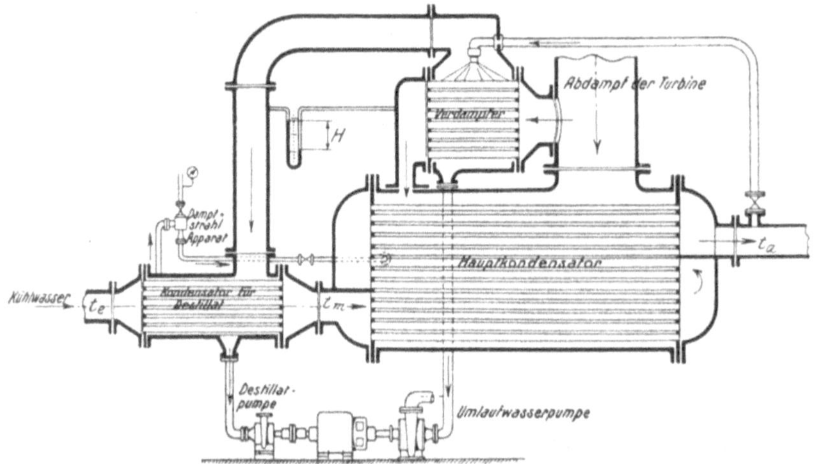

Fig. 93. Vorrichtung zum Eindampfen mittels Turbinenabdampfes nach Josse & Gensecke.

muß in dem Verdampfer ein niedrigerer Druck erzeugt werden, als im Hauptkondensator herrscht. Diesem niederen Druck entsprechend ist die Temperatur im Verdampferraum ebenfalls niedriger als die Temperatur des durch die Verdampferrohre strömenden Turbinenabdampfes. Das geringe Temperaturgefälle von einigen Graden genügt, um die Wärme aus dem Turbinenabdampf durch die Verdampferrohre hindurch in die zu verdampfende Flüssigkeit überzuleiten. Der im Verdampferraum aufrechtzuhaltende niedere Druck wird durch einen Hilfskondensator erzeugt, der dem Hauptkondensator vorgeschaltet ist derart, daß das kalte Kühlwasser zunächst den Vorkondensator durchströmt, bevor es in den Hauptkondensator eintritt. Entsprechend der niederen Kühlwasseraustrittstemperatur des Vorkondensators besteht in diesem ein höheres Vakuum als im Hauptkondensator. In den Verdampfer wird mehr Wasser eingespritzt, als verdampfen soll. Hierdurch wird die Kesselsteinbildung an der Außenwand der Verdampferrohre verhütet. Das nicht verdampfte Wasser wird durch eine Umlaufpumpe aus dem Verdampfer abgesaugt. Die Entlüftung des Vorkondensators erfolgt durch ein Dampfstrahlgebläse, welches das abgesaugte Dampf-Luftgemisch in den Hauptkondensator drückt.

Bei Erzeugung von 8 % Zusatzwasser für eine Dampfturbine von 8000 KW. hat der Hauptkondensator 1300 qm, der Vorkondensator 207 qm und der Verdampfer 105 qm Oberfläche zu erhalten, wenn die Kühlwassertemperatur 27,7 °C im Zufluß und 36,15 °C im Abfluß beträgt und die Luftleere im Hauptkondensator zu 93 % angenommen wird.

b) Die Gegendruckturbine.

Als Gegendruckturbine bezeichnet man in der Regel jede Turbine, welche eine Abdampfspannung über 1 Atm. abs. aufweist. Den Grenzfall nach unten stellt die Auspuffturbine dar, welche durchaus als Sonderbauart anzusprechen ist, während die Auspuffkolbenmaschine noch häufig, besonders in kleineren Ausführungen, vorkommt.

Die normale Kondensationsturbine besteht in ihrer heute herrschenden Form im Hochdruckteil aus einem meist zweikränzigen Curtisrad, während der Niederdruckteil entweder nach dem Gleichdruck- oder nach dem Überdruckprinzip mit einer Reihe von Druckstufen ausgebildet ist. Aus Gründen betriebstechnischer Art nahm man den verhältnismäßig schlechten Wirkungsgrad der Curtisturbine in Kauf und suchte ihn durch eine bessere Durchbildung des Niederdruckteiles wieder wettzumachen. Bei den normalen Turbinen mit Kondensation erfolgt die Dampfdehnung im Hochdruckteil bis herab auf 1 bis 3 Atm. Üb.

Die Auspuff- und die Gegendruckturbinen werden nun aus dem Hochdruckteil der gewöhnlichen Kondensationsturbinen gebildet. Sie bestehen deshalb in der Regel aus einem einzigen Curtisrad mit zwei, höchstens drei, Geschwindigkeitsstufen. In Fällen, wo es auf niedrigen Dampfverbrauch bei Vollast, aber weniger auf geringe Zunahme desselben bei Teillasten ankommt, wird, hauptsächlich für große Wärmegefälle, auch die Parsons-(Reaktions-)Turbine ausgeführt.

1 kg Dampf von 12 Atm. Üb. und 300 °C Temperatur könnte bei isentroper Expansion auf 0,05 Atm. abs. eine Wärmemenge von 218 Kal. in Arbeit umsetzen. Die Hälfte davon, 109 Kal., würde einer Expansion bis auf 1,3 Atm. abs., also hauptsächlich im Hochdruckteil verlaufend, entsprechen. Ein je größeres Wärmegefälle aber im Hochdruckteil verarbeitet wird, desto mehr wird man bemüht sein, diesen mit einem hohen Wirkungsgrad zu bauen.

Der Wirkungsgrad am Radumfang hat für das zweikränzige Curtisrad die Form:

$$\eta_u = 2\,\varphi^2 \left(X \cos \alpha_1 - Y\,\frac{u}{c_1} \right) \frac{u}{c_1} \ .$$

Dabei sind

φ der Wirkungsgrad der Düsen,

X und Y Verlustkoeffizienten, gebildet aus den Geschwindigkeitsverlusten in den beiden Laufkränzen und im Leitkranz durch Dampfreibung, Wirbelung usw.,

α der mittlere Austrittswinkel des Dampfstrahles aus den Düsen gegen die Laufradebene,

u die Umlaufgeschwindigkeit des Laufrades, gemessen am mittleren Umfang der Laufradschaufeln,

c_1 die absolute Eintrittsgeschwindigkeit des Dampfes in den ersten Laufradkranz.

Man erkennt aus der Formel für η_u den überwiegenden Einfluß des Quotienten $\frac{u}{c_1}$ bei gleichbleibenden Geschwindigkeitskoeffizienten, weshalb man für die Turbine den Wirkungsgrad als Funktion von $\frac{u}{c_1}$ anzugeben gewohnt ist. Gestützt wird diese Übung dadurch, daß die Veränderlichkeit der Geschwindigkeitskoeffizienten für die vorkommenden Intervalle von $\frac{u}{c_1}$ selbst nur klein ist.

Für den Düsenreibungskoeffizienten φ fand Christl'ein mit Düsen gleicher Oberflächenbeschaffenheit und richtigem Erweiterungsverhältnis Werte von 0,89 bis 0,96 bei theoretischen Dampfgeschwindigkeiten $c = 300$ bis 1200 m/Sek. Ein brauchbarer Mittelwert für Überschlagsrechnungen ist 0,95. Den Schaufelwirkungsgrad kann man etwa 0,85 nehmen. Mit diesen Werten rechnet sich für die zweikränzige Curtisturbine X zu 3,18 und Y zu 6,61.

Vom Wirkungsgrad am Radumfang η_u gelangt man durch Multiplikation mit η_r zum indizierten Wirkungsgrad η_i der Turbine oder zum Wirkungsgrad an der Radnabe:

$$\eta_i = \eta_u \cdot \eta_r,$$

wobei

$$\eta_r = \frac{N_u - N_r}{N_u}.$$

N_u ist die Turbinenleistung am Radumfang. Für die Radreibungsarbeit N_r gilt die bekannte von Stodola aufgestellte Formel:

$$N_r = \frac{\beta}{10^6}\,D^2\,u^3\,\gamma,$$

worin D der Durchmesser des Laufrades und γ das spezifische Gewicht des Dampfes ist, in welchem das Rad rotiert. β ist eine Erfahrungszahl, etwa gleich 6 für das zweikränzige Curtisrad. D ist von der Leistung der Turbine fast unabhängig; u richtet sich nach dem günstigsten $\frac{u}{c_1}$ und nach dem zu verarbeitenden Wärmegefälle, welches die Größe von c_1 bestimmt. Mit steigendem Gegendruck werden D und u kleiner, γ jedoch größer, η_r im ganzen größer. In dem praktisch vorkommenden Fall, daß in einem Betrieb der Gegendruck nachträglich erhöht wird, während die Tourenzahl der Maschine die gleiche bleiben muß, daß also D und u unveränderliche Größen sind, wächst die Radreibungsarbeit N_r proportional mit dem spezifischen Gewicht des Abdampfes. Ist z. B.

$$\text{für Auspuffbetrieb} \qquad \eta_r = 94\ ^o/_o \text{ oder } \eta_i = 60\ ^o/_o,$$
$$\text{so wird ,, 2 Atm. abs. Gegendruck} \qquad \eta_r = 88{,}5\ ^o/_o \text{ oder } \eta_i = 56{,}5\ ^o/_o$$
$$\text{und ,, 4 ,, ,, ,,} \qquad \eta_r = 78{,}1\ ^o/_o \text{ oder } \eta_i = 49{,}9\ ^o/_o.$$

(Zahlentafel 28.)

Die Dampfturbine antwortet auf eine nachträgliche Erhöhung des Gegendruckes mit einer Verschlechterung, die Kolbenmaschine mit einer Besserung des indizierten thermodynamischen Wirkungsgrades. Erst bei sehr kleinen Teilbelastungen ändert auch die Kolbenmaschine ihren indizierten Wirkungsgrad im negativen Sinn, wobei aber zu bemerken ist, daß in einem solchen Fall auch der Turbinenwirkungsgrad sich weiter verschlechtert, sofern nicht eine mehrfache Düsenabschaltung zur Füllungsregulierung vorgesehen ist.

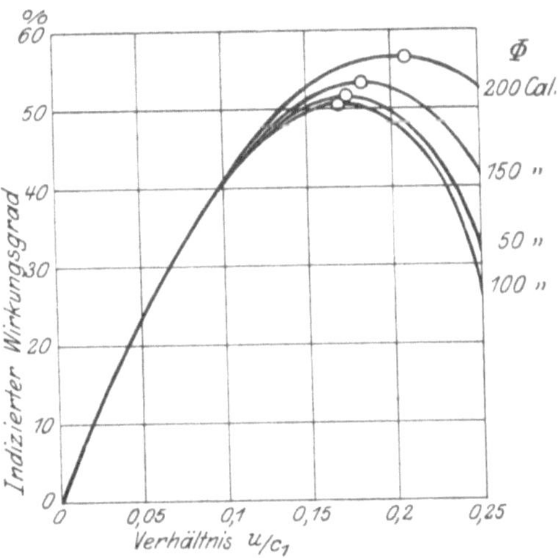

Fig. 94. Indizierter Wirkungsgrad eines 2kränzigen Curtisrades bei verschiedenem Wärmegefälle in Abhängigkeit vom Verhältnis $\frac{u}{c_1}$

$p_a = 12$ Atm, Üb.
$t_a = 300^o$ C.

Naturgemäß verlangt die verschiedene Höhe des Gegendruckes oder ein verschieden großes ausnutzbares Druckgefälle verschiedene Durchmesser des Rades der Gegendruckturbine. Die für einen bestimmten Gegendruck gebaute und dauernd damit betriebene Turbine erreicht indizierte thermodynamische Wirkungsgrade, welche von der Höhe des Gegendruckes fast unabhängig sind.

Für eine zweikränzige Curtisturbine, die mit Dampf von 12 Atm. Üb. und 300°C Temperatur betrieben wird, ist die Abhängigkeit des indizierten Wirkungsgrades vom Gegendruck, bzw. vom verarbeiteten Wärmegefälle nach Kriegbaum in Fig. 94 dargestellt. Der Düsenwirkungsgrad φ ist mit 95 °/o, der Schaufelwirkungsgrad ψ mit 80 °/o und der Eintrittswinkel α mit 17°C angenommen.

Einem Wärmegefälle von	200	150	100	50 Kal. entspricht ein
Gegendruck von	0,1	0,45	1,7	5,2 Atm. abs.

(Zahlentafel 29.)

Die bei den gewöhnlich vorkommenden Gegendrücken maximal, d. h. mit dem günstigsten $\dfrac{u}{c_1}$ erreichbaren indizierten Wirkungsgrade liegen in Fig. 94 nahe beieinander zwischen 50 und 53 °/o.

Hoefer[1]) hat 77 Betriebszahlen von Wirkungsgraden ausgeführter normaler Kondensationsturbinen einschließlich der mechanischen und der elektrischen Verluste mitgeteilt, welche beweisen, daß nach längerer Betriebszeit die Wirkungsgrade der Turbinen infolge Zunahme der Schaufelrauhheit und der Labyrinthverluste abnehmen. Es ergaben sich nach seinen Ermittlungen folgende Werte:

Normalleistung der Turbinen KW	250	500	1000	2000	3000
$\eta_i \times \eta_{mech} \times \eta_{iel} =$ °/o	45	50	55	61	64

(Zahlentafel 30.)

Nimmt man das Produkt des mechanischen und des elektrischen Wirkungsgrades zu 0,85 an, so ergeben sich indizierte Wirkungsgrade von 0,53 bis 0,75.

Garantieziffern indizierter Wirkungsgrade von Gegendruckturbinen erreichen wohl Werte von 60 bis über 70 °/o. Es ist jedoch zu bemerken, daß im längeren Betrieb diese Wirkungsgrade nachlassen. Im Durchschnitt sind für Gegendruckturbinen bis zu 1000 KW. indizierte Wirkungsgrade von

58 bis 62 °/o bei 100°C Überhitzung,

55 bis 58 °/o ,, 50°C ,,

und 50 bis 53 °/o ,, Sattdampfbetrieb

noch normale Werte.

Der mechanische Wirkungsgrad der Gegendruckturbinen ist hoch, weil die Arbeit für Luft- und Kondensatpumpenantrieb entfällt. Mechanische Verluste entstehen deshalb nur durch Lagerreibung. Man kann den mechanischen Wirkungsgrad der Auspuff- und der Gegendruckturbine mit 98 °/o annehmen, gegen 85 bis 92 °/o bei der Kolbenmaschine.

---

[1]) Technische und wirtschaftliche Erfahrungen im Dampfturbinenbetrieb. Z. ges. Turb. Wes. 1913, S. 534.

Beim Vergleich mit der Kolbenmaschine ist aber zu bemerken, daß diese bei gleichem Dampfanfangszustand indizierte Wirkungsgrade von 80 % und darüber auch noch nach langjähriger Betriebszeit erreicht, die Turbine der Kolbenmaschine gegenüber also vom Standpunkt der Kraftgewinnung im Nachteil ist und sich nicht für solche Betriebe eignet, die an und für sich einen Abdampfüberschuß haben.

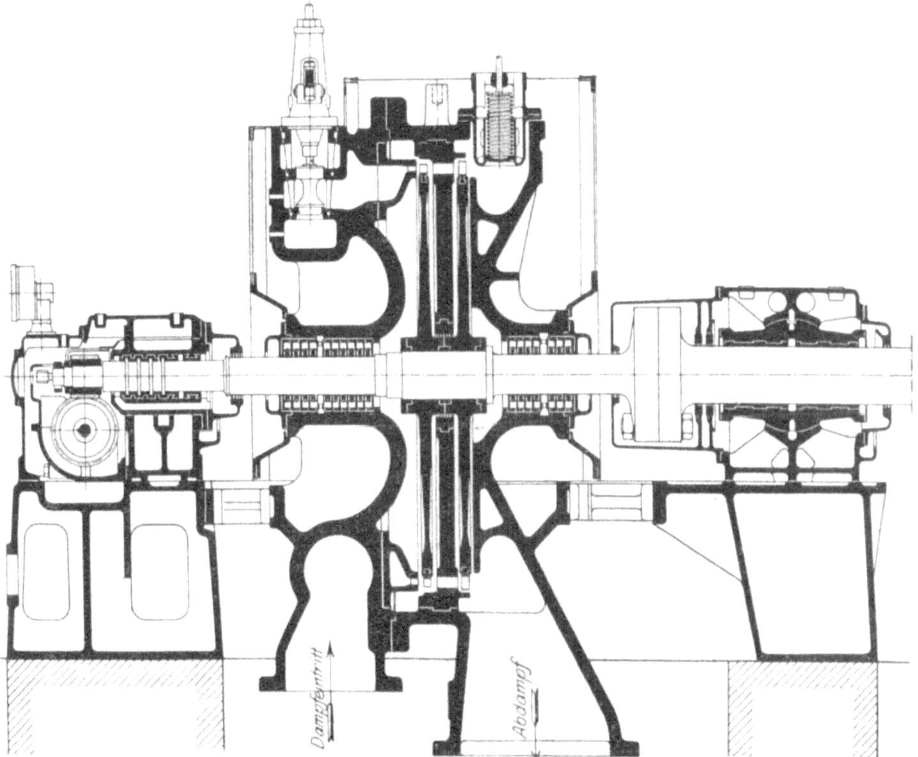

Fig. 95. Bauart der Gegendruckturbine als Curtisturbine. Leistung 3500 PS. bei 3000 Umdr./Min. Maschinenfabrik Augsburg-Nürnberg A.-G.

Ungeachtet des Umstandes, daß die Gegendruckturbine der Gegendruckkolbenmaschine im thermodynamischen Wirkungsgrad nachsteht, hat sie sich doch ihr Anwendungsfeld gesichert. Ihre Vorzüge sind: Fast vollkommene Ölfreiheit des Abdampfes, geringer Schmierölverbrauch, geringster Raumbedarf, niedere Anlagekosten. Wo nicht die der Dampfturbine überhaupt eigene hohe Tourenzahl es hindert und wo im Verhältnis zum Kraftbedarf ein großer Abdampfbedarf herrscht (vgl. Fig. 4), kann die Gegendruckturbine oft mit Vorteil gewählt werden.

Als Beispiel der verbreitetsten Bauart der Gegendruckturbine ist eineAusführung derMaschinenfabrikAugsburg-Nürnberg in Fig.95

dargestellt. Der Läufer besteht aus zwei Curtisrädern mit je einer Geschwindigkeitsstufe. Selbsttätige Geschwindigkeitsreglung vor den Düsen und Druckreglung in der Abdampfleitung sind vorgesehen. Liefert die Turbine mehr Dampf als die Heizung erfordert, so entweicht dieser durch ein Sicherheitsventil ins Freie. Bei zu geringer Belastung der Turbine muß die etwa fehlende Abdampfmenge in Gestalt von selbsttätig gedrosseltem Frischdampf zugesetzt werden.

In dem Falle, wo kein besonderer Heizdampfkessel vorhanden ist, die Gegendruckturbine aber trotzdem den Druck in der Heizleitung konstant erhalten soll, muß die Turbine eine besondere Gegendruck- regulierung erhalten. Die Turbine arbeitet mit anderen Kraftmaschinen parallel, wobei letztere die Netzschwankungen sowie die den Heiz- oder Kochzwecken entsprechende veränderliche Leistung des Heizdampfes in der Gegendruckturbine ausgleichen müssen. Die Grundbelastung des Netzes muß im Minimum so hoch sein, als die Leistung des Heiz- dampfes der Gegendruckturbine ausmacht; unterhalb dieser Minimal- belastung kann die Turbine den Heizdampfdruck nicht mehr konstant halten.

Die Gegendruckregulierung von Brown, Boveri & Cie. ist in Fig. 96 schematisch dargestellt. Sie unterscheidet sich von derjenigen einer normalen Turbine durch Einschalten eines besonderen Druckreglers D in das Ölsystem. Da bei Synchronmaschinen die Tourenzahlen der einzelnen parallelgeschalteten Gruppen zwangläufig miteinander ver- bunden sind, so macht auch der Regulator R der Gegendruckturbine die den Belastungsschwankungen entsprechenden Tourenänderungen mit. Die Regulierbüchse B ist jedoch so tief gestellt, daß erst bei Über- schreiten der Leerlauftourenzahl die Regulatormuffe den Ölabfluß der Büchse B öffnet. Die vorerwähnten Tourenschwankungen haben also innerhalb normaler Grenzen keinen Einfluß auf die Regulierung. Der Druckregler D besitzt eine federbelastete Membrane, die durch eine Spindel mit dem Ventil V starr verbunden ist. Der Raum über der Membrane ist durch eine Leitung mit dem Abdampfstutzen der Turbine oder mit der Heizleitung verbunden. Die Regulierung wird vom Druck- regler in der Weise übernommen, daß der Druck in der Heizleitung auch bei variablem Heizdampfverbrauch konstant gehalten wird.

Wird z. B. weniger Heizdampf gebraucht, so will bei unver- änderter Stellung des Druckreglers der Gegendruck zunehmen, die Membrane bewegt sich abwärts und das Ölregulierungsventil V läßt mehr Öl aus dem Steuerungssystem abfließen. Dadurch sinkt der Öl- druck unter dem Kraftkolben K des Dampfregulierventils E und es strömt damit weniger Frischdampf zur Gegendruckturbine. Damit gibt die Turbine weniger Kraft auf das Netz ab, und die übrigen parallel geschalteten Maschinen übernehmen dafür eine höhere Belastung.

Gleichzeitig sinkt die Frequenzzahl des Netzes und der Regulator R
bewegt seine Muffe nach oben. Da aber die Regulierkante der Regulatormuffe bereits den Ölabflußschlitz in der Regulierbüchse überdeckt,

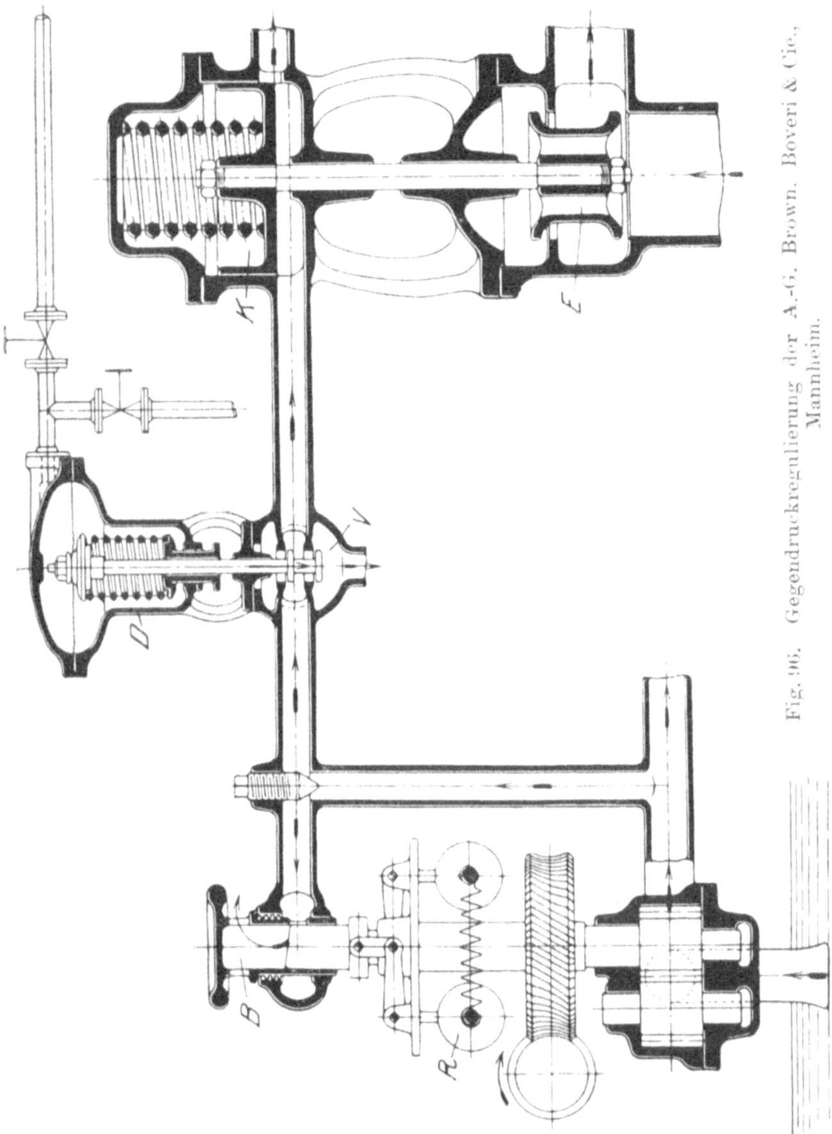

Fig. 96. Gegendruckregulierung der A.-G. Brown, Boveri & Cie., Mannheim.

so hat eine weitere Überdeckung des Schlitzes keinen Einfluß auf den
Öldruck im Steuerungssystem. Die Belastungsverschiebung auf die
parallel arbeitenden Maschinen hat also keine Rückwirkung auf die

Regulierung der Gegendruckturbine, die nur vom Druckregler aus beeinflußt wird.

Wird mehr Heißdampf gebraucht, so will der Heizdampfdruck abnehmen, die Membrane bewegt sich infolge der Federwirkung nach oben und das Ölregulierventil V verkleinert den Ölabflußquerschnitt. Die Folge ist ein Steigen des Öldruckes im Steuerungssystem. Der Kolben K hebt sich mit dem Regulierventil E und es strömt mehr Dampf zur Turbine, bis der Heizdampfdruck beinahe wieder seine frühere Höhe erreicht hat. Die parallel arbeitenden Maschinen geben entsprechend der Mehrleistung der Gegendruckturbine bei gleichbleibender Netzbelastung weniger Kraft ab, wodurch die Frequenzzahl des Netzes etwas steigt. Durch die erhöhte Tourenzahl bewegt sich die Regulatormuffe nach abwärts, jedoch hat auch dies noch keinen weiteren Einfluß auf den Steuerungsöldruck. Wie bei dem verminderten Heizdampfbedarf übt auch hier die Belastungsverschiebung noch keine Rückwirkung auf die Gegendruckturbine aus.

Bleibt der Heizdampfverbrauch konstant und ändert sich die Netzbelastung, so hat dies, wie aus obigem bereits hervorgeht, auf die Regulierung der Turbine keinen Einfluß, da eine Veränderung der Höhenlage der Regulierkante der Regulatormuffe innerhalb bestimmter Grenzen keine Öldruckveränderung im Steuerungssystem hervorzurufen vermag. Der Gegendruck der Turbinen bleibt also von einer Netzbelastungsänderung unberührt.

Erst wenn die gesamte Netzbelastung unter die Leistung der Gegendruckturbine sinkt, und die parallel laufenden Maschinen bereits leerlaufen, fängt infolge der erhöhten Netztourenzahl die Regulierkante der Regulatormuffe der Turbine an, den Ölabflußschlitz in der Regulierbüchse B freizugeben. Die Gegendruckturbine reguliert von diesem Augenblick an wie eine Turbine mit gewöhnlicher Geschwindigkeitsregulierung. Würde auch der Heizdampfverbrauch noch zunehmen und der sinkende Heizdampfdruck den Druckregler weiter beeinflussen, so wird ein weiteres Schließen des Ölregulierventils V durch ein weiteres Öffnen des Ölabflußquerschnittes in der Büchse B ausgeglichen. Sinkt die Netzbelastung schließlich auf Null, so strömt der Gegendruckturbine nur noch die Leerlaufsdampfmenge zu. Dieser Fall wird indessen selten vorkommen. Selbst bei plötzlichen Belastungsschwankungen übernimmt immer unterhalb der erwähnten Belastungsgrenze der Geschwindigkeitsregulator die Hauptregulierung der Turbine, so daß ein Durchgehen derselben ausgeschlossen ist. Für den Fall des Versagens der Geschwindigkeitsregulierung ist immer noch der vollkommen unabhängige Sicherheitsregulator mit Schnellschlußauslösung vorhanden, bei dessen Betätigung die Dampfzufuhr zur Turbine gänzlich unterbrochen wird. Eine Gegendruckturbine, die mit einer solchen Gegendruckregulierung versehen ist, kann jederzeit durch Umstellen der kleinen Ventile in der Dampfleitung zum Membranraum in eine Turbine mit gewöhnlicher Geschwindigkeitsregulierung umgeändert werden. Der Raum über der Membrane steht dann in Verbindung mit der Atmosphäre und die Feder des Druckreglers D hält das Ölregulierventil V dauernd geschlossen. In diesem Falle wird der Öldruck im Steuerungssystem ausschließlich vom Geschwindigkeitsregulator R beeinflußt.

Bei diesem Regulierverfahren übernimmt die Gegendruckturbine von der Gesamtnetzbelastung so weit wie immer möglich den Belastungsanteil, der der geforderten Heizdampfmenge entspricht.

Fig. 97.   6000 PS-Gegendruckturbine.   Allgem. Elektriz.-Ges. Berlin.
p_1 = 19 Atm. Üb. t_a = 330° C. p_g = 0,5 Atm. Üb.   n = 3000/Min.

Gegendruckturbinen werden bis zu bedeutenden Größen ausgeführt. Eine Turbine für 4200 kW = rd. 6000 PS Leistung nach der Bauart der AEG mit horizontaler automatischer Düsenregulierung ist in Fig. 97 dargestellt. Sie ist für besonders hohen Anfangsdruck (19 Atm. Üb. und 330° C.) und für einen Gegendruck von $^1/_2$ Atm. Üb. gebaut.

c) Die Entnahmeturbine.

Die Entnahme- oder Anzapfturbine gibt in irgendeiner Stufe einen Teil des in ihr arbeitenden Dampfes für Heizzwecke ab, während der restliche Teil bis auf Kondensatorspannung weiter zur Arbeitsleistung herangezogen wird. Sie findet Anwendung, wenn die Heizdampfmenge bedeutend kleiner ist als die für Kraftleistung erforderliche oder wenn der Heizdampf nur zu bestimmten Zeiten, z. B. nur im Winter benötigt wird. Ihr Anwendungsgebiet ist also ungefähr dasselbe, wie jenes der Kolbenmaschine.

Die Entnahmeturbine kann als Vereinigung einer Gegendruckturbine mit einer Niederdruck- oder Abdampfturbine in einem einzigen Gehäuse betrachtet werden. Der Hochdruckteil wird meist als Curtisrad mit einer Druckstufe und zwei Geschwindigkeitsstufen ausgeführt, der Niederdruckteil entweder ebenfalls als Curtisturbine mit einer oder mehreren Druckstufen oder nach dem Reaktionsprinzip mit mehreren Überdruckstufen, Ist das Wärmegefälle, das auf die Hochdruckstufe trifft, sehr groß, etwa bei Entnahmedrücken unter 1 Atm. abs., so kann es im Interesse eines guten Hochdruckwirkungsgrades angezeigt sein, dem Niederdruckteil zwei Curtisräder vorzuschalten. Bei Entnahmedrücken von 1 bis 3 Atm. abs. ist die im ganzen zweistufige Anordnung mit Entnahme nach der ersten Stufe, bei Drücken über 3 Atm. abs. die mindestens dreistufige Turbine mit Entnahme nach der ersten Stufe am Platz. Die dreistufige Bauart hat gegenüber der zweistufigen noch den Vorteil, daß der günstigste Wert für die Umfangsgeschwindigkeiten niedriger liegt und für das praktische Anwendungsgebiet (1 bis 6 Atm. abs. Entnahmedruck) nur ganz kleine Schwankungen zeigt. Man erhält bei gleichen Tourenzahlen kleinere Raddurchmesser und damit auch kleinere Radreibungsverluste. Eine Steigerung der Stufenzahl über drei hat nur für sehr hohe Entnahmedrücke Bedeutung.

Im Abschnitt über die Gegendruckturbine fanden wir den Wirkungsgrad η_u am Radumfang aus der Gleichung einer Parabel:

$$\eta_u = 2\,\varphi^2 \left(X \cos \alpha_1 - Y\,\frac{u}{c_1} \right) \frac{u}{c_1} .$$

Der indizierte Stufenwirkungsgrad, welcher gleich ist dem Wirkungsgrad η_u, vermindert um den Einfluß der Radreibung N_r, wird somit

$$\eta_{i\,st} = \eta_u - \frac{N_r \cdot 75}{G \cdot \Phi \cdot 427} .$$

Bei Dampfentnahme erfährt gegenüber der Turbine gleicher Leistung und Tourenzahl ohne Entnahme der indizierte Wirkungsgrad der Hochdruckstufe eine Verbesserung, der der Niederdruckstufe dagegen eine Verschlechterung, da der Wert von G in der Gleichung für den Stufenwirkungsgrad für den Hochdruckteil größer, für den Niederdruckteil dagegen kleiner wird. Daraus folgt, daß, wenn es sich um einen Vergleich von Turbinen mit gleicher Hochdruckdampfmenge handelt, die steigende Entnahme eine Verschlechterung des Gesamtwirkungsgrades mit sich bringt, anders ausgedrückt: Bei der maximal belasteten Turbine sinkt der thermodynamische Wirkungsgrad mit steigender Dampfentnahme.

Die Radreibungsarbeit in jeder Stufe beträgt

$$N_r = \gamma \cdot \sqrt{\Phi^5} \cdot \frac{\beta}{10^6} \cdot \left(\frac{u}{c_1}\right)^5 \cdot \varphi^5 \cdot \left(\frac{60}{\pi \cdot n}\right)^2 \cdot \sqrt{\left(\frac{2 \cdot 9{,}81}{427}\right)^5}$$

$$= \frac{1{,}63}{10^8} \cdot \gamma \cdot \sqrt{\Phi^5} \cdot \left(\frac{u}{c_1}\right)^5 \cdot \varphi^5 \cdot \frac{\beta}{n^2}.$$

Darin bedeutet:

γ das spezifische Gewicht des Dampfes, in welchem das Rad rotiert,

Φ das adiabatische Wärmegefälle der Stufe,

u die mittlere Radumfangsgeschwindigkeit,

c_1 die Dampfeintrittsgeschwindigkeit in den ersten Laufradkranz der Stufe,

φ den Geschwindigkeitskoeffizient im Leitapparat,

n die minutliche Umdrehungszahl der Turbine,

β einen Festwert.

Da der Niederdruckteil bei beliebigen Entnahmedrücken in Dampf von Kondensatorspannung rotiert, bleibt γ_{II} konstant und N_{rII} ändert sich mit der $^5/_2$-Potenz von Φ_{II}, vom wenig veränderlichen $\left(\dfrac{u}{c_1}\right)_{II}$ abgesehen. Mit steigendem Entnahmedruck nimmt N_{rII} allmählich zu, weil Φ_{II} größer wird. N_{rI} dagegen nimmt ab, weil bei steigendem Entnahmedruck die $^5/_2$-Potenz von Φ_I rascher sinkt als γ_I wächst. Bei gleicher Tourenzahl n und Leistung (proportional mit G) der Turbinen nimmt die Radreibungsarbeit beider Stufen mit wachsenden Entnahmespannungen ab. Bei großen Leistungen (Gn^2) gilt dies in höherem Maße als bei kleinen.

Der Wirkungsgrad am Radumfang η_u nimmt bei Entnahmedrücken über 1 Atm. abs. in beiden Stufen ab, und zwar in der Hochdruckstufe viel rascher als in der Niederdruckstufe, und dies ist der Grund, daß trotz der günstigen Beziehung zwischen Entnahmedruck und Radreibungsarbeit der indizierte thermodynamische Gesamtwirkungsgrad der Turbine η_{iturb} mit steigendem Entnahmedruck fällt.

Dieser letztere Wirkungsgrad η_{iturb} ist für eine zweistufige Curtisturbine mit gleichen Raddurchmessern für verschiedene Hochdruckwärmegefälle Φ_I, für einen Düsenwirkungsgrad $\varphi = 95\ ^0/_0$ und einen Schaufelwirkungsgrad $\psi = 80\ ^0/_0$, sowie einen Eintrittswinkel $\alpha = 17^0$

in Abhängigkeit von $\left(\dfrac{u}{c_1}\right)_I$ nach Kriegbaum in Fig. 98 aufgetragen. Der Dampfanfangsdruck beträgt dabei 12 Atm. Üb., die Dampftemperatur 300 °C und der Kondensatordruck 0,06 Atm. abs. Unter diesen Voraussetzungen entspricht ein Hochdruckwärmegefälle

von	150	100	50 Kal.
einem Entnahmedruck von	0,45	1,7	5,2 Atm. abs,

(Zahlentafel 31.)

Man ersieht aus Fig. 98, daß der günstigste indizierte Wirkungsgrad mit steigender Entnahmespannung abnimmt, von etwa 57 °/o bei Auspuffbetrieb auf 48 °/o bei 4 Atm. Entnahmeüberdruck.

Die Leistung der Entnahmeturbine setzt sich aus der Leistung der Hochdruck- und der Niederdruckstufe zusammen. Sie beträgt also:

$$N_i = G \cdot \Phi_I \cdot \frac{\eta_I}{632} + (G - E) \cdot \Phi_{II} \cdot \frac{\eta_{II}}{632},$$

worin G die der Maschine stündlich zugeführte und E die der Maschine stündlich entnommene Dampfmenge, η_I und η_{II} die Stufenwirkungsgrade, Φ_I und Φ_{II} die Stufenwärmegefälle sind.

Für 12 Atm. Anfangsüberdruck und 300° C Dampftemperatur, 0,06 Atm. abs. Kondensatorspannung und $\eta_I = \eta_{II} = 60$ °/o ist die Leistungsverteilung auf Hoch- und Niederdruckstufe einer 1000-PS-Turbine in Fig. 99 dargestellt. In das Diagramm sind Kurven verschieden hoher Dampfentnahme (0, 25, 50, 75 und 100 °/o der der Turbine zugeführten Dampfmenge) für Entnahmeüberdrücke von 1, 3 und 5 Atm. eingetragen. Zwischen der Stufenleistung und der Entnahmemenge besteht eine lineare Abhängigkeit.

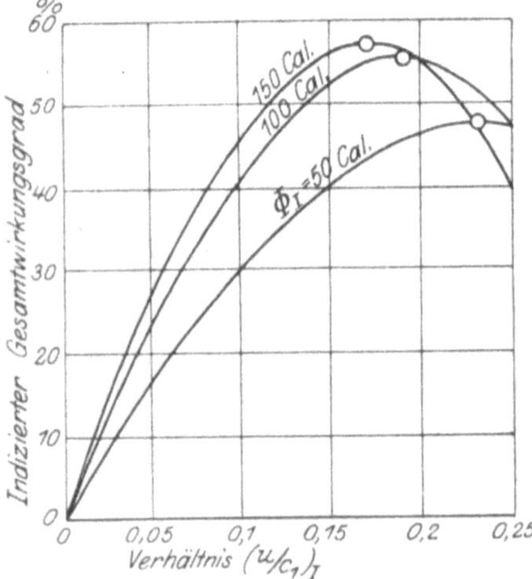

Fig. 98. Indizierter Gesamtwirkungsgrad einer zweistufigen Curtisturbine bei verschiedenem Wärmegefälle im Hochdruckteil in Abhängigkeit vom Verhältnis $\left(\dfrac{u}{c_1}\right)_I$ (Gleiche Raddurchm. im Hoch- u. Niederdruckteil.)

pa = 12 Atm. Üb.
ta = 300° C.
pc = 0,06 Atm. abs.

Der Hochdruckteil einer Entnahmeturbine wird für die größte Dampfmenge bemessen, die ihn durchströmt, d. h. für volle Leistung

und reinen Gegendruckbetrieb, bei welchem durch den Niederdruckteil
theoretisch die Dampfmenge Null geht. Die bei reinem Kondensationsbetrieb ohne Entnahme für volle Leistung nötige Dampfmenge ist die maximale, die der Niederdruckteil aufzunehmen hat. Für sie wird der Niederdruckteil der Entnahmeturbine bemessen.

Der effektive thermodynamische Wirkungsgrad der Entnahmeturbine beträgt:

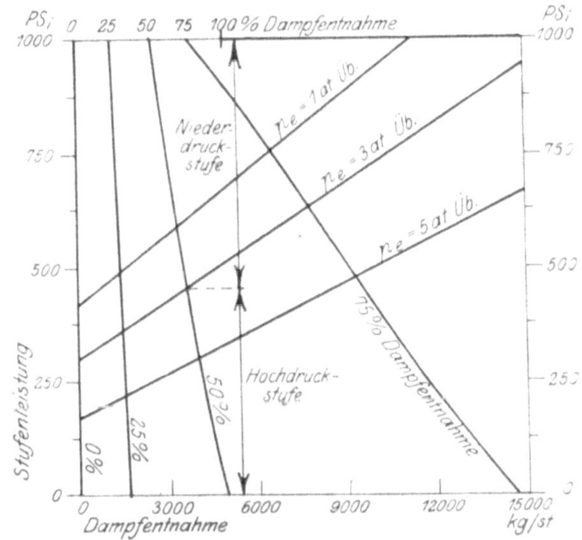

Fig. 99. Leistungsverteilung auf Hoch- und Niederdruck bei verschiedenen Entnahmemengen, Entnahmedrücken und konstanter Gesamtleistung. Hochdruckteil: Curtisturbine. Niederdruckteil: mehrstufige Gleich- oder Überdruckräder.

$$\eta_e = \frac{632\,N_e}{E \cdot \Phi_I + (G - E)\,(\Phi_I + \Phi_{II})} \quad \text{oder} \quad \frac{632\,N_e}{G\,(\Phi_I + \Phi_{II}) - E \cdot \Phi_{II}}$$

worin E, G, Φ_I und Φ_{II} die oben erwähnten Größen, N_e die Nutzleistung in PS sind. Die Abhängigkeit von η_e von der Zwischendampfentnahme und der Belastung der Turbine ist in Fig. 100 nach einigen Versuchen zusammengestellt und zwar für folgende Fälle:

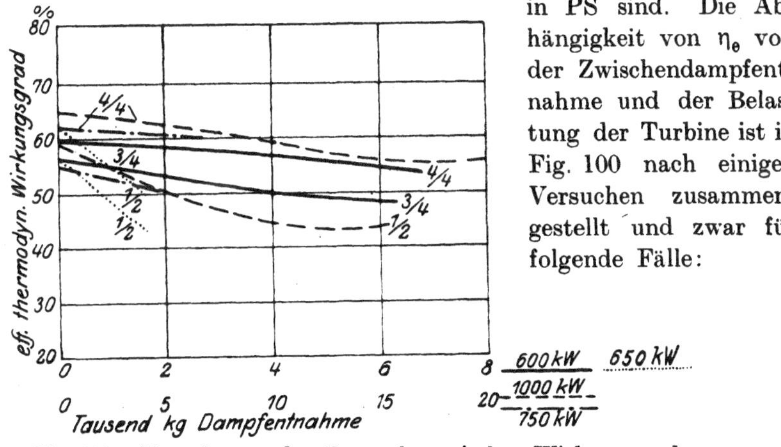

Fig. 100. Veränderung des thermodynamischen Wirkungsgrades mit steigender Dampfentnahme bei Turbinen.

Zahlentafel 32.

Größe der Turbine	Anfangsdr.	Dampftemp.	Entnahmedr.	Quelle
600 KW	12 Atm. Üb.	300 ⁰ C	3,5 Atm. Üb.	Z.bay.R.V.1912,
1000 ,,	13 ,, ,,	300 ,,	3,5 ,, ,,	,, S. 176.
750 ,,	12 ,, ,,	250 ,,	3 ,, ,,	,,
650 ,,	9,5 ,, ,,	280 ,,	2,5 ,, ,,	Z. D. M. 1915,
				S. 125.

Die Versuche sind im ersten Fall mit $^4/_4$ und $^3/_4$, im zweiten Fall mit $^4/_4$ und $^1/_2$, im dritten Fall mit $^4/_4$ und $^1/_2$ und im vierten Fall mit $^3/_4$ und $^1/_2$ Belastung angestellt. Sie bestätigen die Abnahme des thermodynamischen Wirkungsgrades mit der Höhe der Dampfentnahme. Bei Teillast ($^1/_2$ bis $^3/_4$) erfolgt die Abnahme etwas rascher als bei Vollast. Die Fig. 100 kann bei Abgabe von Garantiezahlen oder bei wirtschaftlichen Voranschlägen als Kontrolle benutzt werden, wenn es sich um Entnahme bei Teillasten handelt.

Verhalten einer 500 PS-Entnahmeturbine bei verschiedenen Belastungen und verschieden hoher Zwischendampfentnahme.

Analog dem Rechnungsbeispiel der Entnahmemaschine von 500 PS seien die Verhältnisse bei einer 500 PS-Entnahmeturbine mit

$$p_a = \ \ 12 \ \text{Anfangsüberdruck}$$
$$t_a = 300\,^0\text{C Dampftemperatur}$$
$$p_e = \ \ \ 3 \ \text{Atm. Entnahmeüberdruck und}$$
$$p_e = \ \ \ 0{,}06 \ \text{Atm. abs. Gegendruck}$$

ausführlich erörtert.

Als Wirkungsgrad am Radumfang η_u ist für die Hochdruckstufe 60 $^0/_0$, für die Niederdruckstufe 65 $^0/_0$ angenommen, die Radreibungs- und Leerlaufarbeit zusammen zu 40 PS bei Vollast. Die Leistung am Radumfang wird damit 540 PS. Das Wärmegefälle Φ_I ergibt sich aus dem i-s-Diagramm zu 62 Kal./kg, der Wärmeinhalt des Frisch-dampfes zu 728 Kal./kg.

Beim reinen Gegendruckbetrieb errechnet sich ein Dampfverbrauch von G kg/St. aus der Gleichung

$$632 \, N_u = G \cdot \Phi_I \cdot \eta_{u\,I}, \ \text{d. i.}$$
$$632 \cdot 540 = G \cdot 62 \cdot 0{,}6 \ \text{zu}$$
$$G = 9160 \ \text{kg/St.}$$

Dies ist zugleich die größte Dampfmenge, für welche der Hochdruckteil zu bemessen ist unter der Voraussetzung, daß die Turbine bis zum Gegendruckbetrieb voll belastet werden soll.

Das Wärmegefälle Φ_{II} beträgt 160 Kal./kg, wovon $160 \cdot 0{,}65 =$ 104 Kal./kg am Radumfang in Arbeit übergeführt werden können.

$\Phi_I + \Phi_{II}$ sind zusammen 222 Kal./kg. Die adiabatische Expansion von 12 Atm. Üb. und 300 °C auf 0,06 Atm. abs. ergäbe $\Phi_0 = 214$ Kal./kg. Die Differenz von 8 Kal./kg kommt von der Divergenz der Kurven konstanten Druckes bei wachsender Entropie im i-s-Diagramm. Im vorliegenden Fall ist $\Phi_I + \Phi_{II} = 1{,}04\,\Phi_0$.

Der Dampfverbrauch G' der Turbine bei reinem Kondensations-betrieb rechnet sich aus dem Ansatz:

$$632 \cdot N_u = G' \cdot \Phi_I \cdot \eta_{uI} + G' \, \Phi_{II} \cdot \eta_{uII} \quad \text{oder}$$
$$632 \cdot 540 = G' \cdot 62 \cdot 0{,}6 + G' \cdot 160 \cdot 0{,}65 \quad \text{zu}$$
$$G' = 2420 \text{ kg/St.}$$

Hiernach ist der Niederdruckteil zu bemessen.

Als Reglungsart sei im Hochdruckteil reine Füllungs- und im Niederdruckteil reine Drosselregulierung angenommen. Die Entnahme-grenzen liegen bei 500 PS Belastung zwischen 0 und 9160 kg/St., wenn man von den geringen Dampfverlusten durch Kondensation innerhalb der Maschine und von den Labyrinthverlusten absieht.

Der Dampfverbrauch bei E kg/St. Dampfentnahme sei mit G'' bezeichnet, dann gilt die Beziehung:

$$632 \cdot N_u = G'' \cdot \Phi''_{II} \cdot \eta_{uI} + (G'' - E) \cdot \Phi''_{II} \cdot \eta''_{uII}.$$

G'' ist bei Vollast zwischen 2420 und 9160 kg/St. gelegen.

Man kann nun E für verschiedene Werte von G'' auf folgende Weise bestimmen:

$$G'' \text{ sei z. B. } 3000 \text{ kg/St.}$$

Damit berechnet sich

$$N_{uI} = \frac{3000 \cdot 62 \cdot 0{,}6}{632} = 177 \text{ PS}_u \text{ und}$$

$$N_{uII} = 540 - 177 = 363 \text{ PS}_u.$$

Es besteht die Gleichung:

$$632 \cdot N_{uII} = 632 \cdot 363 = (G'' - E)\,\Phi''_{II} \cdot \eta''_{uII}.$$

Ferner gilt die einfache Beziehung:

$$\frac{G'}{p_e} = \frac{G'' - E}{p''_2}.$$

Aus den beiden letzteren Gleichungen kann man $G'' - E$ eliminieren und $\Phi''_{II} \cdot p''_2$ bestimmen, nämlich zu

$$\Phi''_{II} \cdot p''_2 = \frac{632 \cdot N_{uII} \cdot p_e}{9' \cdot \eta_{uII}} = \frac{632 \cdot 363 \cdot 4}{2420 \cdot 0{,}65}$$

Durch graphisches Interpolieren mittels einer Hilfskurve im i-s-Diagramm findet man auf der Drosselungshorizontalen $i''_2 = \text{const.}$ den Wert von p''_2 zu 3,83 Atm. abs, und nach obiger Gleichung

$$G'' - E = \frac{G' \cdot p''_2}{p_e} = \frac{2420 \cdot 3{,}83}{4} = 2320 \text{ kg/St.}$$

Der Wert von i''_2 entspricht dem Wärmeinhalt des Dampfes nach seiner adiabatischen Expansion von p_a und t_a auf p_e.

Schließlich findet sich

$$E = G'' - 2320 = 3000 - 2320 = 680 \text{ kg/St.}$$

Diese Rechnung wird für verschiedene Annahmen von G'' zwischen 2420 und 9160 kg/St. wiederholt. Auf diese Weise lassen sich alle Beziehungen zwischen Dampf- oder Wärmeverbrauch und Zwischendampfentnahme bei einer bestimmten Belastung der Turbine aufklären.

Dieselbe Rechnung kann für beliebige Teillasten durchgeführt werden. Es ist zunächst nur noch eine Annahme über den Unterschied zwischen N_u und N_e bei Teillasten zu machen. Die Differenz beider Leistungen wird sich bei sinkender Belastung etwas verringern. Im vorliegenden Fall ist angenommen

$$
\begin{aligned}
N_u - N_e \quad &\text{bei Vollast} = 40 \text{ PS,}\\
&,,\quad {}^3/_4\text{-Last} = 35 \text{ PS,}\\
&,,\quad {}^1/_2\text{-Last} = 32 \text{ PS,}\\
&,,\quad {}^1/_4\text{-Last} = 30 \text{ PS.}
\end{aligned}
$$

Die erforderliche Anzahl von Düsen vor dem Hochdruckteil vorausgesetzt kann η_{uI} und η_{uII} bei allen Belastungen in gleichbleibender Größe, nämlich 0,6 bzw. 0,65 angesetzt werden.

Der Fall des reinen Kondensationsbetriebes bei Teillasten soll noch näher untersucht werden.

Falls kein Dampf entnommen wird, ist es auch nicht nötig, daß zwischen Hoch- und Niederdruckstufe der Entnahmedruck p_e herrscht; vielmehr könnte sich dort jeder beliebige Druck einstellen und die Expansion würde im Hochdruckteil unter den Entnahmedruck erfolgen. Wenn bei Vollast in der richtig bemessenen Turbine im Kondensationsbetrieb zwischen den Stufen sich ein Druck von 4 Atm. abs. ergibt und der Dampfverbrauch bei Halblast rund $\frac{282}{540} = 0{,}52$ desjenigen bei Vollast beträgt, so stellt sich bei Halblast nach dem Gesetz der Proportionalität von Dampfmenge und absolutem Druck zwischen den Stufen ein Druck von $4 \cdot 0{,}52 = 2{,}08$ Atm. abs. ein. Damit wird $\Phi_{Ih} = 91$ Kal./kg und $\Phi_{IIh} = 134$ Kal./kg, sowie

$$G'_h = \frac{632 \cdot 282}{91 \cdot 0{,}6 + 134 \cdot 0{,}65} = 1260 \text{ kg/St.}$$

Die Probe $\dfrac{G'_h}{G'} = \dfrac{1260}{2420} = 0{,}52$ stimmt.

Bei der Entnahmeturbine herrscht jedoch zwischen Hoch- und Niederdruckstufe der Heizungsdruck p_e, im vorliegenden Fall 4 Atm. abs. und das Überströmventil zwischen Hoch- und Niederdruckteil muß den Dampf auf den seiner Menge entsprechenden Stufendruck herabdrosseln. Dadurch entsteht ein Verlust an umsetzbarer Energie. Die Entnahmeturbine arbeitet deshalb bei Teillasten und reinem Kondensationsbetrieb unwirtschaftlicher als die normale Kondensationsturbine.

Im gewählten Beispiel rechnet sich folgender Dampfverbrauch G''_h:

$$632 \cdot 282 = G''_h \cdot 62 \cdot 0,6 + G''_h \cdot \Phi''_{IIh} \cdot 0,65.$$

Da $\dfrac{G'}{p_e} = \dfrac{G''_h}{p''_{2h}}$ und daraus $G''_h = \dfrac{2420}{4} \cdot p''_{2h} = 605\, p''_{2h}$

läßt sich obige Gleichung umformen in

$$\frac{632 \cdot 282}{605} = 37,2\, p''_{2h} + 0,65 \cdot p''_{2h} \cdot \Phi''_{2h}.$$

Durch graphische Interpolation oder Probieren findet man aus dem i-s-Diagramm auf der Drosselungshorinzotalen $i''_2 =$ konst.

$$p''_{2h} = 2,29 \text{ Atm. abs.}$$
$$\Phi''_{2h} - 142 \text{ Kal./kg}$$

und schließlich

$$G''_h = 1380 \text{ kg/St.}$$

Der Mehrverbrauch durch die Drosselung des Dampfes vor dem Niederdruckteil beträgt somit ca. 10 %.

Die Ergebnisse der Berechnung der 500 PS-Entnahmeturbine sind in Fig. 101 und 102 zu je einem Raumdiagramm zusammengestellt, welche die Abhängigkeit des Dampf- und Wärmeverbrauches von der Belastung und der Höhe der Zwischendampfentnahme angeben. Der Maßstab ist der gleiche wie in Fig. 72, 73 und 74 für die entsprechenden Verhältnisse bei der Kolbenmaschine, wodurch ein Vergleich beider Maschinengattungen leicht möglich ist. Bei reinem Kondensationsbetrieb und im Leerlauf, allerdings Fälle, die im praktischen Entnahmebetrieb fast ausschalten, ist die Turbine im Dampf- und Wärmeverbrauch ökonomischer als die Kolbenmaschine wegen der vorzüglichen Ausnützung des hohen Vakuums und den geringeren Reibungs- und sonstigen Leerlaufverlusten. Bei Zwischendampfentnahme jedoch steigt der Dampf- und Wärmeverbrauch der Turbine auf die Leistung bezogen viel rascher an als bei der Kolbenmaschine. Im Gegendruckbetrieb kann der Entnahmeturbine fast die gesamte zugeführte Dampfmenge wieder entzogen werden, wenn man von den Labyrinthverlusten und der geringen Kondensation in der Turbine absieht. Ebenso ist die Turbine auch in ihrer Entnahmemenge viel weniger von der Belastung

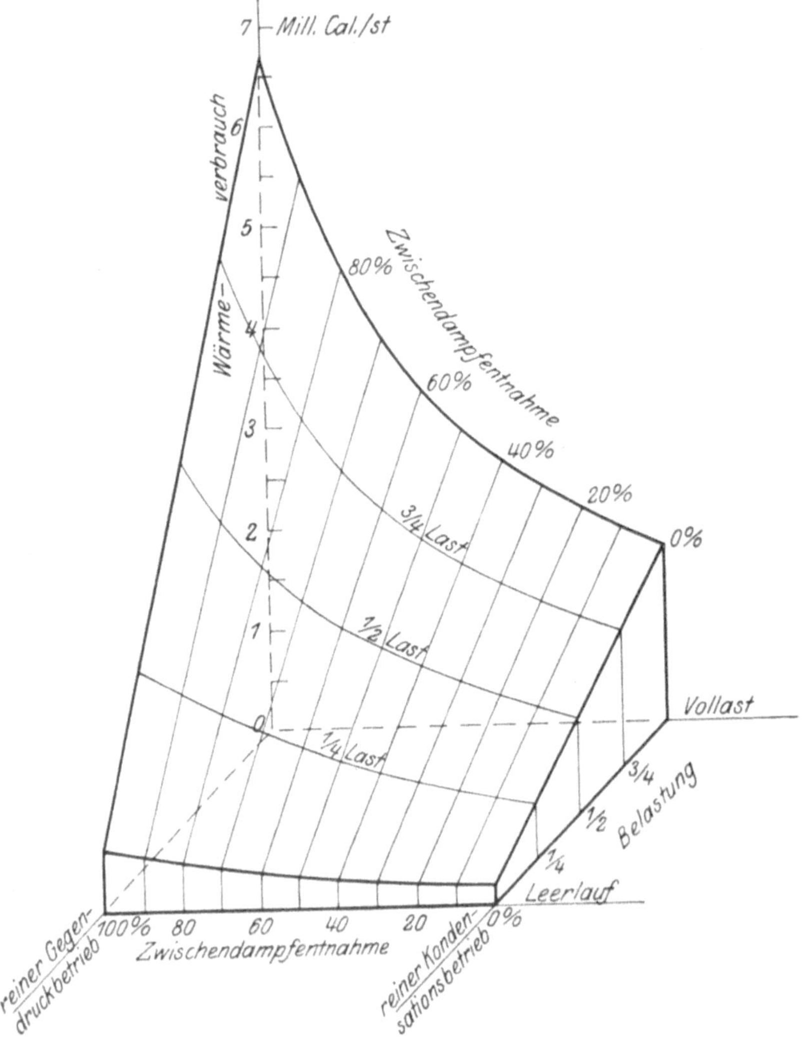

Fig. 101. Wärmeverbrauch einer 500 PS-Entnahmeturbine.
Füllungsregulierung.
(Kurven gleicher Belastung und prozentualer Dampfentnahme.)

$p_a = 12$ Atm. Üb.
$t_a = 300^\circ$ C.
$p_e = 3$ Atm. Üb.
$p_c = 0,06$ Atm. abs.

abhängig als die Kolbenmaschine. Die größte Entnahme beträgt im
gewählten 500 PS-Beispiel rund 9000 kg/St. bei der Turbine, dagegen
rund 5000 kg/St. bei der Kolbenmaschine. Eine Entnahme von z. B.
2800 kg/St. ist bei der Turbine noch bei rund 135 PS bei der Kolbenmaschine nicht unter 350 PS möglich.

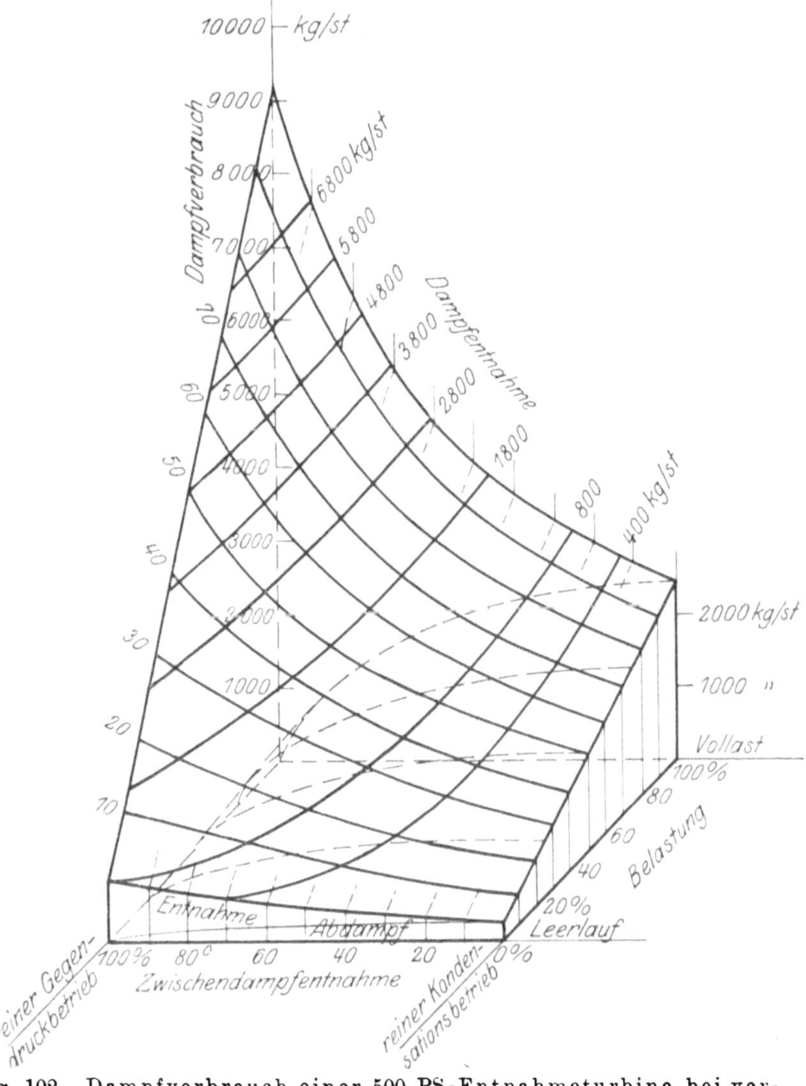

Fig. 102. Dampfverbrauch einer 500 PS-Entnahmeturbine bei verschiedenen Belastungen und Entnahmemengen. Füllungsregulierung.
(Kurven gleicher Entnahmemengen.)

$$p_a = 12 \text{ Atm. Üb.}$$
$$t_a = 300^\circ \text{ C.}$$
$$p_e = 3 \text{ Atm. Üb.}$$
$$p_c = 0,06 \text{ Atm abs.}$$

Der effektive thermodynamische Wirkungsgrad der 500 PS-Ent-
nahmeturbine ist für ganze und halbe Belastung in Fig. 103 dargestellt.
Ein Vergleich mit Fig. 100 zeigt, daß die gemachten Annahmen über
Stufenwirkungsgrade, Radreibungs- und Leerlaufsarbeit usw. zutreffend

sind. Bemerkenswert ist der kleine Wirkungsgrad der Turbine mit dem Entnahmedruck p_e zwischen Hoch- und Niederdruckstufe bei Halblast und Entnahme Null gegenüber der normalen Kondensationsturbine. Hierin ist der Einfluß der Drosselregulierung des Niederdruckteiles erkennbar. Man bemerkt, wie auch teilweise in Fig. 100, daß der effektive thermodynamische Wirkungsgrad zuerst ab-, dann wieder zunimmt.

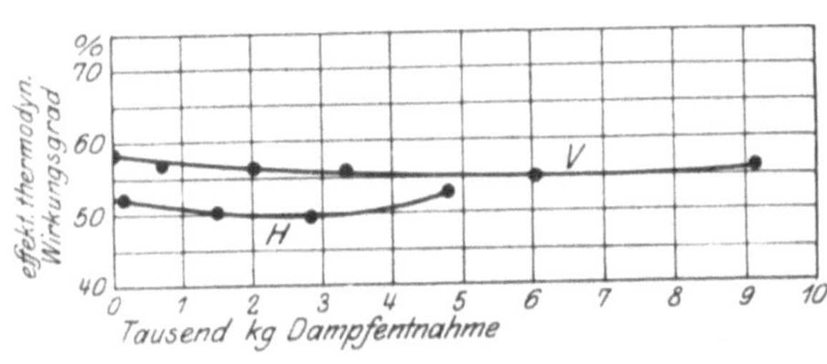

Fig. 103. Veränderung des effektiven thermodynamischen Wirkungsgrades einer 500 PS-Entnahmeturbine mit der Höhe der Dampfentnahme bei Vollast (V) und Halblast (H).

Je größer die Dampfentnahme, desto weniger Dampf gelangt in den Niederdruckteil und desto mehr wird der Entnahmedruck p_e durch das Überströmventil herabgedrosselt. So lange die Niederdruckstufe noch einen bemerkenswerten Teil der Gesamtleistung übernimmt, äußert sich die Wirkung dieser Drosselung im geringen thermodynamischen Wirkungsgrad.

Beim Vergleich mit der entsprechenden Fig. 71 der Kolbenmaschine findet man vor allem, daß die Turbine geringere thermodynamische Wirkungsgrade als die Kolbenmaschine erreicht. Zum weiteren Vergleich mit der Kolbenmaschine wurden die z. T. bereits in Zahlentafeln 17, 19 und 22 enthaltenen thermischen Wirkungsgrade

$$\eta_{Lg} \text{ bezogen auf die Nutzleistung}$$

$$= \frac{\text{Wärmewert der Nutzleistung}}{\text{der Maschine zugeführte Wärme}} \cdot 100\,^0/_0 \,,$$

$$\eta_{Hg} \text{ bezogen auf die Heizung}$$

$$= \frac{\text{Wärmeinhalt des entnommenen Zwischendampfes}}{\text{der Maschine zugeführte Wärme}} \cdot 100\,^0/_0$$

und der wirtschaftliche Wirkungsgrad $\eta_w = \eta_{Lg} + \eta_{Hg}$,

in einer weiteren Zahlentafel 33 für die 500 PS-Entnahmemaschine (M) und die 500 PS-Entnahmeturbine (T) für gleiche Leistungen und Dampfentnahme zusammengestellt. Nur bei Betrieb ohne oder mit ganz geringer Entnahme zeigt sich die Turbine überlegen, sonst stets die Kolbenmaschine. Selbst die große Schleife im Hochdruckdiagramm bei 149 PS Leistung nähert nur die Kolbenmaschine der Turbine, ohne sie dieser nachzustellen.

Zahlentafel 33.

Vergleich der 500 PS-Entnahmemaschine mit der 500 PS-Entnahmeturbine.

Nutzleistung PS.	Dampfentnahme kg/St.	Masch. oder Turb.	Dampfv. kg/St	Wirkungsgrade %		
				η_{Lg}	η_{IIg}	η_w
500	1800	M	3620	12,1	46,0	58,1
		T	3900	11,1	43,3	54,4
487	4680	M	5500	7,8	79,2	87
		T	5950	7,1	74	81,1
408	0	M	2240	16,7	0	16,7
		T	1920	18,6	0	18.6
416	625	M	2660	13,9	21,7	35,6
		T	2500	14,4	23,4	37,8
419	1430	M	3080	11,9	42,7	54,6
		T	3180	11,4	42,2	53,6
414	2580	M	3710	9,8	64	73,8
		T	4040	8,9	60	68,9
380	1750	M	3080	10,9	52,3	63,2
		T	3310	10,0	49,4	59,4
345	2580	M	3380	9,0	70	79
		T	3850	7,8	63	70,8
276	1820	M	2670	9,1	62,5	71,6
		T	2960	8,2	57,7	65,9
237	1430	M	2250	9,2	59,1	68,3
		T	2400	8,5	55,7	64,2
149	625	M	1445	9,1	41,8	50,9
		T	1460	8,9	40,2	49,1

Die tatsächliche Regulierung der Entnahmeturbinen geschieht, wie schon erwähnt, in der Weise, daß eine bestimmte Anzahl von Düsen abgeschaltet werden kann und dazwischen die Drosselregulierung eingreift. Die Turbinen mit reiner Drosselregulierung im Hochdruckteil verhalten sich bei Teillasten und Zwischendampfentnahme ungünstiger als jene mit Füllungsregulierung (Düsenabschaltung). Der Dampfverbrauch der Turbinen mit gemischter Regelung, die in der Praxis nur ausführbar ist, ändert sich also stufenweise, mit Zu- oder Abschaltung einer neuen Düse, weil dazwischen immer Drosselungsbereiche liegen.

Ein Beispiel, für beide reine Regulierarten durchgerechnet, ergibt die in Fig. 104 und 105 dargestellten Verhältnisse. Der Dampf- und Wärmeverbrauch bei beiden Regulierarten ist nur bei reinem Gegendruckbe

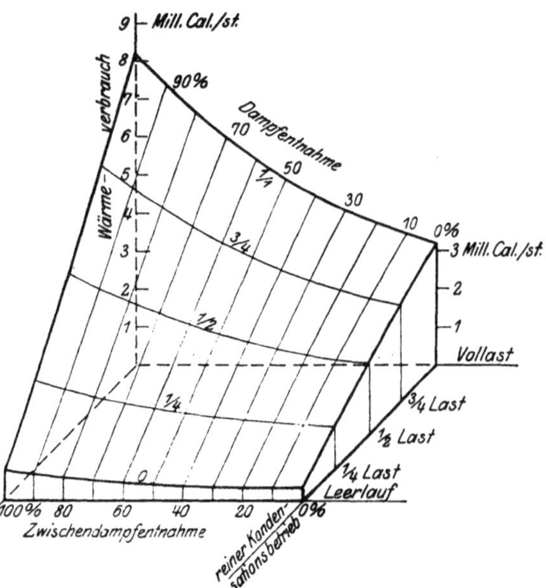

Fig. 104. Wärmeverbrauch einer 1000 PS-Entnahmeturbine unter verschiedenen Betriebsbedingungen bei reiner Füllungsregulierung.

p_a = 12 Atm. Üb.
t_a = 300° C.
p_e = 1 Atm. Üb.
p_c = 0·06 Atm. abs.

trieb unter Vollast derselbe, weil für den in diesem Fall eintretenden Dampfverbrauch die Turbine bemessen ist. Nimmt der Dampfverbrauch ab, etwa indem bei Vollast der Niederdruckteil mehr und mehr zur Arbeitsleistung herangezogen wird oder indem die Belastung der Turbine sinkt, so tritt die Drosselregulierung in Tätigkeit und verschlechtert die Arbeitsweise gegenüber der Füllungsregulierung. Da heute Turbinen mit reiner Drosselregulierung sehr selten sind, sei bezüglich ihrer Berechnung auf das Werk von Kriegbaum verwiesen.

Die Entnahmeturbine wird sowohl als reine Druck-, als auch in Gestalt einer kombinierten Druck- und Überdruckturbine gebaut. Sie unterscheidet sich von der normalen Kondensationsturbine hauptsächlich durch eine Labyrinthdichtung zwischen Hochdruckteil H und Niederdruckteil N und durch die Beigabe der Vorrichtung, welche den Heizdampfdruck (Entnahmedruck) vor der Niederdruckstufe mittels des Überströmventils konstant erhält. Fig. 106 und 107 stellen eine Entnahmeturbine der Bauart Melms & Pfenninger dar, deren Hochdruckteil H aus einem zweikränzigen Curtisrad und deren Niederdruckteil N aus einer Lauftrommel mit Überdruckstufen besteht. Der Frischdampf gelangt durch das Regulierventil und mehrere Düsenventile zu den Düsen und hierauf mit einem Druck von 2 bis 3 Atm. abs. auf den ersten Laufschaufelkranz des Geschwindigkeitsrades. Hinter den Hochdruckteil H schließt die Entnahmeleitung an. Der

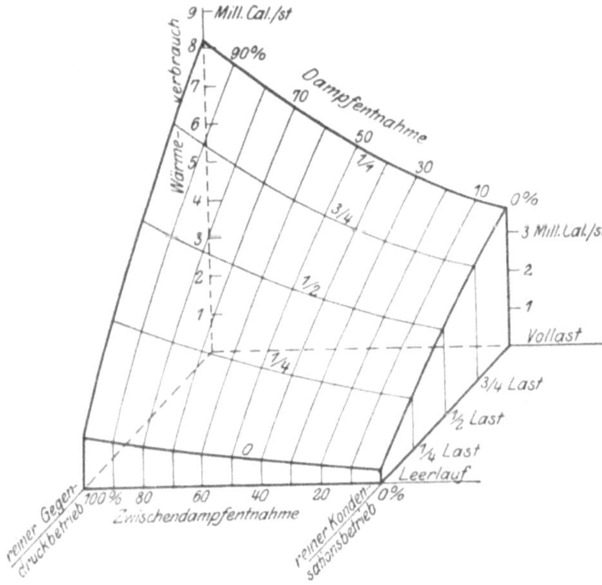

Fig. 105. Wärmeverbrauch einer 1000 PS-Entnahmeturbine unter verschiedenen Betriebsbedingungen bei reiner Drosselregulierung.

$p_a = 12$ Atm. Üb.
$t_a = 300°$ C.
$p_e = 1$ Atm. Üb.
$p_c = 0{,}06$ Atm. abs.

tionsteil N überströmende Dampf durchfließt ein Überströmventil U, welches unter Einwirkung eines Druckreglers den Druck in der Anzapfleitung auf gleichbleibender Höhe erhält. Das Überströmventil kann entweder unmittelbar unter dem Entnahmedruck stehen, wie in Fig. 107 dargestellt, oder auch durch Drucköl betätigt werden. Das Wesen einer solchen Vorrichtung ist aus dem Querschnitt einer Entnahmeturbine Fig. 108 ersichtlich. Der Druck p des vom Hochdruckteil der Turbine kommenden Entnahmedampfes wirkt auf einen federbelasteten Kolben A, der mit dem Überströmventil mittels einer Öldrucksteuerung verbunden ist. Jeder Veränderung des Druckes p entspricht eine Verschiebung des Kolbens A und damit des Ventiles B. Die Regelung geht nun, wie bei der Kolbenmaschine, folgendermaßen

vor sich. Nimmt bei gleichbleibender Belastung der Turbine der Heizdampfbedarf ab, so wird dadurch der Druck p erhöht, das Ventil B
weiter geöffnet und dadurch dem Niederdruckteil mehr Dampf zugeführt. Infolge der größeren Leistung des Niederdruckteils wird sich
die Turbine beschleunigen, worauf der Fliehkraftregler die Frischdampf-

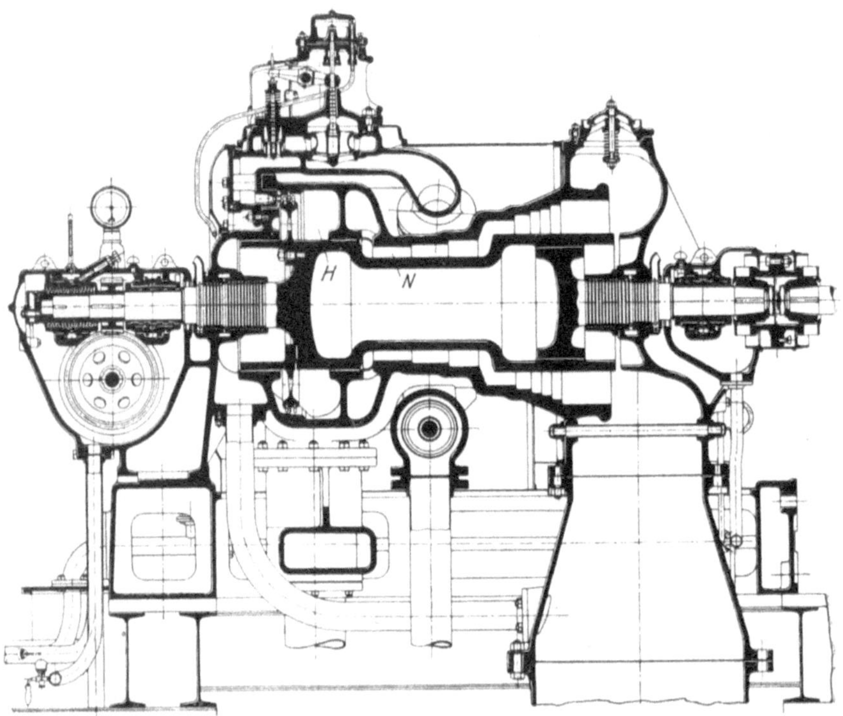

Fig. 106 u. 107.   Entnahmeturbine Bauart Melms & Pfenninger.   Curtisrad
Maschinenfabrik

zufuhr zur Hochdruckstufe verringert. Die Spannung p wird sich infolgedessen wieder auf die ursprüngliche Höhe einstellen.

Wird umgekehrt bei gleichbleibender Belastung eine größere Heizdampfmenge entnommen, so sinkt zunächst der Druck p, das Ventil B
wird mehr geschlossen, die Leistung des Niederdruckteils verringert.
Die Drehzahl der Turbine nimmt daher solange ab, bis der Fliehkraftregler durch Erhöhung der Frischdampfzufuhr den Gleichgewichts-
zustand wieder herstellt.

Eine Entnahmeturbine für 1900 PS Leistung, deren Hochdruckteil
aus einer Druckturbine und deren Niederdruckteil aus einer Überdruck-
Parsonsturbine besteht, ist in Fig. 109 abgebildet. Das automatische,

unter dem Entnahmedruck stehende Überströmventil, von welchen
Brown, Boveri & Cie. in der Regel zwei anordnen, ist vorne in der Mitte
der Turbine ersichtlich.

Eine Zoelly-Entnahmeturbine von 2900 PS Leistung ist in Fig. 131
dargestellt. Sie baut sich nur unwesentlich kürzer als die kombinierte
Turbine Fig. 109. Das der Fig. 108 entsprechende automatische Überströmventil ist vorn an der Turbine zu erkennen. Die beiden Fig. 109 und 131, wie auch die Gegendruckturbine Fig. 97 zeigen die überaus raumsparende Unterbringung großer Maschinenleistungen mittels der Dampfturbine. Für eine Reihe von ausgeführten Dampfturbinen sind die Dampfver-

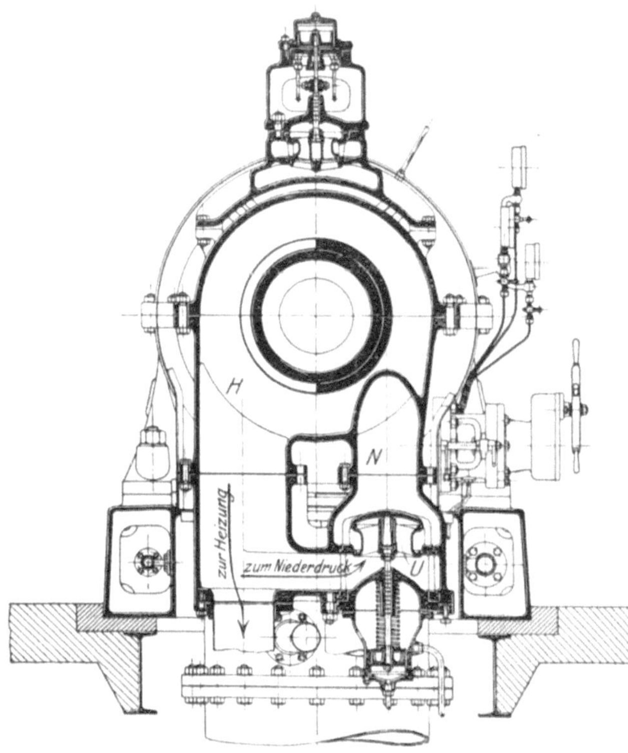

als Hochdruckteil, Überdrucktrommel als Niederdruckteil.
J. A. Maffei, München.

brauchsverhältnisse und der effektive thermodynamische Wirkungsgrad η_e in Zahlentafel 34 zusammengestellt. Der effektive thermodynamische Wirkungsgrad ist wie bei der Dampfmaschine (siehe S. 54)
berechnet aus:

$$632\, N_e = [G\,(\Phi_I + \Phi_{II}) - E \cdot \Phi_{II}] \cdot \eta_e.$$

Er erreicht im Durchschnitt nicht die Werte der Kolbenmaschinen.
Dem bei den Turbinen gegenüber den Kolbenmaschinen etwas höheren
Entnahmedruck entspricht auch ein höherer Anfangsdruck. Versuche
Nr. 1 bis 3, 4 bis 7, 11 und 12 sind je an den gleichen Turbinen ausgeführt, alle Versuche übrigens bei ungefähr der Normallast bis auf

Versuch Nr. 11 und 12, die bei $^8/_4$ bzw. $^1/_2$ Last vorgenommen sind. Zur Berechnung von η_e wurde der elektrische Wirkungsgrad der Dynamo bei Versuch Nr. 9 und 11 gleich 90 $^0/_0$, bei Versuch Nr. 12 gleich 85$^0/_0$ geschätzt. Die übrigen Rechnungsunterlagen finden sich in den in der Zahlentafel angegebenen Quellen.

Die Beziehung zwischen Dampfentnahme in Prozent des Dampfverbrauchs bei reinem Kondensationsbetrieb und des Dampfmehrverbrauchs gegenüber reinem Kondensationsbetrieb nach Zahlentafel 26

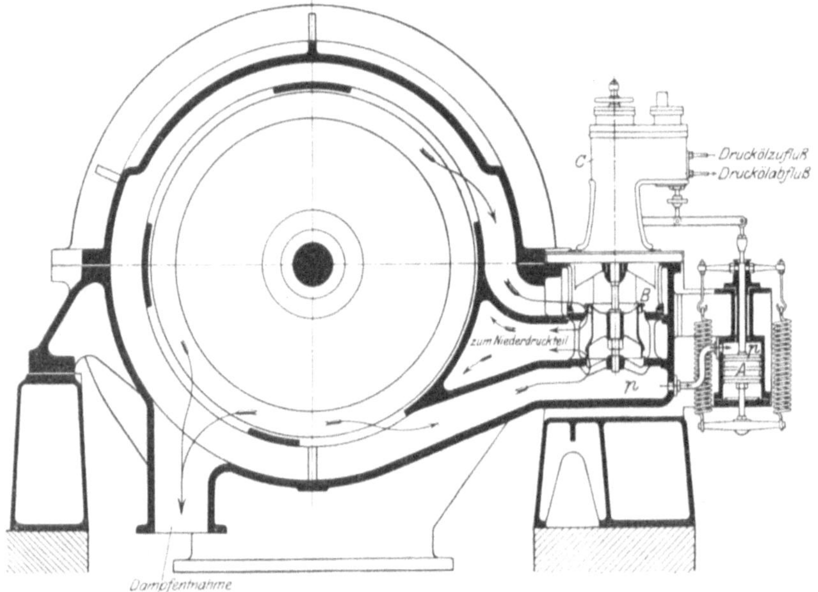

Fig. 108. Überströmventil mit Drucktölsteuerung.
Maschinenfabrik Augsburg-Nürnberg.

und 34 ist für Kolbenmaschine und Turbine noch in einer Fig. 110 veranschaulicht. Die Kolbenmaschine erscheint vom thermodynamischen Standpunkte aus wieder vorteilhafter als die Entnahmeturbine. Angenähert und etwa für die Bemessung der Kesselanlage brauchbar gilt für die

Kolbenmaschine: je 10 $^0/_0$ Dampfentnahme in Prozent vom Dampfverbrauch bei Betrieb ohne Entnahme (reinem Kondensationsbetrieb) bedingen gegenüber dem reinen Kondensationsbetrieb einen Dampfmehrverbrauch von 5 $^0/_0$.

Turbine: je 10 $^0/_0$ Dampfentnahme in Prozent vom Dampfverbrauch bei Betrieb ohne Entnahme (reinem Kondensationsbetrieb) bedingen gegenüber dem reinen Kondensationsbetrieb einen Dampfmehrverbrauch von 8 $^0/_0$.

Zahlentafel 34.

Versuche an Turbinen mit Zwischendampfentnahme.

Nr.	Normal-Leistung	Anfangs-druck	Dampf-temperatur	Entnahme-druck	Dampf-entnahme in % des Dampfver-branches der Turbine ohne Entnahme	Dampf-entnahme in % des der Turbine zugefüärten Dampfes	Dampf-mehrverbrauch gegenüber der Turbine ohne Entnahme	Effektiver thermodyn. Wirkungsgrad	Quelle
	PS.	Atm. Üb.	° C.	Atm. Ub.			%	η_e %	
1	900	12	300	3,5	68	44	50	57,4	Z. bay. R.V. 1912, S. 176
2	900	12	300	3,5	110	58	84	55,1	"
3	900	12	300	3,5	141	66	115	53,3	"
4	1500	13	300	3,5	41,5	30,5	36	63,4	"
5	1500	13	300	3,5	136	63,7	113	59,2	"
6	1500	13	300	3,5	227	79	188	55,1	"
7	1500	13	300	3,5	302	87,5	245	55,0	"
8	1100	12	250	3	119	63,5	86	60,3	"
9	450	14	325	4,5	—	69	100	44,5	Z. D. M. 1915, S. 125
10	1700	14,7	326	1,85	71	46	54	62,5	"
11	900	9,5	286	2,5	43,5	32	35	51,7	"
12	900	10	280	2,5	62	40	56	44,5	"

Die Entnahme von Dampf bei zwei verschiedenen Drücken aus einer einzigen Turbine ist möglich. Bekannt wurde bisher eine solche Ausführung nicht.

Fig. 109. 1900 PS-Aktions-Reaktions-Entnahmeturbine. Brown, Boveri & Cie., Mannheim. $p_a = 12$ Atm. Üb. $t_a = 300°$ C. $p_e = 2,5$ Atm. Üb. $\eta = 3000/$min. Gekuppelt mit einem Drehstrom-Generator.

Vom Gesichtspunkt der Krafterzeugung die beste Maschinenanlage wäre eine Vereinigung einer Gegendruckkolbenmaschine für die

Hochdruckstufe mit einem effektiven thermodynamischen Wirkungsgrad bis über 80 °/₀ und einer Niederdruckturbine mit einem effektiven thermodynamischen Wirkungsgrad von 70 °/₀ und darüber. Die Dampfentnahme hätte zwischen beiden Maschinen zu erfolgen. Bei ungefähr

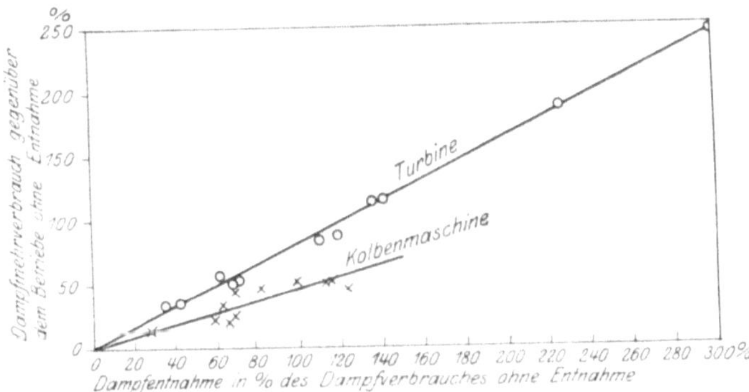

Fig. 110. Ansteigen des Dampfverbrauches mit der Zwischen-dampfentnahme bei der Kolbenmaschine und der Dampfturbine.

gleicher Leistung der Kolbenmaschine und der Turbine ergäbe sich in dieser Anlage ein effektiver thermodynamischer Gesamtwirkungsgrad von mindestens 75 °/₀, der noch größer wird, wenn die Kolbenmaschine mehr als die Hälfte der Gesamtleistung übernimmt.

Einschlägige Literatur.

A. Kriegbaum, Turbinen mit Dampfentnahme. Ein Beitrag zur Berechnung der Anzapfturbinen. München, R. Oldenbourg.

A. Dahme, Die Dampfturbine in Betrieben mit gemischtem Energiebedarf. Z. ges. Turb.-Wes. 1909 S. 49.

Grunewald, Abdampfverwertungsanlagen. Z. V. deutsch. Ing. 1911 S. 210.
Gegendruckturbine der Gutehoffnungshütte. Zoelly-Entnahmeturbine. Regelung dieser Turbinen.

O. Lasche, Die Turbinenfabrikation der AEG. Z. V. deutsch. Ing. 1911 S. 1251.

Vigener, Abdampfgewinnung und -verwertung unter besonderer Berücksichtigung einer Brown-Boveri-Anzapfturbine von 2500 KW. Z. V. deutsch. Ing. 1913 S. 1152.
Bericht über seinen im Thüringer Bezirksverein gehaltenen Vortrag.

H. Büggeln, Neuerungen an den Kondensations- und Kessel-anlagen des Elektrizitätswerkes Straßburg i. E. Z. V. deutsch. Ing. 1914 S. 1295.
Vorrichtung zur Speisewasservorwärmung am Oberflächenkondensator einer 8000 KW.-Dampfturbine.

E. Blau, Erhöhung der Wirtschaftlichkeit von Dampfkraftanlagen durch Abdampf- und Zwischendampfverwertung.
Z. D. M. 1915 S. 79.

Wirkungsweise des Rateauschen Wärmespeichers. Erklärung des
Prinzipes der Abdampf- und der Zweidruckturbine. MAN-Zweidruck-
turbine mit Rateauscher Steuerung. Bergmann-Zweidruckturbine.
Versuchsergebnisse von Abdampf- und Zweidruckturbinen. Vorteile
der Zwischendampfentnahme zu Heizzwecken. MAN-Gegendruck-
und Anzapfturbine. Versuchsergebnisse von Anzapfturbinen.

B. Schapira, Neuere Entwicklung des Dampfturbinenbaues.
Z. D. M. 1916 S. 169.

Dampfverbrauchsverhältnisse bei der Anzapf- und der Zweidruckturbine. AEG.-Gegendruckturbine, Brown-Boveri-Gegendrucktur-
bine, Melms & Pfenninger-Zweidruckturbine, Brown-Boveri-Anzapfturbine, Oerlikon-Kleinturbine, Anzapf-, Zweidruck- und Kleintur-
binen der British Thomson Houston Co., Kienast-Kleinturbine, Westing-
house-Kleinturbine, Imle-Kleinturbine, Kondensation, rotierende Luftpumpen, Strahlapparate.

E. Josse, Neue Abwärmeverwertung bei Dampfturbinen zur Erzeugung von Zusatzspeisewasser, destilliertem Wasser, zum Eindampfen
usw. Mitt. Ver. El. W. 1919 S. 90. Z. ges. Turb.-Wes. 1919 S. 49.

Dampfturbinenkonstruktionen der Maschinenfabrik Oerlikon.
Schw. El. Z. 1919 S. 89.

Regulierung der Bergmann-Anzapfturbinen. Z. ges. Turb.
1919 S. 204.

3. Zur Frage der Dampf- und Dampfwasserentölung.

Der Zwischen- und Abdampf der Turbinen ist bis auf verschwindende
Spuren, die meist jede Behandlung des Dampfes unnötig machen, frei
von Öl. Dagegen ist der Abdampf von Kolbenmaschinen, Dampf-
hämmern, Pressen usw. mit dem zur Schmierung der Zylinderlaufflächen,
Schieberflächen und Stopfbüchsen verwendeten Öl verunreinigt. Für
die Weiterverwendung des Dampfes ist seine Entölung oft erwünscht,
ja wegen der verschmutzenden Wirkungen des Öles und seiner Rückstände ist die Frage der Dampfreinigung im Gebiete der Zwischen- und
Abdampfverwertung von einer gewissen Bedeutung.

Die Schädlichkeit des im Dampf enthaltenen Öles ist eine mehrfache. Es verlegt die Dampfwege, verschmutzt die Wärmeübertragungsflächen, ruft auf ihnen Anfressungen hervor und erschwert den Wärmeaustausch. Die letztere Tatsache wird zwar in der Regel am meisten
betont, ist aber in Wirklichkeit verhältnismäßig am unwesentlichsten.
Vor allem ist es nicht gleichgültig, auf welcher Seite der Heizfläche der

Ölbelag entsteht. Wird z. B. durch dampfbeheizte Rohre Braunkohlenpulver erhitzt, so schadet die Ölablagerung auf der Dampfseite fast gar nicht, da trotz der isolierenden Wirkung des Öles die Wärme immer noch ganz erheblich leichter vom Dampf durch das Öl auf die Wandung übergeht, als von dieser an das Braunkohlenpulver, Die Wandungstemperatur und damit das für den Trocknungsprozeß maßgebende Wärmegefälle Wandung-Braunkohle bleiben hoch. Der Widerstand, den die Wärme auf ihrer Wanderung findet, wird durch das Öl nur unwesentlich erhöht. Anders liegt der Fall, wenn z. B. durch gaserfüllte Heizrohre Wasser erhitzt werden soll und sich ein Ölbelag auf der Wasserseite bilden kann. Es wird behauptet, daß eine 0,5 mm starke Ölschicht in der isolierenden Wirkung einer 5 mm starken harten Kesselsteinschicht ungefähr gleichkommt. Eine so starke Ölschicht dürfte aber sehr selten zustande kommen. Da jedoch die Wärmeleitfähigkeit des Öles nur ungefähr 100 Kal. beträgt, so genügen schon geringere Ölschichten, um unter bestimmten Voraussetzungen bemerkbar zu werden. In diesem zweiten Fall hindert die Isolierschicht den Wärmeübergang von der Wandung an das Wasser, erhöht dadurch die Wandungstemperatur und verringert den stark ins Gewicht fallenden Temperaturunterschied zwischen Wandung und Heizgasen. Auf diesen kommt es bei dem schlechten Wärmeübergangskoeffizienten Gas-Wandung aber besonders an. Doch ist selbst in diesem ungünstigen Fall die isolierende Wirkung des Ölbelages nicht zu überschätzen. Claassen hat auf der Oberfläche mehrerer Heizrohre eines Verdampfapparates der Zuckerfabrikation nach längerer Betriebszeit einen Ölbelag von $^{5}/_{1000}$ bis $^{5}/_{10000}$ mm gefunden. Die dickere Schicht war nur an wenigen, dem Dampfeintritt zunächstliegenden Rohren festzustellen. Sie entspricht in der Wirkung etwa einer Eisenwand von 2,5 mm Dicke, die dünnere Ölschicht gar nur einer solchen von 0,25 mm. Da die Zahl der Rohre, die das in Tröpfchenform in den Heizraum gelangende Öl auffangen, nicht groß ist, so kann, schließt Claassen, die Verringerung der Gesamtleistung der Heizfläche durch den Ölgehalt des Abdampfes praktisch kaum in Betracht kommen. Empfindlicher sind die Trommeln der Papiermaschinen, in welchen sich schon geringer örtlicher Ölbelag durch ungleichmäßige Trocknung der sehr dünnen Papiermasse und Ausbeulung der Papierbahn schädlich bemerkbar machen kann.

Eine sorgfältige Entölung des Zwischen- und Abdampfes empfiehlt sich jedoch in den meisten Fällen schon deshalb, weil das zurückgewonnene Zylinderöl — etwa 80 $^0/_0$ des aufgewendeten Öles — wieder zu untergeordneten Zwecken, z. B. für Transmissionslager Verwendung finden kann und durch die Abdampfentölung der häßlichen Verschmutzung von Dächern und Gebäudemauern durch den gelegentlich auspuffenden Dampf vorgebeugt wird.

Die Wirkungsweise der Abdampfentöler beruht darauf, daß man den ölhaltigen Dampf in feine Streifen zerlegt und einem öfteren Richtungswechsel aussetzt, wobei das Öl, welches erheblich zäher und rund 1500 mal spezifisch schwerer ist als Dampf von 1 Atm. abs. durch Abstreifen an Flächen und Kanten infolge der Adhäsionswirkung oder durch Stoß- und Zentrifugalkräfte infolge des Beharrungsvermögens zur Abscheidung kommt. Der Druckverlust des Dampfes von Kondensatorspannung darf im Entöler 2 cm Quecksilbersäule = 0,026 Atm. nicht überschreiten. Dampf von höherer Spannung darf im richtig gebauten Entöler keine 5 $^0/_0$ Druckverlust erleiden. Die Entöler müssen

Fig. 111. Öl- und Wasserabscheider einer 7000 PS-Dampfmaschine.

so gebaut sein, daß das einmal abgeschiedene Öl nicht wieder vom Dampfstrom mitgerissen wird. Auf leichte und schnelle Reinigunsgmöglichkeit der Apparate ist besonders zu achten.

Die Wirksamkeit der verschiedenen Konstruktionen zu kritisieren ist um so undankbarer, als die Erfahrung bewiesen hat, daß ein- und dieselbe Bauart sich unter anscheinend gleichen Verhältnissen recht verschieden bewähren kann, ohne daß zurzeit allgemein gültige Regeln aufgestellt werden können. Jede der bekannteren Firmen, die sich mit dem Bau von Entölern befassen, kann Fälle nachweisen, wo sie „Ölabscheider der Konkurrenz durch ihre Apparate zur vollsten Zufriedenheit der Abnehmer ersetzte".

Irreführend ist das Vorgehen mancher Firmen, in ihren Prospekten die Entölung in Prozenten des Ölgehaltes vor dem Abscheider anzugeben. Ist der Ölgehalt vor dem Abscheider sehr hoch, so kann wohl eine Entölung von „99,56 $^0/_0$" erreicht werden. Praktisch hat diese Paradeziffer nicht viel zu bedeuten, da naturgemäß bei sehr hohem Ölgehalt des Dampfes vor dem Abscheider auch eine prozentual sehr hohe Entölung stattfinden wird.

Eberle hat mit einer Reihe von Entölern Versuche angestellt und kommt zu folgendem Schluß:

„Nach den Versuchsergebnissen kann mit den zurzeit bekannten Apparaten auf eine Entölung von 10 bis 15 g Öl auf 1000 kg Wasser gerechnet werden. Entöler, die dieser Bedingung unter allen Umständen, d. h. für gesättigten und überhitzten Dampf mit den verschiedensten Drücken und des Auspuffdampfes von Gegendruck bis zur Luftleere genügen, müssen nach dem jetzigen Stand der Dampfentölertechnik als befriedigend bezeichnet werden.

Diese Entölung auf 10 bis 15 g Öl auf 1000 kg Dampfwasser wird für viele Zwecke vollkommen genügen. Wenn der Entöler nur die Aufgabe hat, das Öl zurückzugewinnen, wird sich im allgemeinen auch schon bei diesem Grad der Entölung die Einrichtung des Entölers aus den Ersparnissen rechtfertigen lassen. Sollen Heizflächen, die der Abdampf nach der Entölung bestreicht, tunlichst von Öl freigehalten werden, so wird in sehr vielen, wenn nicht in weitaus den meisten Fällen eine solche Entölung den Bedürfnissen entsprochen.

Als nicht genügend kann eine solche Entölung für die Verwendung des Dampfwassers zur Kesselspeisung bezeichnet werden. Hier ist ein vorhergehendes Durchläutern des Wassers durch geeignete ausgebildete und entsprechend bemessene Filter vor der Speisung unerläßlich.“

Wo eine ungenügende Entölung eintritt, liegt die Ursache häufig nicht im Entöler, sondern in der Zusammensetzung des Öles, in der Ausführung der Zylinderschmierung oder im Dampfzustand vor der Maschine.

Bei den Überhitzungsgraden über 300^0C und dem verbreiteten Verfahren, dem heißen Dampf das Schmieröl vor Eintritt in den Zylinder zuzuführen, geht ein Teil des letzteren in Dampfform über und kann daher aus dem Abdampf nicht wieder entfernt werden, da der Entöler nur flüssiges Öl abscheidet. Eine Verbesserung liegt darin, daß man die Lauffläche des Kolbens am Hubende oder in Zylindermitte schmiert, wo schon eine wesentlich niedrigere Temperatur herrscht als im Dampfzuleitungsröhr oder in den Ventilkästen. Auch kann man es sich bei Verwertung des Abdampfes meist versagen, mit der Überhitzung bis an die Grenze zu gehen, da bei dem hohen wirtschaftlichen Wirkungsgrad der Abdampfverwertung es auf einige Prozent mehr oder weniger Dampfverbrauch nicht ankommt. Nebenbei sei noch erwähnt, daß die hohen Überhitzungsgrade auch die Lebensdauer der Überhitzer ungünstig beeinflussen. Die Schwierigkeit der Entölung des wenn auch nur schwach überhitzten Zwischendampfes rührt wahrscheinlich daher, daß sich die Ölteilchen wohl leicht den Wasserteilchen des nassen Dampfes beigesellen und mit diesen abgeschieden werden, wo aber solche fehlen, länger im Dampf schwebend bleiben.

Schließlich kann auch der Fall eintreten, daß der Entöler zu klein ist, so daß das abgeschiedene Öl leicht wieder vom Dampfstrom mitgerissen wird. Man bringt dann wohl zwei Entöler hintereinander an. Nur zu häufig wird durch die Schmierpressen viel zu viel Öl in die Zy-

linder eingeführt. Fälle, wo das Fünf- bis Zehnfache der nötigen Öl-
menge aufgewendet wird, kommen vor[1]).

Allgemeingültige Regeln für die Menge des nötigen Schmieröles
lassen sich nicht aufstellen, vielmehr ist dieselbe jedesmal durch Aus-
probieren festzustellen, was allerdings große Sorgfalt beim Versuch
voraussetzt.

Anhaltspunkte bieten die Ermittlungen Hilligers über den spar-
samen Ölverbrauch verschiedener Dampfmaschinengattungen.   In
Fig. 112 sind diese Werte zusammengestellt. Der höhere Ölverbrauch
der Gleichstrom-
maschinen ist be-
gründet in ihrem
schweren Kolben
und langen Zylin-
der, welche eine
reichliche Schmie-
rung verlangen und
in den Auslaß-
schlitzen, an wel-
chen das Schmieröl
vom Kolben leicht
abgestreift wird.

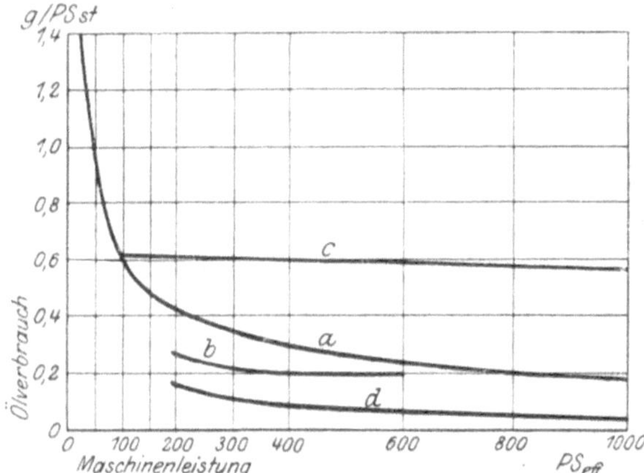

Fig. 112. Ölverbrauch für Dampf- und Stopfbüchsen-
schmierung nach Hilliger.

Bei Auspuff-
maschinen wird der
Entöler in die Ab-
dampfleitung der
Maschine eingebaut. Das aus dem Entöler ablaufende Öl-Wasser-
gemisch fließt einem Ölrückgewinner zu. Das Öl wird in dieser Vorrichtung vom Wasser getrennt, gereinigt und filtriert. Arbeiten die
Maschinen mit höherem Gegendruck oder handelt es sich um Zwischendampf, dann schaltet man, um Dampfverluste zu vermeiden, zwischen
den Entöler und den Ölrückgewinner einen Kondenstopf ein. Die Kondenstöpfe dürfen sich durch Öl nicht zusetzen und müssen während
des Betriebes durchgeblasen werden können. Apparate mit Schauglas,
bei denen man von außen erkennen kann, ob sie richtig arbeiten oder
verstopft sind, sind zu empfehlen.

Bei Kondensationsmaschinen wird der Entöler zwischen Niederdruckzylinder und Vorwärmer eingebaut. Da der Apparat alsdann

---

[1]) Vgl. Zeitschr. Ver. deutsch. Ing. 1910, S. 144, 415, 656, sowie
den Ausspruch eines amerikanischen Praktikers: The worst trouble with
oil in the exhaust steam is due to the fact, that the average engineer
uses a great deal more oil than there is any need of, sometimes several
times as much.

unter Luftleere steht, muß das Ölwasser durch eine Pumpe aus dem Entöler herausgeschafft werden.

Bei Beachtung folgender Gesichtspunkte: Verwendung guten Zylinderschmieröles mit hoher Verdampfungstemperatur, Wahl einer nur mäßigen Anfangsüberhitzung (270 bis 300 °C), richtige Anordnung der Ölzuführung, sparsame Schmierung, Verwendung nicht mehr überhitzten Zwischen- und Abdampfes, kann durch einen richtig gebauten und gewarteten Dampfentöler eine für fast alle Fälle ausreichende Entölung erzielt werden. Nur bei unmittelbarer Dampfkochung, z. B. in der Färberei, Papierfabrikation, in der chemischen und Nahrungsmittelindustrie sind oft schon Spuren im Öl so schädlich, daß man die Turbine mit ihrem ölfreien Abdampf wählen muß.

In Fällen, wo die Warmwasserbereitung durch unmittelbare Dampfeinströmung erfolgt, oder wo das Dampfwasser bzw. das Wasser aus einer Einspritzkondensation Verwendung finden soll, kann es notwendig werden, das Öl aus dem Wasser abzuscheiden. Im Dampfkessel wird das Öl vom Betriebsleiter bekanntlich sehr ungern gesehen. Mit Öl vermischter Schlamm oder Kesselstein wirkt stärker isolierend als Öl allein und schon eine Schicht von 1 mm dieses Ansatzes ruft derartige Wärmestauungen im Blech hervor, daß es schwach rotwarm wird und in seiner Festigkeit erheblich nachläßt. Kessel, die mit ölhaltigem Kondensat gespeist werden, sind regelmäßig nach 4- bis 6-monatlicher Betriebszeit zu reinigen.

Die Entfernung des Öles aus dem Kondensat erfolgt auf chemischem, elektrolytischem und auf mechanischem Weg. Das erstere Verfahren kann auch dazu benützt werden, verunreinigte Vorwärmer, Heizkörper usw. von Ölbelag zu säubern und beruht darauf, das Öl durch eine Lösung von Soda und Pottasche zu verseifen und dadurch in Lösung zu bringen. Es ist nur auf vegetabilische und animalische Öle und Fette anwendbar. Bei mineralischen Ölen, wie man sie fast ausschließlich zur Zylinderschmierung benutzt, versagt es, da dieselben weder verseift werden können noch sonst von alkalischen Basen angegriffen werden.

Die mechanische Trennung von Öl und Wasser erfolgt nach dem Gesetz der Schwere, da Öl etwa 0,9 mal so schwer ist als Wasser und sich aus einer ruhig stehenden Mischung oben ausscheidet. Allerdings geht dieser Prozeß sehr langsam vor sich. Von Wichtigkeit ist es, den Wasserbehälter sehr groß zu bemessen, damit in ihm das ölhaltige Wasser praktisch zur Ruhe kommt. Das zurückbleibende Wasser ist im allgemeinen durchaus noch nicht technisch ölfrei, sondern bildet ein milchiges, opalisierendes Gemenge allerkleinster Ölkörperchen mit den Wasserteilchen. Bei bester Filterung enthalten 1000 l Wasser immer noch wenigstens 40 g Öl. Eine solche kolloidale Lösung enthält Ölteilchen bis zu $\frac{1}{4000}$ mm Durchmesser, die entweder durch eine elektrische Ladung oder durch eine sich bildende Oxydhaut verhindert werden, sich zu größeren, mechanisch angreifbaren Teilchen zu vereinigen. Eine Filtration durch Tuch verspricht erst nach Zusatz von Kalkmehl, Natriumkarbonat oder Tonerdesulfat, welche das Öl an sich reißen (flockig machen), einen vollen Erfolg.

Die Gerinnung der Öl-Wasseremulsion kann auch herbeigeführt werden dadurch, daß man das zu entölende Kondensat zwischen einer Anzahl platten- oder spiralförmiger Elektroden aus Eisen hindurch führt und dem elektrischen Gleichstrom aussetzt. Nach Verlauf weniger Tage wird die Stromrichtung im Elektrolyseur gewechselt. Der den Elektroden anhaftende Ölschlamm, bestehend aus zu schaumigen Flocken zusammengeballten emulgierten Ölteilchen, löst sich ab, steigt nach oben und kann hier abgeschöpft oder durch ein genügend groß bemessenes Filter abgesondert werden. Das Kondensat wird vorher durch Zusatz von etwas hartem Brunnen- oder Flußwasser, Kalkwasser oder Sodalösung für den elektrischen Strom besser leitend gemacht. Der Stromverbrauch beträgt 0,12 bis 0,20 KW. für das Kubikmeter Kondensat bei einer Stromstärke von 1 bis 2 Amp./cbm Ölwasser und 110 bis 120 Volt Spannung. Warmes Wasser läßt sich leichter entölen als kaltes. Mit guten Elektrolyseuren ist schon eine Entölung bis auf 0,05 g Öl in 1000 l Wasser bei ursprünglich 85 g Ölgehalt erreicht worden.

Einschlägige Literatur.

Versuche mit Dampfentölern. Z. V. deutsch. Ing. 1910 S. 1969
Z. bay. R. V. 1910 S. 207 und 1911 S. 34.

Die Entölung des Abdampfes. Z. D. M. 1912 S. 244.
Beschreibung des Dampfentölers von J. Thoren.

Petersen, Reinigung von Frisch- und Abdampf. Z. D. M. 1914
S. 528.
Beschreibung des Zentrifugalentölers und Entwässerers von Chr. Hülsmeyer.

Meuskens, Neuerungen und Verbesserungen auf dem Gebiet der Abdampfentölung. Z. D. M. 1915 S. 320. Braunk. 1915 Nr. 18.
An Hand von Abbildungen werden die Entölerkonstruktionen folgender Firmen beschrieben: Voran-Apparatebaugesellschaft, Hans Reisert, Scheibe & Söhne, Oskar Loss, Bühring & Wagner, Scheer, Franz Seifert, Schumann, Schiff & Stern, Herweg, Gebr. Körting, A. L. G. Dehne, J. Ehrhard und I. Thoren.

Vahle, Gewinnung von Öl und ölfreiem Kondensat aus Abdampf. Glückauf 1915 Nr. 17.

Elektrischer Kondenswasser-Entöler Bauart Reubold. Z. D. M. 1915 S. 168. Ges.-Ing. 1915 S. 346.

H. Winkelmann, Über Entöler und Entölerkonstruktuionen. Z. D. M. 1915 S. 141.
Beschreibung der Zylinderölabscheider von Bühring & Wagner, Oskar Loss, Franz Seifert, Arno Unger, Gebr. Körting, Scheer & Co., ferner der Apparate zur Aufbereitung des Ölwassergemisches von Eckard,

Bühring & Wagner, der Preßluftentöler von Chr. Hülsmeyer, der Maschinenfabrik Oberschöneweide, der Deutschen Niles-Werkzeugmaschinenfabrik, endlich der elektrischen Kondenswasserentöler von Halvor Breda und der Hannoverschen Maschinenfabrik.

Bamberg, Die elektrolytische Entölung des Kondenswassers. Schw. Bauz. 1916 II S. 50.
Nach seinem Vortrag im Magdeburger Bezirksverein.

Hilliger, Die Schmierung der Dampfmaschinen. Z. V. deutsch. Ing. 1918 S. 173; Z. D. M. 1917 S. 297; Dingler 1918 S. 122.
Angaben sparsamer Ölverbrauchszahlen in g/PS.-St. von Dampfmaschinen in Abhängigkeit von der Größe derselben und zwar für Schrauben- und Raddampfer, im Binnenverkehr, Gleichstromdampfmaschinen, Betriebsdampfmaschinen liegender und stehender Bauart, Schiffsmaschinen in der Hochseeschiffahrt.

H. Claassen, Die Einwirkung des Ölgehaltes des Abdampfes auf die Leistung der Verdampferheizfläche. Z. V. deutsch. Zuck.-Ind. 1919 S. 128.

4. Gasmaschinen.

Die Abwärme der Gasmaschinen ist zum Teil im Kühlwasser aus den Zylindermänteln und Deckeln, Kolben und Kolbenstange, zum anderen Teil in den abziehenden Abgasen enthalten. In Betracht kommen für Abwärmeverwertung besonders die mit Generator- oder mit Hüttengasen betriebenen Maschinen. Hüttengase sind das Hochofengichtgas und das Koksofengas.

Aus einem Hochofen von 250 t Tagesleistung oder 10 t/St. Koksverbrauch können in Gichtgasmaschinen nach Deckung von 2000 PS Eigenbedarf des Hochofenbetriebes an elektrischem Strom und Gebläsemaschinen noch rund 5500 PS Leistungsüberschuß erzielt werden. Die Wärmebilanz ist dabei etwa folgende:

Zahlentafel 35.

	%	%
Aus Koks erzeugte Wärme . . .		100
Wärmeverbrauch im Hochofen:		
Verdampfung	5	
Reduktion	24	
Strahlungsverlust	5	
Schlacke	14	
Eisen	4	52
Verlust im Winderhitzer		14
Maschinenbetrieb:		
Strom für Hochofenbetrieb ⎱ . .	9	
Gebläsemaschinen . . . ⎰		
Leistungsüberschuß	25	34
		100

Im Gichtgas ist also der vierte Teil des Wärmewerts des aufgewandten Brennmaterials enthalten. Hiervon wird in der Gasmaschine wiederum der vierte Teil in Nutzarbeit verwandelt, während bei Betrieb ohne Abwärmeverwertung die übrigen drei Viertel als Abwärme und Reibungsarbeit verloren gehen.

Das Gichtgas enthält brennbare Stoffe. die bei Zufuhr von Luft unter Zündtemperatur verbrennen und Wärme entwickeln. Es verhält sich also ähnlich wie das besonders erzeugte Generatorgas oder das Leuchtgas. Die Zusammensetzung des Gichtgases beträgt nach einigen Analysen:

Zahlentafel 36.

	Gewichtsprozente		
	I	II	III
Kohlendioxyd CO_2	12,09	10,92	5,8
Kohlenoxyd CO	25,48	32,72	30,8
Wasserstoff H_2	3,54	1,04	6,8
Stickstoff N_2	58,89	55,16	55,8
Methan NH_4	—	0,16	0,6
Sauerstoff O_2	—	—	0,2
	100	100	100

Der Heizwert des Gichtgases beträgt 750 bis 900 Kal./cbm.

Hochwertiger ist das Koksofengas. Eine Regenerativ-Koksofenbatterie erzeugt für 10 t/St. Kohlenverbrauch Koksofengase, die zur Gewinnung von ca. 2800 PS in Koksofengasmaschinen hinreichen. Die Wärmebilanz einer Batterie für etwa 200 t Tagesleistung läßt sich folgendermaßen ausdrücken:

Zahlentafel 37.

	%	%
Aus der Kohle erzeugte Wärme		100
Mit der vorgewärmten Luft zugeführt .		3
		103
Heizwert des ausgestoßenen Koks . . .		71—79
Strahlungsverluste der Koksöfen . . .		3
Verbrennungsverlust		5—3
Im Koksofengas enthalten:		
Verluste in Teer usw.	1—4	
Zur Koksofenheizung verwendet . . .	7—10	
Für Gasmaschinen verfügbar	6—7	14—21
Koksgrus im Generator verwertet:		
Generatorverlust	1	
Für Gasmaschinen verfügbar	3	4
		103

Etwa 9 bis 10 $^0/_0$ der Verbrennungswärme der Kohle stehen also für die Gasmaschine zur Verfügung und werden in dieser zu ein Viertel in Nutzleistung verwandelt, während drei Viertel in Form von Abwärme und Reibungsarbeit verloren gehen, falls die Abwärme nicht ausgenützt wird.

Die Zusammensetzung eines Koksofengases ist z. B.

Zahlentafel 38.

	Gewichts-prozente
CO_2	1,6
CO	4,6
H_2	52.2
N_2	9,4
CH_4	28,8
O_2	1,8
Schwere Kohlenwasserstoffe . . .	1,6
	100

Der Heizwert des Koksofengases ist je nach der Zusammensetzung sehr schwankend und liegt in der Regel zwischen 3500 und 4500 Kal./cbm.

Die Verwendung der Ofenabgase im Betrieb der Hüttenwerke ist eine vielfache. Man benützt sie zum Trocknen, Sintern, Brennen, Rösten, Glühen, Erhitzen, Schmelzen, Heizen und Anwärmen. Im Walzwerk werden sie in Tief-, Roll- und Stoßöfen verwertet. Die Nebenbetriebe, wie Zement- und Brikettfabriken, Kalkwerke, Ziegeleien, Anlagen zur Herstellung feuerfester Steine benützen sie ebenfalls. Für viele dieser Zwecke sind ebensogut die Abgase der Gasmaschinen zu verwerten.

Abgase von Puddelschweißöfen und Siemens-Martinöfen enthalten kaum noch irgendwelche brennbare Bestandteile. Sie sind deshalb nicht in Maschinen verwertbar und kommen lediglich mit ihrer Abhitze in Dampfkesseln, Lufterhitzern, Vorwärmern, Röstöfen usw. zur Nutzleistung.

Die Frage, ob es besser ist, die Gicht- und Koksofengase unter Dampfkesseln zu verbrennen und mit dem erzeugten Dampf Turbinen zu betreiben oder Gasmaschinen aufzustellen, wird meist im letzteren Sinn zu entscheiden sein. Im Einzelfall sind der Wärmeverbrauch der miteinander konkurrierenden Kraftmaschinen, der Wärmepreis, die Belastung der einzelnen Maschinen wie des ganzen Werkes und die Anlagekosten zu berücksichtigen.

Mit dem im Gasgenerator aus verschiedenen Brennstoffen, Anthrazit Braunkohle, Koksgrus, Torf, Gerberlohe usw. erzeugten Kraftgas wird die Generator- oder Sauggasmaschine betrieben. Die Wärmebilanz eines Generators stellt sich etwa folgendermaßen dar:

Zahlentafel 39.

	%	%
Aufgewandtes Brennmaterial		100
Verlust bei Abkühlung des heißen Gases	9 − 11	
„ durch Strahlung . . . . „	5 − 8	
„ „ Kondensation des Wasserdampfes . .	3 − 5	
„ „ Asche und Teer . . . . „	3 − 5	20 − 29
Für die Gasmaschine verfügbar		80 − 71
		100

Durch Vorwärmung der Einblaseluft lassen sich 6 bis 12 $\%$ der aufgewendeten Wärme wieder gewinnen, so daß in diesem Fall der Wärmewirkungsgrad des Generators 80 bis 85 $\%$ erreicht. Die Gasmaschine setzt rund ein Viertel der ihr zugeführten Wärme in Nutzarbeit um, drei Viertel erscheinen als Reibungs- und Abwärme.

Die Zusammensetzung eines Generatorgases, welches im Schichtgenerator aus Anthrazit unter Einblasen von Luft und Wasserdampf erzeugt wurde, ist z. B. folgende:

Zahlentafel 40.

	Gewichtsprozente	
$C O_2$	6,2	16,6
$C O$	32,2	25,6
H_2	1,3	1,9
$C H_4$	0,6	1,3
N_2	59,7	54,4
$C_2 H_4$	—	0,1
O_2	—	0,1
	100	100

Der untere Heizwert dieses Gases bei 15 ^{0}C und 1 Atm. abs. Druck ist 1198 bzw. 1204 Kal./cbm.

Die Wärmebilanz einer 50 PS-Generatorgasmaschine nach Versuchswerten bei Halblast und bei Vollast[1]) ist in Fig. 113 dargestellt. Der effektive thermodynamische Wirkungsgrad beträgt 19 bis $21^1/_2$ $\%$. Unter Berücksichtigung der Verluste im Generator ist der Gesamtwirkungsgrad der Anlage bei Halblast 12,5 bis 14 $\%$, bei Vollast 17 bis 17,8 $\%$. Die im Kühlwasser abgeführte Wärmemenge nimmt mit der Belastung der Maschine zu, der Wärmeinhalt der Abgase verhältnismäßig ab.

---

[1]) Z. V. deutsch. Ing. 1911, S. 892.

Hauptsächlich durch den Wettbewerb mit der Dampfkraft veranlaßt, hat man auch bei der Gasmaschine mit gutem wirtschaftlichen Erfolg zur Abwärmeverwertung gegriffen.

Das Kühlwasser verläßt die Großgasmaschine mit rund 40°C

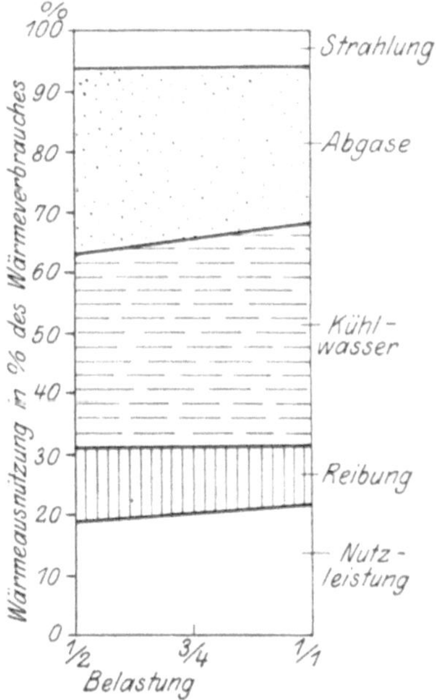

Fig. 113. Wärmeausnützung einer Generatorgasmaschine bei verschiedenen Belastungen. (Versuchswerte.)

Temperatur. Eine höhere Erwärmung läßt man im allgemeinen wegen der Möglichkeit von Vorzündungen nicht zu. Bei kleineren Einheiten bis zu etwa 100 PS sind 50 bis 55°C noch zulässig. Nach Versuchen, die in Nordamerika von J. B. Meriam gemacht wurden, beginnt die Dampfblasenbildung im Kühlmantel der Gasmaschinen bei 65°C Wassertemperatur. Die Dampfblasen bewirken

Zahlentafel 41.

Spalte	1	2	3	4	5	6	7	8	9	10
	Gasverbrauch	Heizwert des Gases	In Nutzarbeit umgesetzte Wärme	Reibungsarbeit	Kühlwassermenge	Kühlwasserablauftemperatur	Im Kühlwasser enthaltene Wärme	Temperatur der Abgase	In den Abgasen enthaltene Wärme	Gesamte nutzbare Abwärme, Kühlwasser und Abgase
Einheiten	cbm/PS-Std.	Kal./cbm	%*)	%*)	PS-Std.	°C	%*)	°C	%*)	%*)
Leuchtgasmotor	0,50—0,65	4500—6000	20—25	6—10	30—35	50—55	35—40	350—600	30—40	22+30=52
Koksofengasmaschine	0,8	3500—4500	20—25	6—10	30—40	35—40	35—40	400—500	30—40	16+26=42
Generatorgasmaschine	2—2,3	1100—1500	20—25	6—10	30—35	50—55	35—40	350—500	23—33	22+26=48
Gichtgasmaschine	2,8	750—900	22—28	6—10	30—40	35—40	30—35	400	28—36	15+22=37

*) In Prozent der der Maschine zugeführten Wärme und bei Vollast.

durch ihre isolierende Eigenschaft ein gefährliches Ansteigen der Temperatur der Zylinderwandung. Bei 93°C zeigt sich die ganze Fläche mit Bläschen bedeckt. Dagegen sind bei Verwendung von Druckwasser und hoher Kühlwassergeschwindigkeit noch Temperaturen von rund 120°C ungefährlich.

Die Abgase der Gasmaschinen haben beim Verlassen des Arbeitszylinders noch 350 bis 600°C Temperatur je nach Art, Größe und Belastung der Maschine. Sie bestehen im wesentlichen aus Kohlendioxyd, Stickstoff, Wasserdampf und Sauerstoff und enthalten Spuren von Öl, Ruß und zuweilen schwefliger Säure. In Fällen, wo die Abgase der Generatoren zur Erzeugung des einzublasenden Dampfes nicht verwendbar sind, weil sie teerhaltig sind und der Teer die Dampfkessel bald zulegen würde, finden die heißen Maschinenabgase zur Dampferzeugung Verwendung. Damit können sogar rund 25 °/o mehr Dampf gebildet werden, als z. B. zur Erzeugung des Mondgases benötigt wird. Die Abwärme der Gasmaschinen wird im übrigen verwendet für Warmwasserheizungen, zur Speisewasservorwärmung und für verschiedene Zwecke der Warmwasserbereitung und Dampferzeugung. Die Abwärme sinkt etwa proportional mit der indizierten Leistung. Der mechanische Wirkungsgrad der Gasmaschinen ist 58 bis 62 °/o bei Halblast und 68 bis 72 °/o bei Vollast.

Die Wärmeausnützung verschiedener Gasmaschinen ist in Zahlentafel 41 zusammengestellt. Die Zahlen dieser Zusammenstellung gelten für volle Maschinenbelastung; die prozentualen Angaben sind auf die den Maschinen zugeführten Wärmemengen bezogen.

Für die erzeugte Nutzpferdekraftstunde sind also im Kühlwasser und in den Abgasen folgende Wärmemengen enthalten und verwertbar:

Zahlentafel 42.

	Im Kühlwasser enthalten	In den Abgasen enthalten	Nutzbare Abwärme (15° C Wasser- und 150° C Gasendtemperatur)
	Kal.	Kal.	Kal.
Leuchtgasmaschine	1100	1050	1550
Koksofengasmaschine	1050	1050	1100
Generatorgasmaschine (bis 100 PS, darüber wie Koksgasmaschine) .	1100	850	1450
Gichtgasmaschine	800	650	900

Die Art und Weise der Verwertung der Abwärme der Großgasmaschinen läßt sich in drei Gruppen einteilen:

I.

Zahlentafel 43.

Ein Teil des warmen Kühlwassers dient als Speisewasser für Dampfkessel.	Die heißen Abgase erzeugen in den Kesseln hochgespannten Dampf von 8—15 Atm. Druck und 300—350° C Temperatur. Der Dampf wird in Maschinen bis zur Vakuumspannung ausgenützt.

Der Gasmaschine zugeführte Wärme = 100%.

Wärmeausnützung:

Aus dem Kühlwasser nutzbar gemacht = 2%.	Aus den Abgasen nutzbar gemacht = 24%.

%		%		%
Nicht ausgenütztes Kühlwasser . . . 30	Nutzleistung der Gasmaschine . . .	25	Abwärmeverlust der Dampfkraftmasch.	18
Abgasverlust . . . 13	Nutzleistung der		Reibung, Strahlung	2
Reibung, Strahlung 7	Dampfkraftmasch.	5		
50		30		20

Zusammen = 100%.

II.

Zahlentafel 44.

Ein Teil des warmen Kühlwassers dient als Speisewasser für Dampfkessel.	Die heißen Abgase erzeugen in den Kesseln hochgespannten Dampf von 8—15 Atm. Druck und 300—350° C Temperatur. Der Dampf wird in Auspuffmaschinen ausgenützt und hierauf für Heizzwecke verwendet.

Der Gasmaschine zugeführte Wärme = 100%.

Wärmeausnützung:

Aus dem Kühlwasser nutzbar gemacht = 2%.	Aus den Abgasen nutzbar gemacht = 24%.

%		%		%
Nicht ausgenütztes Kühlwasser . . . 30	Nutzleistung der Gasmaschine . . .	25	Reibung, Strahlung der Dampfkraftmaschine	2
Abgasverlust . . . 13	Nutzleistung der			
Reibung, Strahlung 7	Dampfkraftmasch.	2,5		
	Durch Abdampfverwertung gewonnen	20,5		
50		48		2

Zusammen = 100%.

III

Das gesamte Kühlwasser wärmt in Gegenstromvorwärmern Kesselspeisewasser vor.	Die Abgase werden im Dampfkessel zur Verdampfung des vorgewärmten Wassers verwendet.

Wärmeausnützung wie unter I oder II.

Von je 1 PS Leistung der Gasmaschine können mittels der Abgasverwerter 0,7 bis 0,8 kg Hochdruckdampf von 300 bis 350°C Überhitzung erzeugt werden, von der Leistung einer KW.-Stunde beträgt die Dampfleistung rund 1 kg.

Bei voller Ausnützung der Abwärme des gesamten Kühlwassers bis auf 15°C erhöht sich der wirtschaftliche Wirkungsgrad, der bei einer Anlage nach Fall I und II 30 bzw. 48 % beträgt, um weitere 30 %.

Einschlägige Literatur.

K. *Neumann,* Versuche an einer Generatorgasanlage. Z. V. deutsch. Ing. 1911 S. 892.
Versuchswerte der Wärmeausnützung im Gasgenerator und in der Gasmaschine.

Ausnutzung der Abwärme von Gasmaschinen. Z. D. M. 1912, S. 197.

O. *Semmler,* Beitrag zur Frage der Abwärmeausnützung bei Gasmaschinen. Dingler 1912 S. 37.
Allgemeines und Beschreibung einer Abwärmezentrale System Semmler.

Abwärmeverwertung bei Verbrennungskraftmaschinen. Z. V. deutsch. Ing. 1912 S. 1206.
Bericht über einen Vortrag von K. Kutzbach. Wärmeausnützung in den Verbrennungskraftmaschinen. Allgemeines über stehende und liegende MAN.-Abwärmeverwerter. Wirtschaftlichkeit.

Abwärmeverwertung bei Gasmaschinen. Z. D. M. 1913 S. 493. Z. V. deutsch. Ing. 1913 S. 1516.
Hinweis auf eine Abgas-Dampfkesselanlage in Verbindung mit Gasmaschinen. Die Kesselanlage ist in $1^3/_4$ Jahren aus den Ersparnissen abbezahlt.

C. *Endrich,* Ausnützung des Kühlwassers von Maschinenanlagen für Bade- und Heizungszwecke. Ges. Ing. 1913 S. 217.

K. *Rummel,* Die Gaswirtschaft auf Eisenhüttenwerken. Z. V. deutsch. Ing. 1914 S. 1153.

W. *Gentsch,* Über die Verwertung der Abwärme von Verbrennungsmaschinen in Turbinen. Z. ges. Turb. 1915 S. 385. Dingler 1916 S. 191.

Abwärmegewinnung bei Gasmaschinen. Z. D. M. 1915 S. 39.
Hinweis auf Versuche mit Druckkühlwasser und hoher Kühlwassergeschwindigkeit.

Kombinierte Gas- und Dampfmaschinen-Einheiten. Schweiz. Bauz. 1915 I S. 244.
Beschreibung einer Maschineneinheit, die aus einem zweizylindrigen Viertaktgasmotor und einer zweizylindrigen Verbunddampfmaschine von zusammen 6000 PS besteht. Die Abgase des Gasmotors werden zunächst in einen Zwischenüberhitzer geleitet, wobei ein Teil davon auch durch den Mantel des Hochdruckzylinders zur Verringerung der

Kondensationsverluste geführt wird. Hierauf gelangen sie in den Speisewasservorwärmer des Kessels, wo sie das mit einer Temperatur von 65 bis 80 °C dem Kühlmantel der Gasmotorzylinder entnommene Speisewasser auf etwa 120 °C erwärmen.

Gasgeneratoren mit als Dampfkessel ausgebildetem Kühlmantel. Z. d. Ver. d. Gas- und Wasserfachm. Öst.-Ung. 1915. Z. öst. Ing. Arch. V. 1915. S. 707.

W. Gentsch, **Die Verwertung der Abwärme von Brennkraftmaschinen für Kraftzwecke.** Z. V. deutsch. Ing. 1916 S. 982.

Abwärmeverwerter der Gasmotorenfabrik Deutz. Z. D. M. 1916 S. 150.

H. Witz, **Die Großgasmaschinen.** Z. D. M. 1916 S. 298.
Angaben über die Wärmeausnützung im Gasmaschinenbetrieb. Abwärmeverwertungsanlage Bauart MAN.

W. Gentsch, **Gasdampf.** Z. D. M. 1917 S. 89.
Hinweis auf Versuche, Wärmekraftmaschinen mit hohem thermischem Wirkungsgrad durch unmittelbare Mischung von Dampf und Gas zu schaffen. Verbindung von Gas- und Dampfkraftmaschinen durch Verwertung des Wärmeinhaltes der Abgase zur Dampferzeugung in Kesseln. Prinzip der W. Schmidtschen Abgasmaschine zum Antrieb eines Vorverdichters für die Verbrennungsluft von Gasmaschinen.

K. Kutzbach, **Das Gaskraftwerk der Zeche Bergmannsglück.** Z. V. deutsch. Ing. 1919 S. 515.
Die Auspuffgase von vier Gasmaschinen von je 2350 PS. gelangen durch gut gegen Ausstrahlung geschützte, in Stopfbüchsen bewegliche Rohre in Abwärmeverwerter, die als liegende Röhrenkessel ausgebildet sind, deren Dampf mit 7 Atm. Üb. und 350 °C in eine Nebenproduktenfabrik geht. Die Verwerter von zwei weiteren gleichen Maschinen erzeugen Dampf von 12 Atm. für das Dampfkesselrohrnetz der Zeche. Hinter dem Auslaßventil haben die Abgase etwa 500 °C, hinter den Verwertern 230 bis 250 °C, hinter dem Speisewasservorwärmer 180 bis 200 °C Temperatur. Aus den Abhitzeverwertern können die Gase unmittelbar über Dach ins Freie geführt werden. Rentabilität.

Die vereinigte Öl- und Dampfmaschine von Still. Z. V. deutsch. Ing. 1919. S. 813.
Der Grundgedanke des Still-Motors ist, die in den Auspuffgasen enthaltene Wärme zur Erzeugung von Dampf auszunützen, welcher in einem und demselben Zylinder mit dem Treiböl arbeitet. Auf die Oberseite des Kolbens wirkt die Explosion des Treiböles, während bei dem folgenden Kolbenhub der Dampf von unten wirkt. Dabei läßt sich auch die sonst in das Kühlwasser gehende Abwärme insofern ausnützen, als statt des Wassermantels ein Dampfmantel um den Zylinder gelegt wird, und die Wärme der Explosionsgase dazu dient, den Dampf, bevor er zur Arbeit in den Zylinder gelangt, zu überhitzen. Die Leistungssteigerung der Gasmaschine durch die Abwärmeverwertung beträgt 20 bis 30 %.

5. Dieselmaschinen.

Wärmeträger bei den Verbrennungskraftmaschinen, wozu der Dieselmotor zählt, sind die Verbrennungsprodukte aus der chemischen Vereinigung des in die Maschine eingeführten Brennstoffes mit atmosphärischer Luft. Der grundsätzliche Unterschied gegenüber den Dampfkraftmaschinen liegt in der Art des Wärmeträgers — hier Gase mit hohem Druck und hoher Temperatur, aber geringer spezifischer Wärme — dort Dampf von relativ niedriger Temperatur, aber hoher latenter Wärme. Auch für die Beurteilung der Verbrennungskraftmaschinen als Heizungskraftmaschinen ist dieser Unterschied grundlegend.

Das Arbeitsvermögen der Verbrennungsgase liegt in ihrem hohen Druck begründet; sind sie entspannt, so ist ihr Arbeitsvermögen praktisch erschöpft, wenn ihre Temperatur auch immer noch hoch ist.

Nach Diesel kommen für die Dieselmaschinen als Brennstoffe in Betracht:

Die rohen Erdöle, ihre Destillate und Rückstände, also Naphta, Gasöl, Masut, Gasölteer;

Schieferöle;

Derivate der Braunkohlendestillation: Solaröl, Paraffinöl;

Derivate der Steinkohlendestillation: Kreosotöl, Anthrazenöl, Teer;

Pflanzenöle: Erdnußöl, Rhizinusöl;

Tierische Öle: Fischtran;

Künstlich erzeugte Kohlenwasserstoffe: Spiritus.

Der Preis dieser Brennstoffe ist je nach dem örtlichen Vorkommen, der Besteuerung usw. großen Schwankungen unterworfen.

Die Wärmezufuhr zum Dieselmotor setzt sich aus drei Posten zusammen, von welchen der erste weitaus überwiegt, nämlich:

1. durch den eingeführten Brennstoff. Bei S kg/St. Brennstoffverbrauch von H Kal. Heizwert beträgt die stündlich zugeführte Wärme $S \times H$ Kal.

2. durch die verdichtete Einspritzluft, deren potentielle Energie pro 1 kg Brennstoffverbrauch gleich ist:

$$\frac{N_p}{S} \times 632 \text{ Kal.,}$$

worin N_p die von der Luftpumpe verbrauchte Arbeit in PS ist. Diese Luftpumpenarbeit in PS gemessen beträgt nach Versuchen

Zahlentafel 45.

bei einer Motorgröße von	15	70	250 PS
und Vollast rd.	12	6	7,5
$3/4$ Last ,,	21	7	10
$1/2$ Last ,,	27	8,5	13

Prozent der Nutzleistung der Maschine.

3. Schließlich wird noch Wärme mit der in den Zylinder eingesogenen Verbrennungsluft zugeführt. Die Luftmenge pro kg Brennmaterial beträgt

$$J = 14{,}5 \times \alpha,$$

worin α der aus der Gasanalyse bestimmbare Luftüberschußgrad ist,
nämlich

$$\alpha = \frac{1}{1 - \dfrac{79 \times O}{21 \times N}}.$$

Der Wert von α beträgt bei Normallast etwa 2,1

$$\text{„ } {}^3/_4 \text{ Last } \quad \text{„ } 2{,}5$$
$$\text{„ } {}^1/_2 \text{ Last } \quad \text{„ } 3{,}0.$$

Nehmen wir die Zusammensetzung der Luft gleich $0{,}23\ O +$
$0{,}7627\ N + 0{,}0005\ CO_2 + 0{,}0068\ H_2O$ und bezeichnen wir mit c_1 bis
c_4 die spezifische Wärme des Sauerstoffes, Stickstoffes usw. und mit t
die Temperatur der eingesogenen Luft, so sind mit derselben

$$[(0{,}23 c_1 + 0{,}7627 c_2 + 0{,}0005 c_3 + 0{,}0068 c_4)\ J \times t + 0{,}0068 \cdot J \cdot 637]\ \text{Kal.}$$

eingetreten.

Die zugeführte Gesamtwärmemenge wird teils für indizierte Arbeit
verbraucht, teils von den Abgasen und dem in ihnen enthaltenen
Wasserdampf fortgetragen, teils von dem die Arbeitszylinder und Deckel
abkühlenden Wasser aufgenommen. Der Rest geht durch Strahlung
verloren.

Die aus 1 kg Brennmaterial in indizierte Arbeit verwandelte
Wärmemenge beträgt:

$$\left[\frac{N_i}{S} \cdot 632\right]\ \text{Kal.}$$

Die pro 1 kg Brennstoffverbrauch an das Kühlwasser abgegebene
Wärmemenge ist:

$$\frac{Q\ (t_1 - t_2)}{S}\ \text{Kal.,}$$

wobei Q die stündlich verbrauchte Wassermenge in kg,

$\quad t_1$ die Anfangstemperatur des Kühlwassers und

$\quad t_2$ die Endtemperatur „ „

bedeutet.

Mit den Abgasen von T^0C Temperatur werden pro 1 kg Brennstoffverbrauch abgeführt:

$$[c_1\ O + c_2\ N + c_3\ CO_2]\ T\ \text{Kal.,}$$

während im Wasserdampf enthalten sind:

$$(c_4\ T + 637) \times H_2O\ \text{Kal.,}$$

wobei O, N, CO_2, H_2O die Gewichte der einzelnen Gase bzw. des Wasserdampfes pro kg Brennstoffverbrauch und c_1 bis c_4 die entsprechenden spezifischen Wärmen sind.

Die meist verwendeten Brennstoffe der Dieselmaschinen haben folgende Zusammensetzung in Gewichtsprozenten und Heizwerte in Kal./kg:

Zahlentafel 46.

	C	H	N+O	S	Heizwert
Pechelbronner Rohöl	86	12	1,2	0,8	9865
Hannoveraner Rohöl	86,5	11,6	0,7	1,2	9878
Galizisches Rohöl . .	86,5	13	0,2	0,3	10151
Rumänisches Rohöl .	86,8	12,1	0,7	0,4	9812
Mexikanisches Rohöl	83	11	1,7	4,3	8487
Patagonisches Rohöl	86,5	12	1,2	0,3	8940
Pechelbronner Gasöl	85,7	12,7	0,9	0,7	10120
Wietzer Gasöl . . .	86,7	12,8	0,02	0,3	9990
Rumänisches Gasöl .	86,6	12,1	0,7	0,6	9990
Galizisches Gasöl . .	86,4	12,8	0,4	0,4	10164
Mexikanisches Gasöl	85,1	11,5	1,3	2,1	10035
Solaröl	85,5	12,3	1,4	0,8	9980
Paraffinöl	85,9	11,6	1,0	1,5	9800
Steinkohlenteeröl . .	90	7	2,94	0,06	9100
Koksofenteer	91,1	5,3	1,6	2,0	8500
Vertikalofenteer . .	89,5	6,6	3,35	0,55	8500
Schrägofenteer . . .	90,2	5,9	3,4	0,5	8300

Bei einer Zusammensetzung des Brennstoffes aus

$$0,8682\, C_2 + 0,1317\, H_2 + 0,0001\, O_2$$

enthalten die Abgase pro kg Brennstoffverbrauch:

$$O_2 \quad \text{kg:} \quad 0,0005\, J + 3,1834$$
$$N_2 \quad ,, \quad\quad 0,7627\, J$$
$$CO_2 \quad ,, \quad\quad 0,2300\, J - 3,3687$$
$$H_2O \quad ,, \quad\quad 0,0068\, J + 1,1853$$

zusammen: $\quad (J + 1)$ kg

Die spezifischen Wärmen von O_2, N_2, CO_2 und H_2O sind:

$$c_1 = 0,209 + 0,000\,044\, T,$$
$$c_2 = 0,239 + 0,000\,050\, T,$$
$$c_3 = 0,189 + 0,000\,095\, T,$$
$$c_4 = 0,410 + 0,000\,206\, T.$$

Mit Hilfe einer Rechnung auf dieser Grundlage ist es möglich, die Wärmebilanz einer Dieselmaschine aufzustellen, sobald der stündliche Brennstoffverbrauch S, die Temperaturen t, t_1, t_2 und T, sowie der Heizwert und die chemische Analyse des Treiböles bekannt sind.

Versuchsergebnisse eines Motors von 250 PS Leistung sind im Folgenden als Beispiel gegeben:

(Zahlentafel 47.)

Wärmebilanz eines 250 PS Dieselmotors bezogen auf 1 kg Treibölverbrauch.

Indizierte Maschinenbelastung	$^1/_2$	$^3/_4$	$^1/_1$	$^6/_5$
Mit dem Brennstoff zugeführt Kal.	10876	10876	10876	10876
Mit der Zerstäubungsluft zugef. „	122	112	125	102
Mit der Saugluft zugeführt „	177	190	235	143
Mit dem Wasserdampf zugef. „	106	118	142	98
Insgesamt zugeführt „	11281	11296	11378	11219
In indiz. Leistung verwandelt Kal.	4280	4380	4290	4160
Mit dem Kühlwasser abgeführt „	3080	2660	2400	2160
Mit den Abgasen abgeführt „	2470	2585	3145	3130
Mit dem Wasserdampf abgef. „	1180	1180	1165	1300
Strahlung und Restglied „	271	491	378	489
Insgesamt abgegeben „	11281	11296	11378	11219

Der mechanische Wirkungsgrad der Dieselmaschinen beträgt bei $^1/_2$ Last 58 bis 64 %, bei $^3/_4$ Last 68 bis 73 %, bei Vollast 74 bis 78 %.

Die Wärmeausnützung von Dieselmaschinen verschiedener Größen ist in Zahlentafel 48 und in den Diagrammen Fig. 114 bis 118 dargelegt.

Der effektive thermodynamische Wirkungsgrad ist am größten (33 %) bei etwa 100 PS Zylinderleistung und nimmt bei geringerer und größerer Leistung ab (auf etwa 30 %). Der indizierte thermodynamische Wirkungsgrad sinkt von 44 % beim Kleinmotor auf 37 % bei der Großdieselmaschine. Die Beträge für Luftpumpenarbeit und Reibung nehmen mit der Maschinen- bzw. Zylindergröße von rund 14 auf 8 % ab. Die Abwärmemenge nimmt mit steigender Maschinengröße zu, und zwar besonders der Anteil der im Kühlwasser enthaltenen Abwärmemenge. Der Schnelläufer hat einen schlechteren effektiven und indizierten thermodynamischen Wirkungsgrad als die Maschine mit normaler Tourenzahl; die Abgastemperaturen sind höher.

Der Einfluß der Belastung ist bei allen Maschinengrößen und Umdrehungszahlen gleich. Mit sinkender Belastung nehmen die Abgastemperaturen zu, die verhältnismäßige Wärmeabführung durch die Abgase jedoch ab. Die Wärmeableitung durch das Kühlwasser bleibt fast gleich, die Reibungsverluste wachsen; der indizierte thermodynamische Wirkungsgrad nimmt zu, der effektive ab.

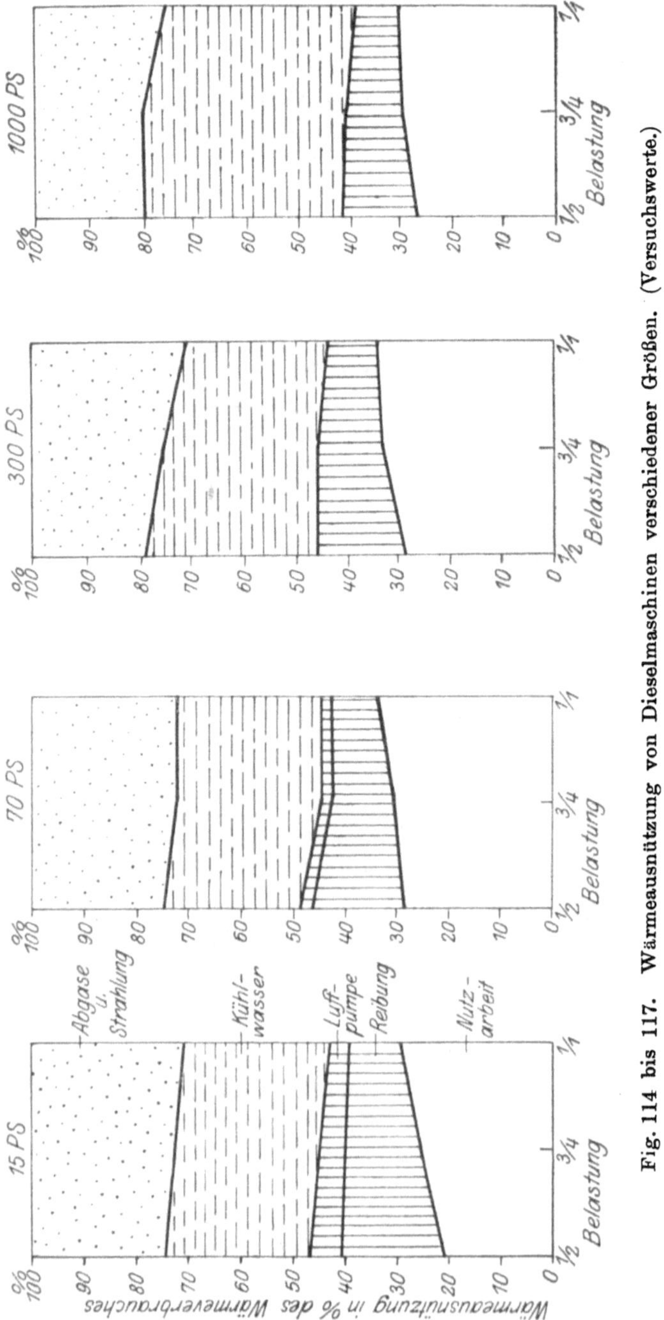

Fig. 114 bis 117. Wärmeausnützung von Dieselmaschinen verschiedener Größen. (Versuchswerte.)

Zahlentafel 48.

Wärmeausnützung in Dieselmaschinen.

Quelle		Z.V. deutsch. I. 1914, S. 1049			Z.V. deutsch. I. 1911, S. 1339			Z.V. deutsch. I. 1911, S. 591			Z.V. deutsch. I. 1912, S. 458			Z.V. deutsch. I. 1914, S. 1291		
Maschinengröße	PS norm.	15			70			250			300			1000		
Zylinderanzahl		1			1			4			3			4		
Tourenzahl/Min.		230			170			350			160			125		
Nutzbelastung		0,50	0,75	1,00	0,54	0,80	1,12	0,59	0,74	1,00	0,39	0,74	0,97	0,51	0,75	1,00
Wärmeverbrauch	Kal./PS-St.	2830	2510	2280	2210	1970	1900	2380	2390	2285	2360	1940	1890	2423	2174	2143
Kühlwasserverbrauch bei 10° u. 70° C Grenztemperaturen	kg./PS-St.	16	13,2	11,2	9,1	9,0	8,8	10,5	9,8	9,2	13,6	—	8,6	15,3	14,1	13,4
Abgastemperaturen	°C	—	—	—	247	298	371	290	350	420	290	390	497	195	235	295

Aus den Fig. 114 bis 118 ist zu entnehmen, daß pro Nutzpferdekraftstunde je nach der Maschinengröße bei normaler (voller) Maschinenbelastung 530 bis 770 Kal. durch das Kühlwasser und ca. 530 Kal.
durch die Abgase abgeführt werden. Die im Kühlwasser enthaltene Wärme kann je nach der unteren Temperaturgrenze mehr oder minder restlos ausgenützt werden, die Ab- wärme der Abgase mit Rücksicht auf die Vermeidung der Kondensation des in ihnen enthaltenen Wasser- dampfes zu rund 70 %, d. h. in einem Betrag von rund 350 Kal./PS-St. Insgesamt sind also 900 bis 1100 Kal./PS-St. Abwärme gewinnbar. Zum Vergleich mit anderen Wärme- kraftmaschinen sind die Fig. 114 bis 118 neben die Fig. 66, 68, 70, 113 und 120 zu stellen. Der wärmetech- nische Wirkungsgrad von Diesel- maschinenanlagen mit Abwärmeaus- nützung erreicht bei Normalbelastung Beträge von etwas über 80%. Davon treffen 30 bis 33 % auf Krafterzeu- gung und rund 50 % auf Abwärme- gewinnung.

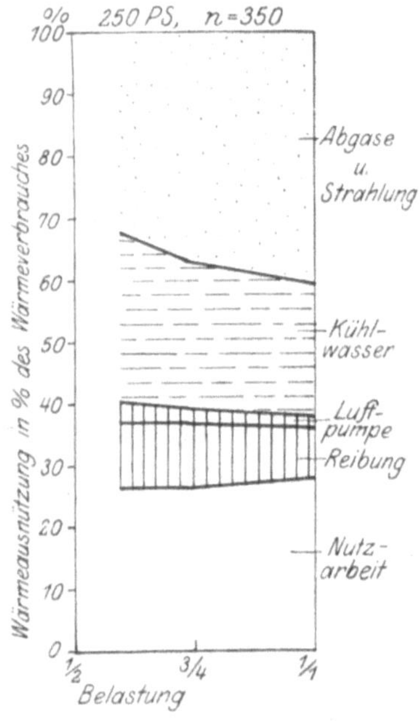

Fig. 118. Wärmeausnützung einer
250 PS-Dieselmaschine, Schnelläufer
mit n = 350. (Versuchswerte.)

Einschlägige Literatur.

Seiliger, Thermodynamische Untersuchung schnellaufender
Dieselmotoren. Z. V. deutsch. Ing. 1911 S. 591. Berichtigung
1912 S. 241.

M. Hottinger, Die Wärmeausnützung bei Dieselmotoren. Z. V.
deutsch. Ing. 1911 S. 673. Z. bay. R. V. 1912 S. 241.
Versuche mit einem Sulzerschen Abgasverwerter älterer Bauart.

A. Nägel, Die neuere Entwicklung der ortsfesten Ölmaschine.
Z. V. deutsch. Ing. 1911 S. 1318.
Konstruktion, Wärmeausnützung der Dieselmaschinen.

Cochand u. Hottinger, Versuche an einer Sulzerschen 300 PS-
Dieselmotorenanlage mit Abwärmeverwertung. Z. V. deutsch.
Ing. 1912 S. 458. Dingler 1917 S. 243.
Der 300 PS-Dieselmotor der Kammgarnspinnerei Bürglen ist mit
drei Wasserturbinen von zusammen 400 PS parallel geschaltet und
arbeitet im Winter und Hochsommer mit Voll- und Überlast, im Früh-
ling und Herbst etwa mit ³/₁-Belastung. Im Fabrikbetrieb benötigt

man täglich 42 bis 46 cbm Wasser von 70°C. Hierzu wird das mit 50°C den Motor verlassende Kühlwasser verwendet, nachdem es durch die Abgase auf 70 bis 80°C erwärmt worden ist. In Verwendung sind zwei Sulzersche Abgasverwerter von je 30,24 qm Heizfläche. Versuchswerte des Brennstoff- und Kühlwasserverbrauches, der Abgastemperaturen und der nutzbaren Abwärme. Wärmebilanz.

F. Münzinger, Untersuchungen an einem 15 PS-MAN-Dieselmotor Z. V. deutsch. Ing. 1914 S. 1049.
Wärmebilanz.

F. Barth, Liegende doppeltwirkende Viertakt-Dieselmaschinen. Z. V. deutsch. Ing. 1914 S. 1242.
Das warme Kühlwasser der 1200 PS-Dieselmaschine in der Zwirnerei und Nähfadenfabrik Göggingen vereinigt sich in einem Sammelbehälter und fließt von hier nach der Färberei ab, wo seine Wärme vollständig ausgenützt wird. Braucht die Färberei vorübergehend kein Wasser, so fließt es nach dem Kesselhaus, wo es zum Speisen benutzt wird. In der Lufterhitzungsanlage zur Ausnützung der Abgase können 20000 cbm/St. Luft um 60°C erwärmt werden. Der Lufterhitzer ist nach Art eines Röhrenvorwärmers gebaut. Während die Abgase von unten nach oben durch das Röhrenbündel strömen, wird die zu erwärmende Luft außerhalb der Röhren mittels eines Ventilators von oben nach unten durch den Lufterhitzer gedrückt. Entsprechend angeordnete Staubleche erzeugen eine lebhafte Luftwirbelung. Vom Lufterhitzer aus wird die warme Luft durch einen Verteilungskanal nach der Trocknerei zum Trocknen der Garne geleitet. Es wird eine Gesamtausnützung des Brennstoffes bis zu 84 % erreicht.

R. Saupe, Erhöhte Ausnützung kommunaler Maschinenbetriebe durch Verwertung ihrer Abwärme, unter besonderer Berücksichtigung der Dieselmotoren. Ges. Ing. 1914 S. 575.

E. Mrongovius, Abwärmeverwertung bei Dieselmotoren. Dingler 1916 S. 165.
Brennstoffverbrauch, Kühlwasserbedarf, Wärmeausnützung des Dieselmotors.

W. Hopf, Zusammensetzung und physikalische Eigenschaften flüssiger Brennstoffe. Z. D. M. 1910 S. 25.

6. Verbrennungs-Kleinmotoren.

Explosionskleinmotoren werden für Leistungen bis zu etwa 25 PS gebaut. Sie arbeiten mit teueren Brennstoffen, wie Benzol, Benzin, Ergin, Petroleum, weißer Naphtha, Spiritus u. dgl. Infolge des hohen Wärmepreises dieser Brennstoffe wäre die Abwärmeverwertung hier sehr am Platz. Allerdings stehen ihr hier aber auch besonders ungünstige Umstände entgegen. Zunächst arbeiten diese Kleinkraftmaschinen meist sehr verschieden belastet und mehr oder minder lang aussetzend, und dann scheut man bei einer Anlage, die selten sachgemäß beaufsichtigt wird, jede Verwicklung, welche in diesem Fall die Abwärmeverwertung doch unter Umständen mit sich bringt.

Zu bestimmten Zwecken, wie Warmwasserbereitung, Schranktrocknung, Leimkochen usw. läßt sich aber in zahlreichen Fällen auch die Abwärme der Kleinmotoren wirtschaftlich ausnützen.

Der Wärmeverbrauch verschiedener Kleinmotoren liegt zwischen 2300 und 4000 Kal./PS-St. bei Normallast. Bei Teilbelastungen nimmt der Wärmeverbrauch sehr rasch zu. Am günstigsten arbeiten die gut durchkonstruierten Dieselmotoren. In Fig. 119 ist der Wärmeverbrauch für die PS-St. einiger Verbrennungs-Kleinmotoren und seine Änderung mit der Entlastung des Motors dargestellt. Den Wärmeverbrauch

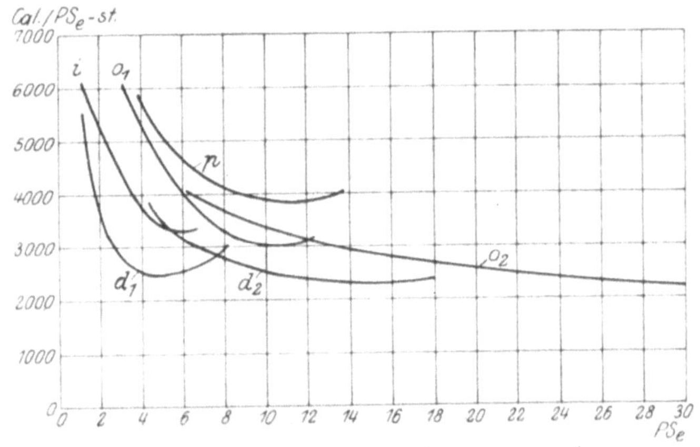

Fig. 119. Wärmeverbrauch verschiedener Verbrennungs-
Kleinmotoren.

$$
\begin{aligned}
i &= 5 \text{ PS Benzinmotor.}\\
o_1 &= 10 \text{ „ Benzolmotor.}\\
o_2 &= 25 \text{ „}\\
p &= 10 \text{ „ Petroleummotor.}\\
d_1 &= 5 \text{ „ Dieselmotor.}\\
d_2 &= 15 \text{ „}
\end{aligned}
$$

wird man neben den Anlage- und Bedienungskosten, welch letztere meist sehr gering sein werden, da eine eigene Wartung und Bedienung der Kleinmotoren nicht üblich ist, zur Grundlage einer Rentabilitätsrechnung beim Vergleich mit anderen Krafterzeugungs- bzw. Kraftbezugsmöglichkeiten nehmen.

Die Abwärme der Verbrennungs-Kleinmotoren ist wiederum teils im Kühlwasser, teils in den Abgasen enthalten.

Die Kühlwassertemperatur beträgt beim Austritt aus dem Mantel 50 bis 70 °C, die Menge 22 bis 27 kg/PS-St. bei Normalleistung und ca. 40 kg/PS-St. bei halber Belastung, so daß sich die mit dem Kühlwasser bei voller Belastung abgeführte Wärmemenge zu ca. 1100 Kal., bei Halblast zu ca. 1500 Kal./PS-St. ergibt.

Die Abgase besitzen eine Temperatur von 350 bis 450 °C bei Volllast und von 230 bis 300 °C bei Halblast. Sie weisen einen Wärmeinhalt von etwa 1700 Kal./PS-St. bei Vollast und von 2000 Kal./PS-St. bei Halblast auf, wovon 60 bis 70 % verwertbar sind. Diese Abwärmemengen gelten für Motoren von etwa 3600 Kal./PS-St. Wärmeverbrauch. Bei sparsamerem Wärmeverbrauch ermäßigen sie sich im gleichen Verhältnis. Man darf also bei Betrieb mit normaler Belastung annehmen:

Zahlentafel 49.

Wärme-verbrauch Kal./PS-St.	nutzbare Abwärme aus dem Kühlwasser[1]) Kal./PS-St.	nutzbare Wärme aus den Abgasen Kal./PS-St.	zusammen Kal. PS-St.	% [2])
2500	500	800	1300	52
3000	600	950	1550	52
3500	700	1100	1800	51
4000	800	1250	2050	51

In Anlagen mit praktisch vollkommener Ausnützung der Abwärme der Kleinmotoren können also rund 17 % in Form von Nutzarbeit und 50 % als Abwärme gewonnen werden. Der wärmetechnische Wirkungsgrad erreicht somit Beträge bis zu 67 %.

Zum Vergleich mit den entsprechenden Darstellungen bei anderen Wärmekraftmaschinen sind in Fig. 120 Versuchswerte der Wärmeausnützung eines 10 PS-Petroleummotors aufgetragen.

Gegenüber dem Dieselmotor fällt einmal der geringere thermodynamische Wirkungsgrad und dann der größere Anteil, den die Abgase an der Wärmeabführung haben, auf. Der Anteil der im Kühlwasser enthaltenen Wärme nimmt mit steigender Belastung ab.

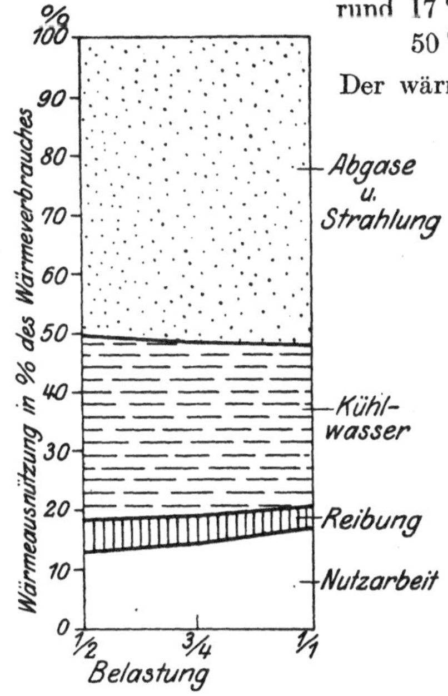

Fig. 120. Wärmeausnützung eines 10 PS-Petroleummotors. (Versuchswerte.)

[1]) bei Abkühlung des Wassers bis auf 20° C.
[2]) der dem Motor zugeführten Wärmemenge.

7. Abwärmeverwerter und Wärmespeicher.

Von den Apparaten zur Verwertung der im Abdampf und in den Abgasen enthaltenen Wärme sind die Abdampfvorwärmer, Lufterhitzer und Abgasverwerter zu erwähnen.

Die Vorwärmer werden im allgemeinen als Großwasserraumvorwärmer oder als Schnellzirkulationsapparate gebaut. Die ersteren sind besonders in den Fällen nur zeitweiligen Warmwasserbedarfs oder zeitweilig aussetzender Abdampflieferung am Platz. Sie können in gewissem Umfang als Puffer oder Speicher dienen. In der Wirkung unterscheiden sich beide Gruppen von Apparaten hauptsächlich durch die verschiedene Wassergeschwindigkeit. Eine Wasserumwälzung, meist mit Hilfe einer Pumpe ausgeführt, ist bei den Großwasserraum-Vorwärmern oft nötig, um die ganze Wassermasse gleichmäßig zu erwärmen.

Nach zahlreichen Versuchen, u. a. von Prof. Josse[1]) und von mir[2]), ergibt sich die in Fig. 121 dargestellte Abhängigkeit der Wärmeübertragung in Kal. pro qm wasserberührter Heizfläche, Stunde und 1 °C mittlerer Temperaturdifferenz zwischen heizendem und beheiztem Körper von der Wassergeschwindigkeit längs der Heizfläche. Während die Geschwindigkeit des Wassers von einschneidender Bedeutung ist, hat die Geschwindigkeit des Dampfes der Heizfläche entlang so gut wie keinen merkbaren Einfluß auf die Größe der Wärmeübertragungszahl. Durch die Kondensation wird der Dampf offenbar genügend durcheinander gewirbelt und findet reichlich Gelegenheit, seine Wärme an die Heizfläche abzugeben. Dringt Luft in den Vorwärmer ein, so sinkt der Wirkungsgrad der Heizfläche beträchtlich, weil der Wärmeübertragungskoeffizient der Luft im Mittel hundertmal kleiner ist als jener von Dampf an Wasser. Der Wert der Wärmeübertragungszahl ist bei lufthaltigem Schwadendampf nur die Hälfte bis ein Viertel der Wärmeübertragung luftfreien Abdampfes, für welchen die Fig. 121 Gültigkeit besitzt.

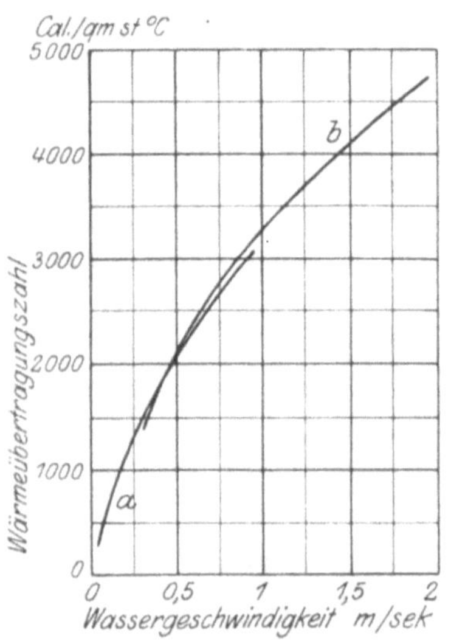

Fig. 121. Wärmeübertragung von Dampf an strömendes Wasser.

a Kurve aus 67 Versuchswerten von Schneider.
b „   „ 10   „   „ Prof. Josse.

---

[1]) Mitteil. aus dem Masch. Laborat. d. Techn. Hochsch. Berlin, V. Heft.
[2]) Z. V. deutsch. Ing. 1918, S. 265.

Die Vorwärmerheizfläche wird meist durch Rohre gebildet, welche zwecks leichter Reinigung innen vom Wasser durchflossen und außen vom Abdampf bespült werden. Wegen der Gefahr des Rostens von Eisen- oder von verzinkten Eisenrohren empfiehlt sich die Verwendung von Messing- oder Kupferröhren. Hinsichtlich des Wärmeüberganges ist der Unterschied nicht von Belang, da dieser hauptsächlich vom Wärmeübergang Wandung—Wasser abhängt, demgegenüber sowohl der Wärmedurchgang durch die Wand als auch der Wärmeübergang vom Dampf an die Wand zurücktritt. Sicherheitsventil und besonders Temperaturmeßgeräte sollen am Vorwärmer nicht fehlen.

Über den Wert des Gleich- und des Gegenstromes beim Abdampfvorwärmer herrschen noch vielfach falsche Begriffe. Die Gegenstrombauart ist bei Wärmeaustauschapparaten nur da am Platze, wo beide Medien, der wärmende und der erwärmte Körper ihre Temperatur ändern. Dies trifft beim Abdampf, der im ganzen Vorwärmer die gleiche Temperatur besitzt, weil in allen Teilen des Vorwärmers auch der gleiche Druck herrscht, nicht zu. Nur bei sehr engen Dampfquerschnitten kann sich der Dampfdruck ändern, allerdings dann gleich um mehrere Atmosphären. Vorwärmer werden von fast jeder Maschinenfabrik, die sich mit dem Bau von Dampfkesseln oder Kondensatoren befaßt, geliefert, einige Werke in Deutschland betreiben den Vorwärmerbau als Spezialität.

Die Lufterhitzer können mit Abdampf von Unter- oder Überdruck beschickt werden. Sie bestehen im wesentlichen aus einem Heizröhrensystem, welches von einem Gehäuse umgeben ist. Der in den Röhren strömende Dampf gibt seine Wärme an die über die Heizröhren geblasene Luftmenge ab. Über die Wärmeabgabe geheizter Körper an Wasser, Dampf und Luft bestehen eingehende Forschungsarbeiten von Eberle, Wamsler, Gröber, Poensgen, Nusselt u. a.

Die Apparate zur Verwertung der Abgase der Dieselmaschinen werden aus Gußeisen gebaut, welches sich gegen die Abgase widerstandsfähiger erweist als Schmiedeeisen. Besonders bei Verwendung von stärker schwefelhaltigen Treibölen entstehen sehr korrosiv wirkende Ablagerungen. Diese bestehen aus Eisenoxyd, Eisenoxydul, Eisenoxydulsulfat, Ruß und geringen Mengen unverbrannten Öles. Durch die Abkühlung der Gase wird ihre zerstörende Wirkung gesteigert, besonders, indem dadurch die Entstehung der Sulfate des Eisens ermöglicht wird. Auf keinen Fall soll die Abkühlung unter $150\,^{0}$C, d. h. in die Nähe des Kondensationspunktes des in den Abgasen enthaltenen Wasserdampfes erfolgen.

Falls die Abgase ihre Wärme an Wasser abgeben, ist eine gußeiserne Heizfläche von 0,2 qm/PS zur vollständigen Ausnützung der Abgase hinreichend. Dabei wird 1 qm Heizfläche mit etwa 2000 bis

3000 Kal./St. beansprucht. Diese Bemessung trägt einer geringen Verschmutzung der Wärmeübertragungsflächen bereits Rechnung. Ähnliche Verhältnisse wie bei den Abgasverwertern herrschen bei den Rauchgasverwärmern (Ekonomisern) der Dampfanlagen. Der Mittelwert der Wärmeübertragung von 1 qm Heizfläche bei verschiedenen Anfangstemperaturen der Rauchgase ist in Fig. 122 nach 53 Versuchen an Ekonomisern dargestellt[1]). Diese Mittelwertskurve kann bei der Berechnung von Abgasverwertern Anwendung finden. Wir erhalten so für Abgasanfangstemperaturen von 250 bis 500 °C Leistungszahlen der Heizfläche von 1400 bis 4400 Kal./St.

Nach 21 Versuchen an Rauchgasvorwärmern wurden vom Bayerischen Revisions-Verein die Wärmeübertragungszahlen in Abhängigkeit von der mittleren Temperaturdifferenz zwischen den Rauchgasen und dem Speisewasser angegeben[2]). Diese Versuchszahlen und der daraus sich ergebende Mittelwert sind in Fig. 123 eingetragen. Der Veranstalter der Versuche bemerkt hierzu, daß infolge von Strahlungseinflüssen

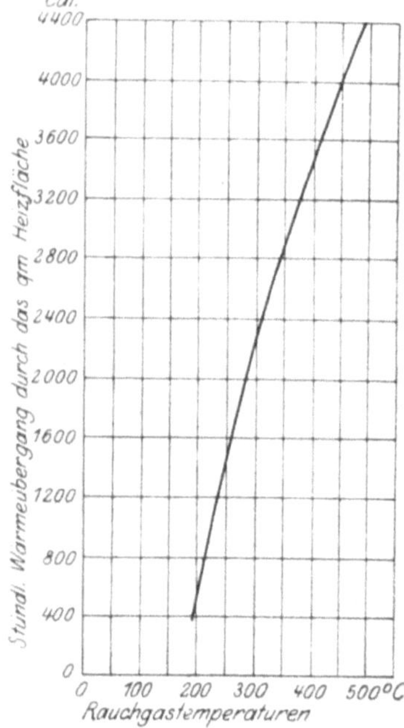

Fig. 122. Wärmeübertragung von Abgasen an Wasser nach Versuchen an Rauchgasvorwärmern.

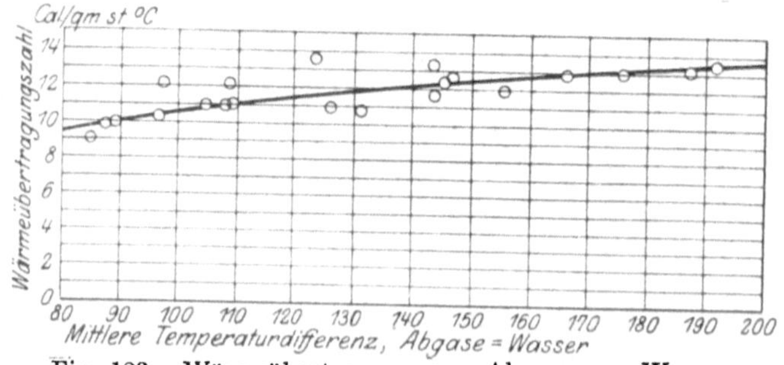

Fig 123. Wärmeübertragung von Abgasen an Wasser
nach Versuchen an Rauchgasvorwärmern.

auf die Thermometer die Heizgastemperaturen etwas zu gering, infolgedessen auch die mittleren Temperaturdifferenzen etwas zu niedrig

---

[1]) Z. D. M. 1913, S. 313.
[2]) Z. bay. R. V. 1914, S. 21.

und die Wärmeübertragungszahlen ein wenig zu hoch angegeben sind. Die Schwierigkeiten, die genauen Heizgastemperaturen zu ermitteln, sind aber ziemlich erheblich und bessere Werte zurzeit nicht zu erhalten. Für die Praxis, in welcher sich die fast unvermeidlichen Fehler bei der Bestimmung der Gastemperaturen stets wieder einfinden, sind die in Fig. 123 dargestellten Werte immerhin brauchbar, so daß auf ihre Wiedergabe an dieser Stelle nicht verzichtet werden soll. Von anderer Seite[1]) werden als Wärmeübertragungskoeffizienten an Abgasverwertern von Dieselmaschinen angegeben:

Zahlentafel 50.

Mittl. Temperaturdifferenz zwischen Gasen und Wasser ° C.	Wärmeübergangszahl Kal./qm.-St., ° C.
44	6,3
92	7,3
145	8,8
315	12

Der Wärmeübertragung günstig sind große Wasser- und Gasgeschwindigkeiten bei langen Wegen; die Gasgeschwindigkeit spielt aber eine weit größere Rolle als die Wassergeschwindigkeit. Der Abgasverwerter wirkt wie ein großer Auspufftopf und bringt dadurch den Vorteil hervor, daß jedes Geräusch der auspuffenden Gase verschwindet. Der Auspuffdruck darf auch bei Zwischenschaltung des Verwerters nicht größer sein als 0,17 bis 0,20 Atm., wie bei der normalen Auspuffleitung. In den Abgasverwertern kann auch Niederdruckdampf erzeugt werden für chemische Zwecke oder für eine untergeordnete Dampfheizung. Die direkte Beheizung von Räumen mit den heißen Auspuffgasen kann nur stattfinden, wo weder hygienische Anforderungen gestellt werden, noch Feuersgefahr besteht. Die Auspuffrohre nehmen in Motornähe Temperaturen von mehreren hundert Grad an, wodurch der Staub unter Ausscheidung unangenehmer Gerüche versengt wird und brennbare Gegenstände leicht Feuer fangen.

Die Abgasverwerter müssen sich von außen leicht reinigen lassen, da namentlich die auf der Gasseite entstehenden Ablagerungen nicht nur den Wärmeübergang stark beeinträchtigen, sondern bei zu starker Anhäufung auch Verstopfungen verursachen können. Man macht die Apparate deshalb durch Türen zugänglich und reinigt sie mittels Stahldrahtbürsten von den rußigen Ansätzen. Der Gasstrom ist zur Förderung des Wärmeaustausches stark zu unterteilen und im Gegenstrom zum Wasser zu führen. Die Wasserseite der Apparate ist durch Ver-

---

[1]) Z. V. deutsch. Ing. 1912, S. 448.

wendung eines möglichst weichen Wassers zu schonen. Unter Umständen muß das Wasser vorher durch entsprechende Mittel gereinigt werden.

Die gebräuchlichste Ausführungsart von Abgasverwertern für Großgasmaschinen sind liegende Röhrenkessel in Verbindung mit Vorwärmern und oft auch Überhitzern (Fig. 124). Maßgebend für dauernde Wirtschaftlichkeit und sicheren Betrieb ist die richtige Ausbildung und

Fig. 124. Abgasdampfkessel mit Dampfüberhitzer und Speisewasservorwärmer für 12 Atm. Betriebsüberdruck und 380 ⁰ C Dampftemperatur in Verbindung mit 2 Gasmaschinen von je 2350 PS der Berginspektion Buer in Westfalen. Maschinenfabrik Augsburg-Nürnberg.

Bemessung des Abwärmeverwerters im Zusammenhang mit der Kraftmaschine. Die Heizfläche kann mit 5000 Kal./qm belastet werden, wobei etwa 0,14 qm auf die Leistung einer Nutzpferdekraft der Gasmaschine treffen.

Bei dem nicht seltenen Fall, daß Kraft- und Wärmebedarf zeitlich nicht zusammenfallen, wird die Aufspeicherung von Kraft oder von Wärme oder von beiden zugleich nötig.

Die Aufspeicherung von Kraft erfolgt in den bekannten Blei- oder in Edinsonakkumulatoren. Es wurde schon darauf hingewiesen, daß das für den Betrieb derselben nötige destillierte Wasser wirtschaftlich durch Verwertung von Abdampf oder Abgasen gewonnen wird.

Die Wärmeaufspeicherung kann erfolgen in isolierten Warmwasserbehältern, die sich so bauen lassen, daß ihr Wärmeverlust nur wenige Prozent innerhalb 24 Stunden beträgt, oder in den bekannten Abdampfspeichern. Die Letzteren beruhen zum Teil darauf, daß der überschüssige Abdampf in eine Wassermasse eingeleitet wird (System Rateau-Balcke). In dem Apparat ist das speichernde Wasser in einer großen Anzahl flacher, tellerähnlicher Schalen dem Dampf gut zugänglich gemacht. Der Dampf umströmt die Schalen und gibt seine Wärme an das Wasser ab. Mit der Erwärmung des Wassers steigt auch der Druck; sobald die starke Dampfzuströmung aufhört, fällt der Druck wieder, das Wasser ist überhitzt und gibt die aufgenommene Wärme in Gestalt von Dampf wieder ab. Bei einer anderen Bauart wird das Wasser nicht durch Schalen in kleine Mengen zerlegt, sondern in dem Apparat befindet sich eine geschlossene Wassermenge, welche von einer großen Anzahl gelochter Rohre durchzogen wird. Durch die Löcher in diesen Rohren tritt der Dampf in das Wasser über und bringt es in lebhaften Umlauf. Die Vorgänge sind im übrigen die gleichen wie vorher geschildert.

Der Abdampfspeicher Harló Balcke (Fig. 125) ähnelt in jeder Weise den bekannten Gasometern. Der Dampf wird in eine schwimmende Glocke geleitet. Je größer der Dampfüberschuß ist, desto mehr steigt die Glocke empor und umgekehrt. Der Dampf wird als Dampf aufgespeichert, er braucht seinen Aggregatzustand nicht zu ändern, wie beim Rateau-Speicher.

Der Raumspeicher, System Balcke, ist lediglich ein großer hohler Raum, in den der Dampf geleitet wird. Die Speicherung geschieht dadurch, daß der weiter hinzutretende Dampf die im Raum schon befindliche Dampfmenge komprimiert und sich dadurch Platz schafft. An der unteren Seite ist der Apparat zum Teil offen und nur durch einen Wasserverschluß geschlossen. Diese Einrichtung hat den Zweck, zu verhindern, daß in dem Apparat jemals Unterdruck und zu hoher Überdruck entstehen kann. Der Unterdruck ist der größte Feind des Apparates, da große Kessel gegen äußeren Druck in keiner Weise widerstandsfähig sind. Es muß darauf gesehen werden, daß Unterdruck nicht auftreten kann. Im übrigen ist der Apparat mit allen Dampfein- und auslässen und sonstigen Armaturen wie die anderen Speicher ausgerüstet. Der Wasserverschluß dient nur als Sicherheitsvorrichtung gegen Ausnahmezustände, in normalem Betriebszustand tritt er nicht in Wirkung.

In der Größe unterscheiden sich die Rateau-Speicher sehr von den Raumspeichern. Der Rateau-Wärmespeicher hat nur ca. $^{1}/_{30}$ der Größe des Raumspeichers. Er ist also bequemer unterzubringen. Beide Speicher liefern vollständig trockenen Dampf.

Die Abdampfspeicher sind besonders zur Verwertung des Abdampfes\
für Krafterzeugung in Abdampf- oder Zweidruckturbinen oder Abdampf-
kolbenkompressoren eingeführt.   Bei der Verwendung des Abdampfes

Fig. 125.   Abdampf-Raumspeicher System Harlé-Balcke.
Maschinenbaugesellschaft Balcke A.-G. Bochum.

zu Heizzwecken begegnet man ihnen noch selten.   Von den Röchling-
schen Stahlwerken in Völklingen a. d. Saar und von der Berginspektion zu Vienenburg wurde je ein Wasserakkumulator zur Dampf-
abgabe behufs Vorwärmung von Kalilauge aufgestellt.   Während man

in Abdampfspeichern für Kraftzwecke nur etwa 0,2 Atm. Druckschwankung zuläßt, kann man bei der Speicherung für Heizzwecke unbedenklich viel höhergehen, auf 0,5 Atm. und darüber. Je größer die zulässige Druckschwankung, desto geringere Abmessungen erhält der Speicher.

Die Entscheidung für die eine oder andere Speicherbauart ist je nach der aufzuspeichernden Dampfmenge — für große Abdampfmengen eignen sich besser die Raumspeicher — und nach den Platzverhältnissen zu treffen.

Die Speicher werden nach außen durch eine etwa 3 cm starke Kieselgurschicht isoliert und weisen nur ganz geringe Wärmeverluste auf. Ein solcher Speicher, dessen Glocke 8 m Durchmesser bei 7 m Hub aufwies und für eine Maschine mit stündlich 7000 kg Abdampf diente, hatte z. B. 90 kg/St. Dampfverlust, d. h. 0,8 % der gesamten Dampfmenge oder 0,25 kg/St. auf 1 qm Abkühlungsfläche.

Einschlägige Literatur.

Grunewald, Abdampfverwertungsanlagen. Z. V. deutsch. Ing. 1911 S. 210.
   Abgasverwerter von J. Cockerill, Wärmespeicher Bauart Sorge, Louis Schwarz & Co., Gustav Moll & Co., Balcke-Harlé. Wärmebilanz einer AEG.-Abdampfturbine, Gegendruck-, Entnahme- und Zweidruckturbinen.

Wärmespeicher Balcke-Harlé. Z. V. deutsch. Ing. 1911 S. 446.

Abdampfspeicheranlagen Balcke-Harlé. Z. V. deutsch. Ing. 1911 S. 1483.

J. Schmidt, Über Thermometrie, insbesonders die elektrischen Temperatur-Meß- und -Regulierapparate und ihre Verwendung in der Industrie und Technik. Schweiz. El. Z. 1912 S. 433.

D. B. Morison, Wärmespeicher für Abdampfanlagen. Z. ges. Turb.-Wes. 1912 S. 298.

P. Ostertag, Bemerkenswerte Anlagen von Turbokompressoren. Z. ges. Turb.-Wes. 1912 S. 421.
   Das Zusammenarbeiten von Turbokompressoren und Wärmespeichern.

K. Höfer, Versuche über die Wärmeübertragung von Dampf an Kühlwasser. Z. ges. Turb.-Wes. 1914 S. 113. Z. ges. Kälteind. 1914 S. 61. Mitt. a. d. Masch.-Lab. d. Techn. Hochsch. Berlin V. Heft.

W. Deinlein, Über die Verwendung der Maschinenabwärme für Heizzwecke unter besonderer Berücksichtigung der Heizflächenbemessung. Z. bay. R. V. 1914 S. 163.
   Schaltungsplan einer Niederdruckdampfheizung aus einer Auspuffmaschine, einer Vakuumheizung aus einer Kondensationsmaschine, einer Warmwasserheizung aus einer Verbrennungskraftmaschine und einer Abgasheizung aus einer Verbrennungskraftmaschine. Arten der verschiedenen Wärmeübertragungsapparate. Formeln zur Berechnung

der Wärmeübertragung von Gas an Luft, von Gas und Dampf an Rohre, von Rohren an Luft. Berechnung des Wärmeüberganges bei ruhender Außenluft für Dampf, Wasser und Gase als Heizmittel bei 50, 100 und 150° C Oberflächentemperatur. Es verhalten sich die Wärmeleistungen von

	Dampf:	Wasser:	Luft
bei 50° C wie	1,3:	1,2:	1
„ 100° C „	1,5:	1,4:	1
„ 150° C „	1,6:	1,5:	1

Formeln für die Wärmeübertragung von Dampf an Wasser, Wasser an Wasser, Luft an Luft. Vergleiche mit verschiedenen heizenden und beheizten Stoffen. Erforderliche Heizfläche für einen stündlichen Wärmebedarf von 250000, 500000 und 750000 Kal. bei Vakuumdampf-, Niederdruckdampf- und Warmwasserheizung aus Dampfmaschinen, Sauggasmaschinen und Ölmaschinen.

Hautog u. Ammon, Größenbemessung und Wirtschaftlichkeit von Abdampfverwertungsanlagen. Glückauf 1914 I S. 569.
Berechnung der Größe von Abdampfspeichern verschiedener Systeme. Abdampfspeicher der Gutehoffnungs-Hütte.

A. Gramberg, Versuche an einem Dampf-Wasserwärmer im Gegen- und Gleichstrom. Z. V. deutsch. Ing. 1914 S. 170.
Versuchsreihen an einem Vorwärmer mit sehr engem Dampfquerschnitt mit Hochdruckdampf bis zu 10 Atm. Üb. Entsprechend der veränderlichen Temperatur des sich erst im Vorwärmer entspannenden Dampfes und des sich erwärmenden Wassers erweist sich der Gegenstrom vorteilhafter als der Gleichstrom.

E. Blau, Zur Entwicklung des Abdampfspeicherbaues. Z. D. M. 1915 S. 361.
Ausführung der Wärmespeicher von Rateau, Balcke-Harlé und des Raumspeichers von Balcke.

K. Wunder, Betriebserfahrungen mit Dampfspeichern. Glückauf 1915 Nr. 43.

W. Schaeffer, Entfernung von hartem Kesselstein aus Kondensatorrohren. M. Vereinig. El. W. 1915 S. 53.
Die Kondensatoren wurden innerhalb drei Stunden mit Salzsäure von 22° Bé beschickt und darauf noch 20 St. lang der Einwirkung der im Überschuß vorhandenen Säure überlassen. Der feine Schlamm mit 83 % Gehalt an kohlensaurem Kalk konnte alsdann aus den Rohren durch Leitungswasser fortgespült werden.

Heinicke, Entfernung von hartem Kesselstein aus Kondensatorrohren. M. Vereinig. El. W. 1915 S. 160.

Korrosionen an Kondensatorrohren. M. Vereinig. El. W. 1915 S. 190.

A. Stober, Korrosionserscheinungen an schmiedeeisernen Speiseleitungen, Vorwärmerröhren und Kesseln und deren Beseitigung durch das v. Walthersche Eisenspahnfilter. M. Vereing. El. W. 1915 S. 355.

Döpke, Über Korrosionen an Vorwärmerrohren. M. Vereinig. El. W. 1915 S. 364.

Margolis, Die Bewertung von Lufterhitzern unter besonderer Berücksichtigung des Rhombicus-Lufterhitzers. Z. V. deutsch. Ing. 1916 S. 913.

W. *Deinlein*, Abdampfverwertung mit Wärmespeichern. Z. bay. R. V. 1917 S. 163. Z. D. M. 1918 S. 206.

F. *Tappert*, Über Abdampfverwertung. Z. D. M. 1917 S. 145. Dingler 1917 S. 229.
  Nutzen der Einfügung eines Lufterhitzers zwischen Dampfmaschine und Kondensator. Rechnungsbeispiel.

F. *Tappert*, Über Verdampfapparate. Z. D. M. 1917 S. 329.
  Röhrenverdampfapparat, Verdampfapparat mit getrenntem Heiz- und Kochraum, Zirkulationsverdampfer.

H. *Claassen*, Die Vorgänge beim Wärmedurchgang durch die Heizflächen von Verdampfern und deren Einfluß auf die Leistung. Zentralbl. f. d. Zuckerind. 1917 S. 898.

L. *Schneider*, Versuche mit Speisewasservorwärmern und Speisepumpen für Lokomotiven. Z. V. deutsch. Ing. 1918 S. 265.
  Versuche an vier verschiedenen Röhrenvorwärmern über die Wärmeübertragung an fließendes Wasser bei verschiedenen Wassergeschwindigkeiten und Dampf von 1 Atm. und 1,2 Atm. abs. Spannung. Dampfverbrauch von Kolben-Dampfpumpen.

L. *Schneider*, Die Wärmeabgabe von lufthaltigem Dampf an Wasser. Z. bay. R. V. 1919 S. 85.
  Hinweis auf die schlechte Wärmeübertragung der Luft gegenüber Dampf. Versuche mit lufthaltigem Dampf. Maßregeln gegen das Eindringen von Luft in Kondensatoren und Vorwärmer.

E. *Haack*, Vorrichtung zum Erkennen der vollkommenen Abdampfausnützung im Vorwärmer. W. f. Br. 1919 S. 167.

K. *Hoefer*, Berechnung und Betriebsverhältnisse der Oberflächenkondensatoren unter Berücksichtigung der in den Kondensator eindringenden Luft. Z. V. deutsch. Ing. 1919 S. 629.

H. *Claassen*, Über Verdampfer und die Bestimmung der Leistung ihrer Heizflächen. Deutsch. Landw. Masch.-Bau 1919 S. 101.

8. Verwertung der Kühlluft elektrischer Maschinen.

Der Leistungsfähigkeit elektrischer Maschinen und Apparate wird durch das zulässige Maß der höchsten Temperatur eine Grenze gesetzt. Durch zu hohe Temperaturen werden die Isolationen gefährdet; Brände und Kurzschlüsse können eintreten; zum mindesten wachsen die Wirbelstromverluste durch die Zerstörung der Papierisolation zwischen den einzelnen Blechen der Pakete. Das Altern der Transformatoren beruht auf einer Zunahme der Hysteresis durch lange Einwirkung hoher Temperaturen auf die Bleche. Die Übertemperatur umlaufender elektrischer Maschinenteile wird angegeben zu

$$t = \frac{A}{\Sigma F} \cdot \frac{333}{1 + 0,107\,v} \quad \text{bei stark lackierter Oberfläche und}$$

$$t = \frac{A}{\Sigma F} \cdot \frac{460}{1 + 0,25\,v} \quad \text{bei schwach lackierter oder blanker Oberfläche.}$$

Dabei ist A der Gesamtarbeitsverlust in Watt innerhalb des Maschinenteils, ΣF die Wärme abgebende Oberfläche in qcm und v die Umfangsgeschwindigkeit in m/Sek.

Die entwickelte Wärme läßt sich in manchen Fällen ausnützen für Beheizung von Bureaus und zur Verwertung der Warmluft zum Trocknen und Darren, indem man die warme Kühlluft von 30 bis 35⁰ C Höchsttemperatur durch Rohrleitungen an die Verwendungsstelle leitet. Da die Kühlluft sehr rein ist, kann sie mit dem Trockengut unmittelbar in Berührung treten. Derartige Anlagen sind in der Schweiz und in Schweden in größerem Umfange ausgeführt worden, z. B. in Trollhättan, wo die Drehstromgeneratoren vollständig gekapselt sind und die von ihnen erwärmte Luft durch Kanäle dem entfernten Schalthaus behufs Heizung desselben zugeführt wird.

Einschlägige Literatur.

W. *Schüppel*, Über den Einfluß der Oberflächenbeschaffenheit und Tourenzahl auf die Erwärmung der elektrischen Maschinen. Diss. Hannover 1902.

L. *Ott*, Untersuchungen zur Frage der Erwärmung elektrischer Maschinen. Forschungsarbeiten, Heft 35 u. 36.

E. *Hinlein*, Ein Beitrag zur Frage der Erwärmung der elektrischen Maschinen. Forschungsarbeiten, Heft 98 u. 99.

Ausnützung der Wärme elektrischer Transformatoren für Luftheizung. Ges. Ing. 1912 S. 611.
Zwei Transformatoren von je 120 KW. geben bei 97,4 ⁰/o Wirkungsgrad in der Stunde 5400 Kal. ab. Die Lufttemperatur beträgt 35⁰ C.

Trockenanlage im Anschluß an eine Turbodynamo. Mitt. Vereinig. El. W. 1917 S. 308.
Die warme Kühlluft eines 5000 KW.-Turbogenerators wird im Elektrizitätswerk der Stadt Duisburg zum Trocknen von Gemüse und Obst auf Darrhorden benützt. Beschreibung der Anlage.

9. Umwandlung elektrischer Überschußenergie in Wärme.

Eine Abfallenergie, die unter Umständen in großen Mengen zur Verfügung steht und auf einfache Weise in Wärme verwandelt werden kann, ist die hydroelektrische Energie. Mit Wasserkraft betriebene Überlandzentralen und industrielle Kraftwerke können häufig während großer Teile des Jahres, mindestens aber zu gewissen Tageszeiten und besonders nachts nicht alle Kraft verwerten, welche die Anlage zu erzeugen imstande wäre. Es liegt nahe, die überschüssigen Wassermengen durch die Turbinen zu leiten, wodurch kostenlos bedeutende Energiemengen gewonnen werden können, denn auf die Betriebskosten hat es keinen Einfluß, ob die Turbinen voll- oder nur halb beaufschlagt laufen. Hier bietet sich nun oft eine Gelegenheit, durch Elektrizität Wärme zu erzeugen, welche entweder sofort verwendet oder für spätere Verwendung aufgespeichert werden kann. Bekanntlich entspricht 1 KW-St. elektrischer Energie einer Wärmeenergie von 860 Kal.

Nach dem Verfahren von Nodon wird der elektrische Wechselstrom von 15 bis 20 Perioden zur Trocknung und Konservierung von Holz verwendet, indem die aus frisch gefällten Stämmen geschnittenen Hölzer übereinandergeschichtet und dabei zwischen die einzelnen Lagen teppichartige Elektroden gelegt werden. Dadurch werden die den größten Teil des Saftes bildenden hygroskopischen Stoffe zu Harz oxydiert, wodurch sie ihre ein rasches Trocknen verhindernden Eigenschaften verlieren. Das Verfahren erfordert eine Strommenge von 150 Amp.-St. pro cbm Holz bei einer Stromstärke von 4 bis 5 Amp. für Hölzer, die für Schreiner- und Möbelarbeiten bestimmt sind, und von 10 Amp. für Hölzer zur Herstellung von Pflasterklötzen, Eisenbahnschwellen usw. Bei vollsaftigen Hölzern beträgt die nötige Spannung des Stromes etwa 40 Volt.

Die elektrische Raumheizung ist normalerweise etwa dreimal bis viermal so teuer als Gasheizung und 15mal so teuer als Kohlenheizung. Sie kann also wirtschaftlich nur in Betracht kommen, wo billige Überschußenergie vorhanden ist. Die Umsetzung der Elektrizität in Wärmeenergie kann sowohl in Widerstandsheizkörpern für Gleichstrom unmittelbar an Luft oder durch Heizflächen hindurch an Wasser erfolgen als auch bei Wechselstrom durch Elektroden unmittelbar an Wasser oder Dampf. Widerstandsheizkörper sind außer für Raumheizung und Badewasserbereitung in Gebrauch als Fußwärmer, Haartrockner, Schaufensterwärmer, für Tee- und Kaffeekocher, Bügeleisen, Lötkolben, Luftduschen, ferner für die verschiedenartigsten technischen Zwecke, z. B. Aufschrumpfen von Zahnrädern, Lokomotiv- und Wagenradreifen u. dgl. Elektrisch angetriebene Kompressoren können zur Verdichtung von Schwadendämpfen dienen, wobei mit einem Aufwand von 1 KW-St. etwa 16—18 kg Wasser aus feuchten Körpern oder Lösungen verdunstet werden können.

Industrielle Heizanlagen im Anschluß an Gleichstromnetze werden vorderhand mit Widerstandheizung ausgeführt, wobei Draht- oder Bandwiderstände, die entweder freitragend oder eingebettet angeordnet sind, Verwendung finden; Elektroden würden durch die Elektrolyse bei Gleichstrom zerstört werden, auch Knallgasbildung wäre nicht ausgeschlossen.

Bei einem Dampfpreis von

| 20 | 30 | 40 | 50 | 60 | 100 M/1000 kg |

darf der elektrische Heizstrom einen Preis von

| 2,4 | 3,6 | 4,8 | 6 | 7,2 | 12 Pf./kW-St. |

erreichen, unter welchem die elektrische Dampferzeugung billiger zu stehen kommt, als die Dampferzeugung aus Kohle. Die als Überschuß gewonnene elektrische Energie ist aber viel geringer im Gestehungspreis als obige kW-St.-Sätze, zuweilen ganz kostenlos, anzusetzen.

Fig. 126.   Elektrischer Drehstromdampfkessel.
Papierfabrik Håfreström, Schweden.

Durch Heizflächen hindurch kann aus Wasser Dampf von beliebiger Spannung erzeugt werden. Nach einer Mitteilung, von Höhn wurde in einem Fall mit einem elektrisch beheizten Dampfkessel, in dessen Siederohre Heizspiralen aus Nichromdrähten von 1 bis 1,1 Ohm spez. Widerstand eingelegt waren, ein Wirkungsgrad der Verdampfung von rund 90 % erzielt.

Während des Krieges wurden auf den U-Booten Widerstände aus Eisendraht in Stickstoff nach Patent R. v. Brockdorff vielfach verwendet. Bei diesem war ein bandförmiger Widerstand durch Einwickeln von Eisendraht in die Schlitze eines Tragkörpers aus keramischem Material hergestellt. Die Wärmeübertragung des mit etwa 1200^0 beanspruchten Drahtes erfolgte lediglich durch Strahlung auf den umgebenden Kessel. Bei der hohen Temperatur ist der spez. Widerstand des Eisendrahtes höher als jener der im Kriege nicht erhältlichen Nickellegierungen.

Warmwasserbereitungsanlagen im Anschluß an Gleichstromnetze sind nach diesem System wiederholt ausgeführt worden.

Ohne Benutzung von Heizflächen erfolgt die Erwärmung und Verdampfung des Wassers durch Wechsel- oder Drehstrom von etwa 50 Perioden einfach mit Hilfe von Eisenelektroden.

Die ersten elektrischen Dampfkesselanlagen großer Leistung wurden in den Papierfabriken Håfreström (Fig. 126) und Langed in Schweden aufgestellt. Die Anlagen sind nach Entwürfen und Patenten von R. v. Brockdorff ausgeführt und bestehen aus Dampfkesseln, in denen das Wasser selbst als elektrischer Widerstand dient. Der Widerstand des Wassers ist in hohem Maße von seinem Gehalt an gelösten Bestandteilen und in noch höherem Maße von der Temperatur abhängig. Bei steigender Temperatur fällt der Widerstand rasch ab. Erfahrungsgemäß liegt er bei Temperaturen zwischen 150 und 160^0 trotz verschiedenster Anfangswerte in kaltem Zustande doch innerhalb eines Bereiches von etwa 800 bis 2000 Ohm pro ccm. Das Wasser wird bei diesen Dampfkesseln durch senkrechtstehende Porzellanrohre an Elektroden, die durch isolierte Einführungen in den Kessel hineinreichen, vorbeigeführt. Eine bewegliche Gegenelektrode gestattet die Veränderung der Leistung. Die Kessel arbeiten mit Drehstrom, mit Spannungen bis zu 12000 Volt direkt, und erreichen Wirkungsgrade über $97^0/_0$. Ein Nachteil dieser älteren Anlagen war der, daß ihre Regulierfähigkeit in ziemlich engen Grenzen lag. Es war nämlich bei kaltem Kessel nicht möglich, große Leistungen zu erzielen, so daß lange Anheizzeiten notwendig wurden. Bei dem unter Druck stehenden Kessel dagegen konnte die Leistung dann nicht weit genug herunterreguliert werden, so daß diese Anlagen hauptsächlich dort in Frage kamen, wo sie in 24stündigem Dauerbetrieb mit nicht allzu schwankender Belastung arbeiten konnten.

Neuere Konstruktionen vermeiden diesen Übelstand durch besondere Maßnahmen bei der Wasserführung im Kessel, die die Regulierfähigkeit von den sehr großen Schwankungen des Wasserwiderstandes je nach Zusammensetzung und Temperatur des Wassers unabhängig macht. Bei diesen Anlagen kann in jedem Betriebszustand des Kessels sowohl bei Füllung mit kaltem Wasser wie unter Druck jede gewünschte Leistung eingestellt werden. Man erzielt bei derartigen Anlagen mit 1 KW.-St. 1,25 kg Dampf oder mit 1 PS-St. 1 kg Dampf. Daraus folgt, daß das 24stündige Jahrespferd im Vergleich zu einem mit Kohle beheizten Kessel mit achtfacher Verdampfung 1 t Kohlen erspart. In Wirklichkeit wird achtfache Verdampfung im Dauerbetrieb bei Kohlenfeuerung kaum erreicht, so daß die Ersparnis noch höher anzusetzen ist. Die Bedienung der Anlagen kann durch den Schaltbrettwärter erfolgen, so daß solche Werke im höchsten Grade wirtschaftlich arbeiten. Der Dampf als Wärmeträger bietet gegenüber der direkten elektrischen Heizung in vielen Fällen wesentliche Vorzüge, da seine Temperatur nur eine Funktion der Spannung ist. Z. B. sind Papiermaschinen schwer für direkte elektrische Heizung einzurichten, weil bei verschiedenen Papiergeschwindigkeiten und dadurch wechselnder Wärmeentnahme auch die Temperatur der Zylinder wechseln würde. Bei Stillstand der Maschine würde das Papier verbrennen, wenn nicht umständliche automatische Regelvorrichtungen eingebaut werden. Diese Nachteile fallen bei Dampfheizung weg. Das gleiche gilt für sehr viele Koch- und Heizanlagen der Industrie.

Die nächtlich überschüssige elektrische Energie läßt sich verwerten zum Anwärmen von Speisewasser, Aufheizen von Kesseln, Kochern und feuerlosen Lokomotiven, Beheizen von Theatern, Magazinen, Vorheizen von Bureaus und Wohnräumen, Bereitung von aufzuspeicherndem Gebrauchs- und Badewasser; die an Sonn- und Feiertagen, bei der heutigen Arbeitszeit vielfach auch Samstag nachmittags, überschüssige Energie kann verwendet werden zur Beheizung von Kirchen, Museen, Vergnügungsstätten usf. Oft werden auch gewerbliche Betriebe, die nachts tätig sein können oder müssen, wie metallurgische Betriebe, Bäckereien, Trockenanstalten, Wäschereien usw. von der in Form elektrischer Überschußkraft zur Verfügung stehenden Wärme Gebrauch machen können. Besonders sollten elektrische Bäckereien, für welche selbstverständlich das Nachtbackverbot aufgehoben werden muß, in Gegenden starken Kohlenmangels errichtet werden. Die hierdurch erzielbare Kohlenersparnis ist ziemlich erheblich. Zum Backen von 100 kg Brot benötigt man im gewöhnlichen Backofen 30 bis 50 kg Kohle, im elektrischen Ofen eine Überschußenergie von 6 KW.-St.

Einschlägige Literatur.

Elektrische Backeinrichtungen. Schweiz. El. Z. 1912 S. 121.

C. A. *Rossander*, Der gegenwärtige Stand und die zukünftige Entwicklung der elektrischen Heizung. Schweiz. El. Z. 1913 S. 78.

W. *Schulz*, Elektrische Badewasserbereitung. Haust. Rundsch. 1913 S. 4.

Elektrische Raumheizung. Haust. Rundsch. 1913 S. 131.

Ritter, Elektrische Kirchenheizungen. Haust. Rundsch. 1913 S. 313.

W. Schulz, Über elektrische Raumheizung. Haust. Rundsch. 1914 S. 81.

H. Tschirner, Elektrische Heizung von Gebäude-Räumen. Ges. Ing. 1914. S. 523.

Ch. Häßler, Regulierbarer elektrischer Wärmespeicher. Schweiz. El. Z. 1914 S. 121.

H. Frank, Betrachtungen über elektrische Raumheizung. Ges. Ing. 1915 S. 358.

S. Baumann, Elektrische Heizung. Ges. Ing. 1915 S. 457.

Holztrocknung mittels Elektrizität. Glas. Ann. 1915 I S. 123.

E. Höhn, Dampferzeugung durch Elektrizität mit Wärme-aufspeicherung. Schweiz. Bauz. 1917 I S. 183. Z. D. M. 1917 S. 389. Z. bay. R. V. 1917 S. 181. E T Z. 1918 S. 458.

F. Rutgers, Anwendung der elektrischen Heizung für industrielle Zwecke. Schweiz. Bauz. 1917 II S. 245.

A. Trautweiler, Elektrische Vorwärmung des Lokomotivspeisewassers. Schweiz. Bauz. 1917 II S. 35.

Vorschläge zur besseren Ausnützung der Elektrizitätswerke. Mitt. Vereinig. Elektr. Werke 1917 S. 332.

Elektrische Wärmeapparate. Schweiz. El. Z. 1917 S. 409.

B. Schapira, Konstruktion elektrischer Koch- und Heizapparate. Schweiz El. Z. 1917 S. 379.

Betrachtungen über die elektrische Raumheizung. E T Z. 1917 S. 39.

Die Denaturierung des Heizstromes. E T Z. 1917 S. 41.

Elektrische Raumheizung und Temperaturregulierung. E T Z. 1917 S. 153.

O. Hasler, Elektrische Warmwasserbereitung in Verbindung mit Zentralheizungsanlagen. Schweiz. Bauz. 1917 I S. 187. E T Z. 1917 S. 181.

O. Hasler, Die elektrische Heizung als Aushilfsheizung. Bull. Schweiz. E. V. 1917 S. 186. E T Z. 1917 S. 470.

Brotbacken mit billiger elektrischer Nachtkraft. E T Z. 1917 S. 588.

Der gegenwärtige Stand der Technik der elektrischen Koch-apparate. Bull. Schweiz. E. V. 1918 S. 1. E T Z. 1918 S. 264.

Nüscheler, Die Anwendungsmöglichkeit der elektrischen Energie zu wärmetechnischen Zwecken. Z. bay. R. V. 1918 S. 174.

O. Hasler, Betriebsergebnisse von Dampf- und elektrischen Backöfen. Mitt. Vereinig. Elektr. Werke 1918 S. 332.

G. Herberg, Untersuchungen an elektrisch geheizten Wärme-speichern. Forschungsarbeiten Heft 214.

Coulon, Einige Erfahrungen an elektrischen Kochern und Anschlußvorrichtungen. Mitt. Vereinig. El. W. 1919 S. 93.

E. *Blau*, Heizung und Dampferzeugung mittels elektrischen Stromes. Z. D. M. 1919 S. 17.

A. *Gradenwitz*, Elektrisch beheizte Dampfkessel. Schweiz. El. Z. 1919 S. 115.

Passavant, Anwendnung der elektrischen Heizung in der Industrie. Mitt. Vereinig. El. W. 1919 S. 30.

K. *Norden*, Industrielle Heizung in der Friedenswirtschaft. Mitt. Vereinig. El. W. 1919 S. 105.

Heizung und Dampferzeugung mittels elektrischem Strom. Ges. Ing. 1919 S. 274.

Über die Wirtschaftlichkeit des elektrischen Backofenbetriebes. Schweiz. Bulletin 1919 S. 135.

F. *Graf*, Einrichtung zum elektrischen Heizen von bestehenden Backöfen. Schweiz. Bulletin 1919 S. 139.

E. G. *Constam*, Der elektrische Dampferzeuger System Revel. Schweiz. Bauz. 1919 I S. 282.
Beschreibung und Abbildung eines elektrischen gußeisernen Kessels mit feststehenden Elektroden, der bei 1 qm Grundfläche und 2,5 qm Höhe mit 750 KW. Belastung stündlich 950 kg Dampf erzeugt. Hinweis auf die günstige Verbindung mit Dampfspeichern zur Aufspeicherung billigen Nachtstromes in Form von Wärmeenergie.

Osten, Über elektrische Warmwasserversorgung. E T Z. 1919 S. 277.

L. *Schneider*, Umwandlung elektrischer Überschußenergie in Wärme. Z. b. R. V. 1919 S. 183.

III. Spezielle Abwärmeverwertung.

1. Bierbrauerei.

In der Bierbrauerei ist die Verwertung der Abwärme von Kessel und Dampfmaschinen seit geraumer Zeit heimisch. Es gibt aber auch kaum einen Industriezweig, wo der Wärmebedarf das ganze Jahr hindurch andauernd so gleichmäßig bleibt wie hier. Die Bierbrauereien waren deshalb unter den ersten Betrieben, welche sich die Vorteile der Abdampfverwertung zunutze machten. Sie haben sich so ihres großen Sohnes, James Prescott Joule, der Physiker und Bierbrauer war, würdig gezeigt. Immerhin bietet gerade die Bierbrauerei noch ein dankbares Feld für Verbesserungen auf diesem Gebiet. Ein Kenner der Verhältnisse im Brauereifach, Prof. Dr. Haack, betonte auf der Oktobertagung 1912 der Versuchs- und Lehranstalt in Berlin, daß eine der hervorragendsten Aufgaben zur Verbilligung des Betriebes zunächst noch die rationelle Ausnützung des Abdampfes bleibe.

Anderwärts scheint man unsere Leistungen auf dem Gebiet der Abwärmeverwertung noch nicht einmal erreicht zu haben; so schreibt K. Fritz[1]): Die Zwischen- und Abdampfverwertung ist schon seit vielen Jahren Gemeingut der deutschen Fachgenossen, während man sich in Österreich überhaupt noch nicht darüber schlüssig ist, ob sie sich für Brauereien eignet.

Genaue und zahlreiche Erhebungen haben ergeben, daß sich für mittlere und größere Brauereien der Wärmeverbrauch auf 100000 bis 120000 Kal./hl Bierausstoß beschränken lasse. Der geringste ermittelte Wert war 70000 Kal./hl. Haack fand aber auch Großbrauereien mit einem Wärmeverbrauch von 250000 bis 300000 Kal./hl. Nach anderen Angaben[2]) schwankten die Kohlenkosten pro hl erzeugtes Bier in einer Reihe von mittleren und Großbetrieben zwischen 30 und 100 Pf. Diese Zahlen beweisen, daß die Wärmeausnützung noch sehr ungleichmäßig erfolgt. Mit Recht wird — und dies gilt nicht nur für den Brauereibetrieb — darauf hingewiesen, daß bei der Dampferzeugung im Kessel und bei der Dampfausnützung in Kraftmaschinen um verschwindend kleine Beträge gefeilscht wird, während die übrige Dampfverwendung noch ganz im argen liegt. Etwas mehr Toleranz im ersten und mehr Genauigkeit im letzten Punkt würde der Wirtschaftlichkeit des Betriebes oft sehr zustatten kommen.

Bei vollkommener Abwärmeausnützung läßt sich der Kohlenverbrauch pro hl Bierausstoß auf etwa 13 kg Steinkohlen zurückführen.

Die Hälfte des gesamten Kraftbedarfes in der Brauerei entfällt auf den Betrieb der Kältemaschinen. Außerdem wird Kraft benötigt für Beleuchtung, Wasserbeschaffung, Antrieb von Rührwerken, Maisch- und Würzepumpen, Aufzügen, der Treberpresse, für Hilfsmaschinen in der Eisfabrik und in der Flaschenkellerei, ferner bei angegliederter Mälzerei für Luftförderanlagen für Gerste und Malz, mechanische Keimgutwender, Maschinen zum Reinigen und Sortieren der Gerste und des Malzes, zum Putzen des Malzes usw.

Die Abwärme kann in Brauereien nutzbar gemacht werden zu Trocknungszwecken, zur Warmwasserbereitung und zur Dampfkochung.

Warme Luft wird zunächst zum Entfeuchten der Rohmaterialien, Hopfen und Malz, gebraucht.

Über die für das Trocknen des Hopfens geeignete Temperatur ist man sich noch nicht einig. Es werden dafür Temperaturen von 21 bis 60° C in Vorschlag gebracht. Die Ansichten der Sachverständigen auf diesem Gebiet gehen ziemlich weit auseinander. Man nimmt an, daß beim Trocknen des Hopfens bei höheren Temperaturen ein Teil der

---

[1]) VII. Jahrb. d. öst. Akad. f. Brauindustrie. 1919 S. 59.
[2]) Z. ges. Brauwes. 1909 S. 469.

Weichharze, die den Hauptbrauwert des Hopfens ausmachen, in Hartharz, ein wertloses Produkt, verwandelt wird.

Die Trocknung der Gerste erfolgt bei Temperaturen von 50 bis 60°C und einer Trocknungsdauer bis zu 24 Stunden. Außer der für verlustfreie Lagerung notwendigen Entfeuchtung, die je nach dem Erntejahr verschieden ist, wird damit auch die Abtötung des überaus schädlichen schwarzen Kornkäfers erreicht.

Das Malzen ist ein physikalischer Vorgang, indem der Gerste zunächst noch Wasser entzogen wird, hauptsächlich jedoch ein chemischer Prozeß, nämlich Umwandlungen von Kohlehydraten und Eiweißstoffen durch Enzymwirkungen. Der Prozeß ist vielgliedrig und besteht in Umwandlung des Zuckers (Invertase), Verzuckerung der Stärke (Diastase), Abbau der Eiweißstoffe (Peptase), Spaltung der Fette (Lipase) und Lösung des Zellstoffes (Cytase). Der erste Vorgang beim Malzen besteht im Keimen der Gerste. Die Gerste wird hierzu in einer Warmwasserweiche von etwa 30°C Temperatur eingeweicht.

Für schlecht keimende Gerste bedient man sich der Heißwasserweiche. Dabei beträgt die Wassertemperatur 40 bis 50°C und die Weichdauer 10 bis 25 Minuten. Auch bei normal keimender Gerste wendet man mancherorts die Heißwasserweiche dergestalt an, daß man 5 bis 6 Stunden vor dem Ausweichen Warmwasser von 40 bis 50°C in die Weiche gibt und nach einigen Minuten wieder abläßt. Der Haufen kommt bei diesem Verfahren mit ca. 20° auf die Tenne, wo infolge dieser hohen Temperatur der Wachstumsprozeß sofort einsetzt[1]).

Die Heißwasserweiche von 50 bis 100°C Temperatur ist heute wieder verlassen.

Nach dem Weichen kommt die Gerste zum Keimen auf die Malztenne in Schichten von 12 bis 30 cm, bis sich 6 bis 8 mm lange Würzelchen gebildet haben. Der Keimprozeß wird sodann unterbrochen und das „Grünmalz" auf dem Trockenboden und auf der Malzdarre mittels Heißluft gedarrt. Die Heißluft kann entweder in einer eigenen Feuerung oder durch Maschinenabdampf erzeugt werden. Bei zwei mit direkter Feuerung angestellten Versuchen[2]) betrugen unter Zugrundelegung eines Wärmepreises von 31,6 bzw. 37,8 Pf. pro 100000 Kal. die Kohlenkosten pro 100 kg fertiges Malz 44,1 bzw. 44,4 Pf. Diese Zahlen geben einen Anhaltspunkt, um die Wirtschaftlichkeit der Abdampflufterhitzung an Stelle der Feuertrocknung nachzuprüfen.

Die Temperaturen beim Darren betragen meist 60 bis 70°C. Unter 46 Stunden Dauer wird selten gedarrt.

In neuerer Zeit, wo die Versteuerung des Malzes nicht mehr nach dem Raummaß, sondern allgemein nach dem Gewicht erfolgt, gewinnt

<hr>

1) Z. ges. Brauwes. 1909 S. 65.
2) Z. bay. R. V. 1911 S. 81.

das Nachtrocknen des Malzes kurz vor seiner Verarbeitung steigende Bedeutung. Die Trockenvorrichtung, ähnlich dem Ottoschen Trebertrocknungsapparat, besteht aus einer durchlochten rotierenden Trommel, in der sich ein ebenfalls rotierendes Dampfrohrbündel befindet, das mit Abdampf geheizt wird. Getrocknet werden Malze mit einem Mindestfeuchtigkeitsgehalt von 5 bis 6 $\%$. Das Korn wird etwa 10 Minuten dem Trockungsprozeß unterworfen und kommt hierauf sofort zum Verschroten.

Die Ersparnis an Malzsteuer nach Trocknung von 5 auf 3 $\%$ beträgt bereits ca. 2,5 $\%$. Dieser Vorteil dürfte schon bei einer mittleren Brauerei mit 8000 bis 10000 Ztr. Malzverarbeitung ins Gewicht fallen, um so mehr natürlich bei größeren Brauereien. Eine weitere Ersparnis ergibt sich aus der Qualitätsverbesserung, da das getrocknete Malz eine höhere Sudhausausbeute liefert als das feuchte[1]). Zum Trocknen wird Abdampf von atmosphärischer Spannung ausgenützt, da die Warmluft nicht viel über 100 ^{0}C haben darf, weil sonst Nachfärbung des Malzes eintritt und der Extraktgehalt leidet. Die günstigste Temperatur wird zu 95 ^{0}C angegeben[2]).

In geringeren Mengen wird Heißluft zum Trocknen der Hefe benötigt. Die Naßhefe hat einen Feuchtigkeitsgehalt von ca. 80 $\%$. Sie wird in einem mit Dampf geheizten Tellertrockenapparat bis auf 5 $\%$ Wassergehalt getrocknet. Der vielfach gebräuchliche Apparat von Oschatz wird mit Frischdampf von 6 bis 7 Atm. Spannung geheizt. Es unterliegt aber durchaus keiner Schwierigkeit, Zwischendampf von 1 bis 3 Atm. Spannung zum Trocknen zu benützen.

Die Trockenhefe enthält 50 bis 54 $\%$ Eiweiß und ist ein vorzügliches Futtermittel. Zur Nährhefefabrikation muß die Trockenhefe gewaschen und entbittert werden. Bei 250000 hl Bierausstoß fallen rund 10 hl dickbreiige Hefe an.

Endlich beansprucht die Trebertrocknung nicht geringe Wärmemengen. Hier ist der Abdampf mit besonderem Vorteil zu verwenden, da die hohe Temperatur des Frischdampfes von ungünstigem Einfluß auf den Wert des Trockengutes ist.

Der Apparat von Hecking besteht aus einer doppelwandigen mit Dampf geheizten Innentrommel, durch welche die nasse Treber axial geschoben und vorgetrocknet wird. Sie gelangt dann in eine ebenfalls geheizte äußere Trommel, aus welcher sie fertig getrocknet in eine Sammelgrube entleert wird. Man rechnet aus 1000 kg Einmaischquantum etwa 1200 kg ungepreßte Naßtreber oder 300 kg Trockentreber, zu deren Entwässerung 1000 kg Abdampf von Atmosphären-

---

[1]) Z. ges. Brauwes. 1910 S. 425.
[2]) Z. ges. Brauwes. 1911 S. 641.

spannung gebraucht werden. Wird die Treber vor dem Trocknen bis auf rund $50\,^0/_0$ Feuchtigkeitsgehalt ausgepreßt, so kommt man mit einer Abdampfmenge von 550 bis 650 kg´pro 1200 kg ungepreßte Naß-treber aus. Die modernen Trockenapparate arbeiten mit 90 bis $93\,^0/_0$ Wärmewirkungsgrad.

Die Trockentreber enthält noch 7 bis $12\,^0/_0$ Feuchtigkeit und beträgt 27 bis $30\,^0/_0$ der Einmaischmenge. Der Wert getrockneter Treber als Futtermittel für Milchkühe und zur Aufzucht und Ernährung von Pferden ist sehr hoch. In der Naßtreber bilden sich im Sommer leicht Säuren und Schimmelpilze, die fürs Vieh schädlich sind.

Außer zum Trocknen und Darren kann der Abdampf im Brauerei-betrieb zur Bereitung von Warm- und Heißwasser Verwendung finden, worin der Bedarf sehr hoch ist. Außer, wie schon erwähnt, zum Ein-weichen, werden große Mengen Warmwasser für verschiedene Reini-gungszwecke benötigt. Pro 1000 kg Malzschüttung = ca. 52 hl Bier-erzeugung kann man im Durchschnitt 20 bis 30 hl Reinigungswasser, je nach der Ausdehnung der Flaschenkellerei, veranschlagen.

Der größte Teil des im Brauereibetrieb benötigten Warmwassers von 40 bis $50\,^0$C dient zum Einmaischen. Während des Maischens sollen die im Malz enthaltenen löslichen Stoffe in Lösung gehen.. Dieses Auslaugen, wie man es bezeichnen könnte, erfolgt in der Maischpfanne.

Pro 1000 kg Malzschüttung beträgt der Bedarf an warmem Ein-maischwasser 30 bis 35 hl. Die Maischpfanne wird mit Dampf von 0.75 bis 2 Atm. Üb. geheizt, wovon später noch die Rede sein wird.

Nach dem Maischen kommt der Inhalt der Maischpfanne in den Läuterbottich oder auf den Maischfilter, wo sich die festen Bestandteile (Treber) von den flüssigen (Stamm- oder Vorderwürze) absondern. Die Treber enthält noch·viele wertvolle Bestandteile und wird durch heißes Wasser ausgelaugt. Mit dem Auslaugen, Aussüßen oder „Anschwänzen“ bezweckt man die Gewinnung der in der Treber noch enthaltenen Würze, sowie die Verzuckerung der noch nicht aufgeschlossenen Stärke. Die so gewonnene „Nachwürze“ wird mit der Vorderwürze vereinigt. Ein letzter Aufguß der Treber mit warmem Wasser gibt das sog. Glattwasser, das zur Spiritusfabrikation und als Viehfutter Verwendung findet. Da beim Abläutern die obersten Schichten der Treber etwas abkühlen, wählt man die Temperatur des ersten Anschwänzwassers zu 80 bis $90\,^0$C, des folgenden nur zu 70 bis $80\,^0$. Die Menge des benötigten Anschwänz wassers beträgt 40 bis 50 hl pro 1000 kg Malzschüttung.

Der überwiegende Teil des Abdampfes wird im Brauereibetrieb für das Maische- und Würzekochen verbraucht. Das erstere geschieht, wie schon kurz erwähnt, bei einem Dampfdruck von 0,75 bis 2 Atm. Üb. Es sind zwei Maischverfahren üblich, nämlich:

1. Das Infusionsverfahren, bei welchem die gesamte Malz- und Wassermenge gleichmäßig auf die Abmaischtemperatur gebracht wird.

2. Das Dekoktionsverfahren, wobei bestimmte Mengen der Maische gekocht und zum ungekochten Rest hinzugefügt werden. Dieses Mischen wird so oft wiederholt, bis die ganze Maische gekocht ist. Die Temperatur der abgeschöpften Maische wird nach jedem Sud erhöht, so daß jene

der 1. Maische . . . . 50 bis 52°C
der 2.   ,, ... 62 bis 65°C
und die der 3.   ,, ... 70 bis 75°C

(Abmaischtemperatur) beträgt. Die erste und zweite Maische heißen Dickmaische, die dritte Läutermaische. Schwer angreifbare Malzbestandteile werden wohl auch durch Kochen unter Druck von ca. 1 Atm. aufgeschlossen. Man kann für diesen Zweck pro 1000 kg Malzschüttung etwa 700 kg Dampfverbrauch annehmen, während das Kochen der Maische ohne Druckhalten pro 1000 kg Schüttung ca. 800 kg Dampf mit einer mittleren Spannung von 1 Atm. Üb. erfordert.

Der Läuterbottich, so benannt, weil in ihm die Würze abgeläutert wird, ist ähnlich wie die Maischpfanne meist mit einem mit Dampf geheizten Doppelboden versehen, um die Nachwürze warm zu halten. Der Dampfverbrauch für den Läuterbottich kann zu 400 kg pro 1000 kg Einmaischmenge veranschlagt werden.

Die vereinigte Vorder- und Nachwürze gelangt in die Hopfenpfanne oder Sudpfanne zum Kochen. Dabei sollen die koagulierbaren Eiweißstoffe ausgeschieden, die Würze konzentriert und sterilisiert, sowie die richtige Farbe und der richtige Geschmack des Produktes erzielt werden.

Die modernen Dampf-Sudpfannen arbeiten mit einem Wärmewirkungsgrad von 90 bis 92 °/o. Der Dampfüberdruck im Heizmantel der Pfannen beträgt nicht unter 0,5 Atm., meist aber 1 bis 2 Atm. Üb. Am Anfang der Dampfleitung kann ein etwas höherer Druck nötig sein, um den Spannungsverlust in der Leitung zu decken.

Die Kochzeit beträgt für Winterbiere ca. $1^{1}/_{2}$ Stunden, für Lagerbiere 2 bis 3 Stunden, wenn die Würze nach dem Dekoktionsverfahren gewonnen wurde und bis zu 5 Stunden für die nach dem Infusionsverfahren hergestellte Würze. Der Dampfverbrauch schwankt der Länge der Kochdauer entsprechend je nach der Biersorte in weiten Grenzen und beträgt 1600 bis 3000 kg pro 1000 kg Malzschüttung.

Nach dem Kochen kommt die Würze in die Kühlschiffe und damit ist die Wärmebehandlung beendet.

Zusammengefaßt ist der Bedarf an Warm- und Heißwasser und an Kochdampf pro 10 dz = 1000 kg Malzschüttung = ca. 52 hl Bierausstoß folgender:

Zahlentafel 51.

Warmwasser für Reinigungszwecke . .	von 40—50⁰	20—30 hl
„ zum Einweichen	„ 40—50⁰	gering
„ „ Einmaischen . . .	„ 40—50⁰	30—35 hl
Heißwasser zum Anschwänzen	„ 70—90⁰	40—50 hl
Dampf für die Hopfendarre	von 1 Atm. abs.	gering
„ „ die Malzdarre	„ 1 „ „	„
„ „ Trebertrocknung	„ 1 „ „	500—1000 kg
„ „ die Maischpfanne	„ 0,75—2 Atm. Üb.	800 kg
„ „ den Läuterbottich	„ 0,75—2 „ „	400 kg
„ „ die Sudpfanne	„ 0,75—2 „ „	1600—3000 kg
„ „ Hefetrocknung	„ 1—3 „ „	gering.

Bei Verwertung der heißen Kondenswässer aus den Pfannen und Warmwasserapparaten wird vom gesamten Zwischen- und Abdampf (ohne Trebertrocknung) verbraucht:

ca. 50—55 ⁰/₀ zum Würzekochen,

ca. 30—35 ⁰/₀ zum Maischen und Abläutern,

ca. 8—10 ⁰/₀ für Warm- und Heißwasserbereitung.

Der Gesamtdampfbedarf einer Brauerei für Warm- und Heißwasserbereitung, Durchführung des Maisch- und Sudprozesses, Trebertrocknung, Maschinenbetrieb usw. beträgt pro 10 dz = 1000 kg Malzschüttung 8000 bis 10000 kg. Bei diesem hohen Betrag liegt es auf der Hand, daß die rationelle Abwärmeverwertung von beträchtlichem Einfluß hinsichtlich der Gesamtwirtschaftlichkeit ist.

Bemerkenswerte Feststellungen in diesem Punkte macht Prof. E. Haack, indem er sagt[1]): „Betriebe, welche die Abdampfverwertung nach jeder Richtung gut durchgeführt hatten und glaubten am Ende des Erreichbaren zu sein, hatten immer noch einen riesigen Abdampfüberschuß, der nicht verwertet werden konnte. Dieses Mißverhältnis zwischen Abdampfproduktion und -verwertung wird nun in der Regel hervorgerufen durch den hohen spezifischen Dampfverbrauch der Betriebsmaschine, die lange tägliche Arbeitszeit derselben und durch den hohen Kraftbedarf des Betriebes." Als Abhilfe dagegen wird vorgeschlagen: Aufstellung von sparsam arbeitenden Dampfmaschinen, Beschränkung des Kältebedarfs durch weitgehende Raumausnützung in den Kellern, gute Vorkühlung der heißen Würze, beste Kellerisolierung und gute Instandhaltung der Kühlmaschinenanlage. Der Kühlmaschinenbetrieb soll beendet sein, wenn die Arbeit im Sudhaus zu Ende ist. Die bequeme elektrische Kraftverteilung führt leicht zur Kraftverschwendung. Fast immer haben Betriebe mit weitgehend durchgeführter elektrischer Kraftverteilung einen sehr hohen Kraftbedarf.

---

[1]) W. f. Br. 1912 S. 37; W. f. Br. 1915 S. 14.

Fig. 127. 600 PS-Tandem-Verbundmaschine für Zwischen- und Abdampfverwertung im Bürgerlichen Brauhaus München. Maschinenfabrik J. A. Maffei, München.

$p_a = 14\tfrac{1}{2}$ Atm. Üb. $t_a = 300\,°$C. $p_e = 2\tfrac{1}{2}$ Atm. Üb. $p_c = 0{,}2$ Atm. abs. $n = 110/\text{min}$.

Prof. Ganzenmüller[1]) weist ebenfalls darauf hin, daß durch Einführung der Kühlmaschinen der Kraftbedarf der Brauereien derart erhöht wurde, daß trotz Wassererwärmung ein Überschuß an Abdampf vorhanden ist. Eine Ausnützung des Abdampfes in einem Betrieb mit künstlicher Kühlung war erst dann restlos möglich, nachdem die Dampfheizung der Braupfannen an Stelle der Feuerkochung Eingang gefunden hatte.

Durch den Betrieb der Pfannen mit Zwischen- oder Abdampf gegenüber Kesseldampf werden die Schwankungen des Dampfverbrauches derart vermindert, daß man statt Großwasserraumkessel Wasserrohrkessel verwenden kann. Die Dampfverbrauchs- und Kraftbedarfsverhältnisse sind so gelagert, daß man für Brauereien unter 10 000 hl jährlichem Bierausstoß die Gegendruckmaschine, in größeren Betrieben meist die Entnahmemaschine wählen wird. Die Heizfläche der Braupfannen ist derart zu bemessen, daß ein Überdruck des Heizdampfes von 0,75 bis 1, höchstens 2 kg/qcm genügt. Die Temperatur des Kesselbodens hat 120 bis 130°C zu betragen[2]).

Da im Winter die Betriebskraft für die Kühlmaschinen geringer ist als im Sommer, so ist es vorteilhaft, mit der Brauerei eine Mälzerei zu verbinden, deren Kraftbedarf neben jenem für Beleuchtung von der Betriebsmaschine befriedigt wird.

Die Überhitzung des Dampfes erniedrigt den Dampfverbrauch der Maschine und damit die Abdampfmenge. Sie ist also anzuwenden, wo sich leicht ein Dampfüberschuß einstellt. Umgekehrt ist bei sehr großem Abdampfbedarf nicht nur Sattdampfbetrieb, sondern zuweilen sogar die Dampfturbine zu wählen, deren Dampfverbrauch und folglich Abdampfmenge größer als bei der Kolbenmaschine ist. Meistens läßt aber die Möglichkeit des direkten Kompressorantriebes die Wahl auf die Kolbenmaschine fallen. Unter Umständen wäre, um den Abdampf rationell zu verwerten, im Kühlmaschinensystem die Kombination einer Kompressionskühlmaschine mit einer durch den Abdampf der Maschine betriebenen Absorptionskältemaschine zu treffen. Der Dampfverbrauch der Ammoniakpumpe einer Absorptionsmaschine ist nur etwa $^1/_8$ des Dampfverbrauches einer Kompressionsmaschine.

Falls der Abdampf der Betriebsmaschinen zur Warmwasserbereitung nicht ausreicht, werden mit wirtschaftlichem Erfolg die von den Pfannen abziehenden Schwaden in Vorwärmern ausgenützt. Hierzu ist zu bemerken, daß die Vorwärmerheizflächen groß bemessen werden müssen, falls der Schwadendampf lufthaltig ist, wodurch die Wärmeübertragungszahl auf $^1/_2$ bis $^1/_4$ ihres normalen Wertes sinkt. Wo über-

[1]) Z. ges. Brauwes. 1913 S. 389.
[2]) Z. ges. Brauwes. 1918 S. 141.

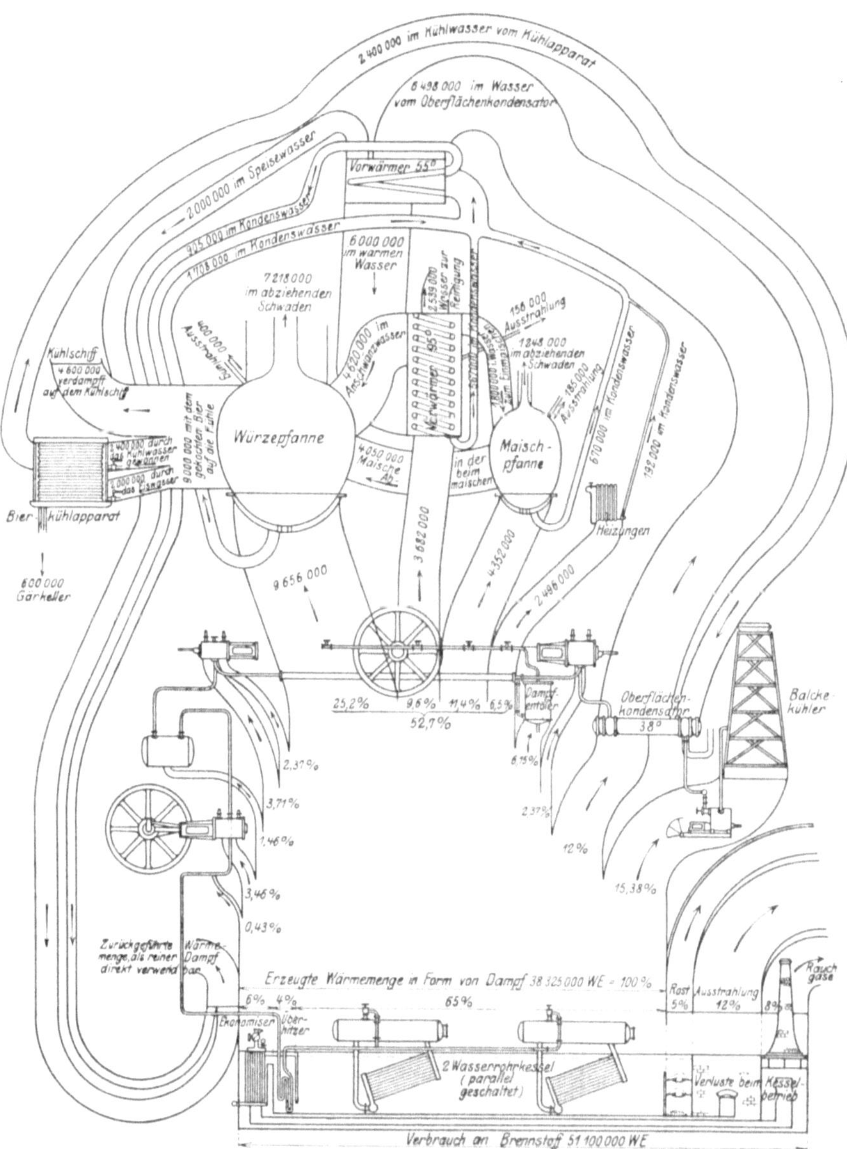

Fig. 128. Wärmebilanz einer Brauerei bei täglich rund 1000 hl Bierausstoß.

In Arbeit verwandelte Wärme:	Zum Heizen und Kochen usw. nutzbar gemachte Wärme:	Gesamte nutzbar gemachte Wärme:
3,46	52,7	11,91
6,08	12,0	64,70
2,37	64,7 %	76,61 %
11,91 %		

schüssige Wasserkräfte verfügbar sind, können nach einem neuen Verfahren die Schwadendämpfe immer wieder komprimiert und zur Heizung verwendet werden. Auf diese Weise lassen sich mit einem Aufwand von 1 KW.-St. im Mittel 16—18 kg Wasser verdampfen.

Die Wärmebilanz einer neuzeitlich eingerichteten Großbrauerei ist in der instruktiven Fig. 128 im Bilde wiedergegeben. In dieser Anlage wird Dampf von 17 Atm. Üb. und 300°C Temperatur in drei Wasserrohrkesseln von je 180 qm Heiz- und 65 qm Überhitzerfläche erzeugt. Er wird in drei Stufen zur Arbeitsleistung verwendet, nämlich zunächst in einer 100 PS-Einzylindermaschine mit 8 Atm. Gegendruck. Von hier strömt der Dampf in ein Reservoir, das zugleich mit den Kesseln durch ein Reduzierventil in Verbindung steht. Aus diesem Behälter gelangt er in den Hochdruckzylinder einer 300 PS-Verbundmaschine, welche eine Entnahme von Zwischendampf mit veränderlicher Spannung von 0,75 bis 2,5 Atm. Üb. gestattet. Der Zwischendampf wird·verwendet zur Speisung von Würzepfanne, Läuterbottich, Maischpfanne, Heißwasserbereiter und im Winter zur Beheizung von Bureau- und Wohnräumen. Die Pfannen werden durch Doppelböden geheizt, die Würzepfanne überdies durch eine kupferne Heizschlange. Der Rest des Dampfes wird noch im Niederdruckzylinder bis auf Vakuumspannung herab ausgenützt. Bemerkenswert ist das System der Warmwasserbereitung zunächst durch den Abdampf des Niederdruckzylinders der Verbundmaschine auf 38°, dann mittels der Kondenswässer aus Würze- und Maischpfanne auf 55° und endlich durch Zwischendampf auf 95°C. Die ganze Dampfanlage (Rob. Leicht in Vaihingen bei Stuttgart) kann als mustergültig bezeichnet werden. Der Wärmewirkungsgrad beträgt bezogen auf Dampf 76,61 %, bezogen auf Kohle 47,59 %. Dabei ist noch nicht berücksichtigt, daß im Bierkühlapparat, ferner im Speisewasser und im Kondenswasser des zweiten Vorwärmers noch 13,65 % der in Form von Dampf erzeugten Wärme wieder zurückgewonnen werden.

Fig. 129 und 130 geben ein Bild des Dampfverbrauches an einem Durchschnittstag bei täglich drei Suden und zwar Fig. 129, wenn der im Sudhaus erforderliche Dampf unmittelbar den Kesseln entnommen wird und Fig. 130, wenn mit Zwischendampf gekocht wird, der vorher in einer.oder zwei Stufen gearbeitet hat. Dabei ist folgendes zu berücksichtigen: Bei jedem Sud werden drei Maischen und eine Würze gekocht, die für je einen Sud in derselben Schraffur angelegt sind, wogegen Anwärmen und Kochen verschieden bezeichnet sind. Zu Zeiten, wo kein Kochgefäß Dampf beansprucht oder nur ein Maische- bzw. Würzegefäß in Betrieb ist, wird Warmwasser bereitet, während der Dampf für die Heizungen während der ganzen Zeit in gleichbleibender Menge entnommen wird. Bei beiden Figuren sind die Leitungsverluste, weil jedesmal annähernd gleich, außer acht gelassen.

Hervorzuheben ist bei Fig. 130, außer dem bedeutend geringeren Dampfverbrauch als bei Fig. 129, der den ganzen Tag sehr gleichmäßig bleibende Verlauf.

Der Haupterfolg in der möglichst weitgehenden Wärmeausnützung des Brennstoffes wird erzielt durch Entnahme von Zwischendampf zu Koch- und Heizzwecken aus dem Aufnehmer der Verbundmaschine sowie durch Zuziehung von Abdampf aus dem Niederdruckzylinder zur Warmwasserbereitung, während aller nicht gebrauchte Maschinendampf unter hochgradiger Luftleere niedergeschlagen wird. Gleichzeitig ist in dieser modernen Anlage noch ein zweiter Vorteil erreicht worden, d. i. das sehr geringe Erfordernis an Bedienungsmannschaft. Alle entbehrliche Menschenkraft ist durch selbsttätige Vorrichtungen ersetzt, ein Umstand, der dem Betriebe Unabhängigkeit sichert, ganz abgesehen von erhöhter Betriebssicherheit und geringeren Unkosten. Da aber, wo sich menschliches Eingreifen nicht umgehen läßt, ist nach Möglichkeit alles mit Einrichtungen versehen, die dem Betriebsleiter ermöglichen, die Sachlage mit einem Blicke zu überschauen. Um an warmem Wasser, das ja in gewaltigen Mengen gebraucht wird, tunlichst zu sparen, ist im Sudhaus eine Sammelleitung angebracht, in welchem mehrere abschließbare Leitungen einmünden, die verschieden warmes Wasser führen, beispielsweise von 10, 35, 50 und 90°C. Da das 10° und 35° warme Wasser in großen Mengen mit Leichtigkeit zu beschaffen ist, das wärmere aber besonders erwärmt werden muß, so liegt es im Interesse der Wirtschaftlichkeit, daß nicht mehr heißes Wasser als durchaus nötig verwendet wird, was bei dieser bequemen Anordnung der Hähne leicht zu erreichen ist. Es ist dabei auch möglich, durch gleichzeitiges Öffnen zweier Hähne jede beliebige Mischtemperatur zwischen 10° und 90° zu erreichen. Hocherwärmtes Wasser wird dabei aus dem erwähnten Grunde so wenig als möglich zugesetzt. Ein Thermometer zeigt am Ende der Sammelleitung sofort die erzielte Mischtemperatur an. Zur Kontrolle sind überdies im Maschinenhaus eine Thermometer- und eine Manometeranlage angebracht, die groß zur Anschauung bringen, welche Temperatur die verschiedenen Hauptwässer haben und wie hoch die Behälter noch gefüllt sind.

Die in Fig. 127 dargestellte Dampfmaschine einer Münchener Großbrauerei arbeitet mit Entnahme von Zwischendampf von $2^{1}/_{2}$ bis 3 Atm. Üb. Der Abdampf wird nach seiner Entölung zur Erwärmung von Wasser auf 45°C verwendet. Ein kleiner Teil dieses Wassers wird durch den Zwischendampf auf 80°C zum Anschwänzen erhitzt. Ferner wird Zwischendampf zum Maischen und Kochen verwendet und zwar werden bei einer Maschinenbelastung von rd. 450 PS

Fig. 129 und 130.

Dampfverbrauch für den Betrieb der Dampfmaschinen und für die Herstellung von 3 Suden von je 4500 kg Malz in 24 St. Brauerei R. Leicht in Vailsingen.

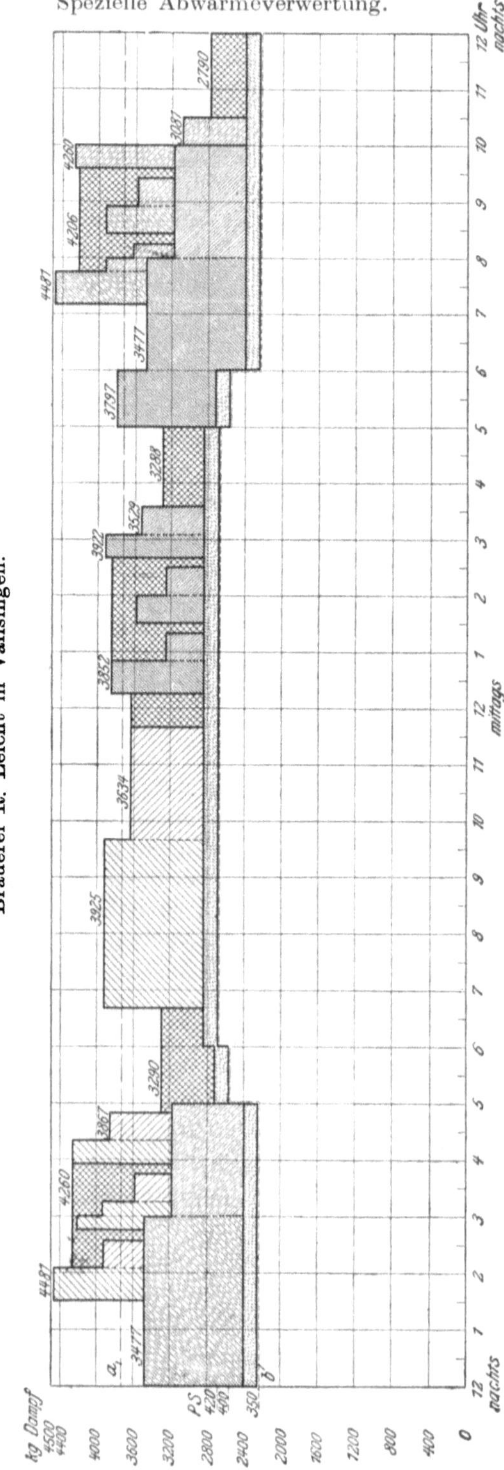

Fig. 129. Der Heizdampf wird unmittelbar dem Kessel entnommen.

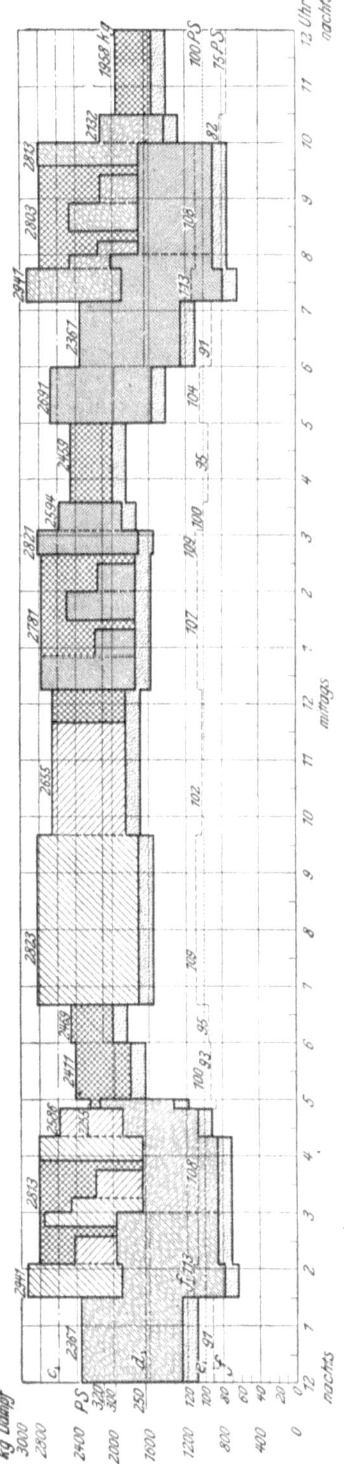

Fig. 130. Der Heizdampf wird dem Aufnehmer entnommen.

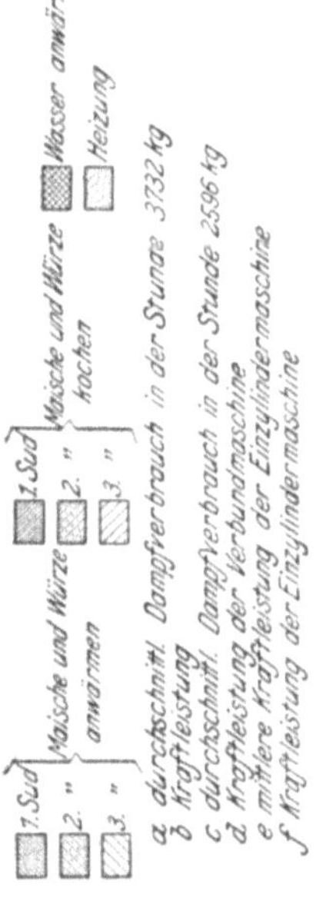

Fig. 130a.

etwa 70 °/o des der Maschine zugeführten Dampfgewichtes zum Maischen und Kochen, 55 °/o zum Kochen allein benötigt. Der Rest des nicht zur Warmwasserbereitung verwendeten Abdampfes wird in einem Einspritzkondensator niedergeschlagen.

Einschlägige Literatur.

C. Linde, Die Wärme im Haushalte der Bierbrauereien. Z. bay. R. V. 1901 S. 123.

Ch. Eberle, Der Einfluß der Dampfkochung auf die Dampfanlagen der Bierbrauereien. Z. bay. R. V. 1902 S. 106.

Ch. Eberle, Die neue Dampfanlage der Pschorrbrauerei in München. Z. bay. R. V. 1904 S. 183.

Ch. Eberle, Abdampfkochung für kleinere und mittlere Bierbrauereien. Z. bay. R. V. 1906 S. 143.

Ch. Eberle, Die neue Dampfanlage der Altenburger Aktienbrauerei in Altenburg. Z. bay. R. V. 1907 S. 31.

Ch. Eberle, Die neue Dampfanlage der Aktienbrauerei zum Löwenbräu und der Freiherrl. v. Tucherschen Brauerei. Z. bay. R. V. 1908 S. 77.

Alte und neue Dampfanlage einer mittelgroßen Bierbrauerei mit Dampfkochung. Z. bay. R. V. 1911 S. 210.

G. Fries, Über das Nachtrocknen des Malzes. Z. ges. Brauwes. 1911 S. 641.

M. Hottinger, Einige Dampfkraftanlagen mit Abwärmeverwertung. Z. V. deutsch. Ing. 1912 S. 11.
Inhaltsangabe s. S. 77.

Th. Ganzenmüller, Shiguli-Brauerei in Baku. Z. ges. Brauwes. 1912 S. 15.
Die Einzylindermaschine von 250 PS wird mit einem Anfangsüberdruck von 10,1 Atm. und einem Gegendruck von 2,5 Atm. Üb. betrieben. Der Abdampf wird nach Durchströmen eines Ölabscheiders zur Beheizung der mit Doppelwirkung arbeitenden Seewasserdestillatoren sowie der Braupfannen verwendet.

E. Vogel, Zur Frage des Nachtrocknens von Malz. Z. ges. Brauwes. 1912 S. 40.

J. Rankl, Ist das Nachtrocknen von Malz rentabel? Z. ges. Brauwes. 1912 S. 473.

Eisenbach, Selbsttätige Trebertrockenanlagen. Z. ges. Brauwes. 1912 S. 361.

E. Moufang, Über die Wirkung verschiedener Vormaischtemperaturen. W. f. Br. 1912 S. 369.
Einfluß der Höhe und der Dauer der Einwirkung verschiedener Vormaischtemperaturen auf die qualitative und quantitative Zusammensetzung der Würze.

E. Haack, Der Abdampfüberschuß. W. f. Br. 1912 S. 37.

K. Fehrmann, Maschinentechnische Revisionen als Grundlage für Betriebsverbesserungen, zugleich ein Beitrag zur Bedeutung der Dieselmotoren im Brauereibetrieb. W. f. Br. 1912 S. 598.

E. Haack, Über den Strombezug von elektrischen Zentralen. W. f. Br. 1912 S. 605.
  Angaben über den Verbrauch von Warmwasser, Frischdampf und Kraft in Brauereien von 60 000 bis 200 000 hl Bierausstoß. Ein Betrieb, der gerade so viel Abdampf erzeugt als er benötigt, kann nicht daran denken, Strom von einem Elektrizitätswerk zu beziehen.

Th. Ganzenmüller, Rationelle Brauereieinrichtungen und deren wirtschaftlicher Betrieb. Z. ges. Brauwes. 1913 S. 357.

K. Schindele, Wie können die Betriebskosten der mittleren und kleineren Brauereien erniedrigt werden? Z. ges. Brauwes. 1913 S. 389.

Tartar, Über die Wirkung des Darrens bei 63°C auf die Zusammensetzung des Hopfens. W. f. Br. 1913 S. 17.

Windisch, Die Warmwasserweiche. W. f. Br. 1913 S. 68.

E. Haack, Abnahmeversuch an einer Abdampfkühlmaschine. W. f. Br. 1913 S. 327.

Heeger, Die Hefetrocknungsanlage in der Brauerei Julius Bötzow, Berlin. W. f. Br. 1913 S. 392.

Herrmann, Die Hefetrocknungsanlage in der Schultheiß-Brauerei in Berlin. W. f. Br. 1913 S. 427.

J. F. Hoffmnan, Die Gerstentrocknung in der Tuborg-Brauerei in Kopenhagen. W. f. Br. 1913 S. 460.

J. F. Hoffmann, Der Wärmebedarf für Erzeugung von Darrmalz. W. f. Br. 1913 S. 504.

G. Nies, Die Hefetrockenanlage der Brauereigesellschaft vorm. S. Moninger in Karlsruhe. Z. ges. Brauwes. 1914 S. 241.

Th. Langer, Über die Ausbildung von Farbe und Aroma beim Darren des Malzes. Z. ges. Brauwes. 1914 S. 90.

H. Doevenspeck, Verbesserungsvorschläge für die Beheizung von Luftmalzdarren unter Benützung von Lamellenkaloriferen und gasförmigen Brennstoffen. Z. ges. Brauwes. 1914 S. 273.

F. Fehrmann, Beiträge zur Frage des Kraft- und Dampfverbrauches in Brauereien. W. f. Br. 1914 S. 47.
  1. Brauerei mit Tennenmälzerei für den eigenen Betrieb; 130 000 hl/J. Bierausstoß; Doppelsudwerk für 64 Ztr. Schüttung; Feuerkochung.
  2. Brauerei ohne eigene Mälzerei; 150 000 hl/J. Bierausstoß; Doppelsudwerk für 31 Ztr. Schüttung; Dampfkochung.
  3. Brauerei ohne eigene Mälzerei; 35 000 hl/J. Bierausstoß; Sudwerk für 26 Ztr. Schüttung; Dampfkochung.
  4. Brauerei ohne eigene Mälzerei; 40 000 hl/J. Bierausstoß; Doppelsudwerk für 43 Ztr. Schüttung; Dampfkochung.
  5. Brauerei mit pneumatischer Trommelmälzerei; 150 000 hl/J. Bierausstoß; Doppelsudwerk für 76 Ztr. Schüttung; Dampfkochung.
  6. Brauerei ohne eigene Mälzerei; 90 000 hl/J. Bierausstoß; Doppelsudwerk für 60 Ztr. Schüttung; Dampfkochung.
  7. Brauerei mit Tennenmälzerei; 120 000 hl/J. Bierausstoß; Sudwerk für 72 Ztr. Schüttung; Dampfkochung.

   8. Brauerei mit Mälzerei; 65000 hl Bierausstoß; Doppelsudwerk für 54 Ztr. Schüttung; Dampfkochung.

   9. Brauerei ohne Mälzerei; mit Kühlung durch Kompressionskühlmaschinen, aber ohne Eiserzeugung; 80000 hl/J. Bierausstoß; Doppelsudwerk für 47 Ztr. Schüttung; Dampfkochung.

  10. Brauerei ohne Mälzerei; Sudwerk für 30 Ztr. Schüttung.

  11. Brauerei mit pneumatischer Mälzerei; 220000 hl/J. Bierausstoß; Sudwerk für 100 Ztr. Schüttung; Dampfkochung.

  12. Brauerei ohne Mälzerei; 70000 hl/J. Bierausstoß; Sudwerk für 60 Ztr.

  13. Brauerei ohne Mälzerei; 75000 hl/J. Bierausstoß; 2 Sudwerke für je 56 Ztr. Schüttung.

  14. Brauerei ohne Mälzerei; 100000 hl/J. Bierausstoß; Sudwerk für 50 Ztr. Schüttung.

  15. Brauerei ohne Mälzerei; 100000 hl/J. Bierausstoß; Sudwerk für 48 Ztr. Schüttung.

W. Windisch, Dampfkochung oder Feuerkochung. W. f. Br. 1914 S. 217.

W. Coblitz, Brauer und Mälzer, trocknet eure Gerste! W. f. Br. 1914 S. 331.

F. Fehrmann, Wrasenvorwärmer für Braupfannen. W. f. Br. 1914 S. 341.

C. Krüger, Bericht über die dampftechnische Betriebsführung in der Brauerei von Janssen & Bechly in Neubrandenburg. W. f. Br. 1914 S. 357.

Stauf, Ausnützung von Schwadendampf zur Warmwasserbereitung. Z. bay. R. V. 1914 S. 105.

E. Haack, Aus den Jahresberichten der Versuchs- und Lehranstalt für Brauerei in Berlin. W. f. Br. 1915 S. 14.
Maßnahmen zur Beseitigung des Abdampfüberschusses. Der Explosionsmotor in der Brauerei.

Rolf, Erfahrungen beim Gerstetrocknen. W. f. Br. 1915 S. 27.

E. Haack, Der Einklang zwischen Abdampferzeugung und Abdampfverwertung. W. f. Br. 1915 S. 93.
Bemerkungen zum gleichen Gegenstand W. f. Br. 1915 S. 133 u. 162.

E. Haack, Die Maschinenzentrale der Sozietätsbrauerei Waldschlößchen in Dresden. W. f. Br. 1915 S. 213.
Dampfverbrauchsversuche an einer 400 PS-Verbundmaschine mit Zwischendampfentnahme von 0,9 Atm. Üb.

K. Windisch, Das Trocknen des Getreides auf der Darre. W. f. Br. 1915 S. 309.

F. Achilles, Über Kraftbedarf und Wärmebedarf in gewerblichen Betrieben. W. f. Br. 1915 S. 211.

F. Spalek, Über Kohlenökonomie in Brauereibetrieben. Z. öst. Ing. Arch. V. 1915 S. 521.
Nach den Erfahrungen Spaleks benötigt 1 hl Bier für seine ganze Erzeugungs- und Wartungsmanipulation pro Jahr:

a) in einer Brauerei mit eigener Mälzerei, Kühlmaschinenanlage und
   Faßfabrik . . . . 8,6 — 10,6 PS$_i$.
b) in einer Brauerei mit eigener Mälzerei, Kühlmaschinenanlage, ohne Faßfabrik . . . . 8,5 — 10,5 „
c) in einer Brauerei ohne Mälzerei, mit Kühlmaschinenanlage, ohne Faßfabrik . . . . 6,3 — 8,3 „
d) in einer Brauerei mit Mälzerei, ohne Faßfabrik und
   ohne Kühlmaschinenanlage. . . . . 3,6 — 5 „
e) in einer Brauerei ohne Mälzerei, ohne Faßfabrik
   und ohne Kühlmaschinenanlage . . . . 2,8 — 5 „

F. Barth, Dampf oder Elektrizität für Brauereibetriebe. Z. D.
M. 1916 S. 41.

W. Goslich, Fernheizungen in Brauereien. W. f. Br. 1916 S. 17.

J. F. Hoffmann, Das Trocknen von Gerste auf der Darre. W.
f. Br. 1916 S. 327.

E. Haack, Der Wasserverbrauch zum Faß- und Flaschenspülen.
W. f. Br. 1916 S. 329.

E. Haack, Jahresbericht über die Tätigkeit der Versuchs- und
Lehranstalt in Berlin. W. f. Br. 1916 S. 416.
Angaben über den Wärmeverbrauch pro hl Bierausstoß.

Wenzl, Der Wärmeverbrauch im Biersudhaus. Z. bay. R. V. 1917
S. 417.

H. Winckelmann, Vorteile der Anzapfdampfkraftmaschinen für
Brauereien. Z. ges. Brauwes. 1917 S. 73.

Th. Ganzenmüller, Der Neubau des Hofbräuhauses Freising. Z.
ges. Brauwes 1917 S 233.
Anlage und Einrichtung der Mälzerei für eine jährliche Verarbeitung
von 6000 dz Malz und der Brauerei für jährlich 30000 hl Bierausstoß.
Zur Erzeugung der gesamten Betriebskraft dient eine Gegendruckmaschine mit 1 Atm. Abdampf-Überdruck. Wenn die Braupfannen
keinen Abdampf benötigen, arbeitet die Maschine ohne Gegendruck
mit Auspuff, wobei der Abdampf zur Bereitung von Warmwasser in
stehenden Großwasserraum-Vorwärmern dient.

F. Müller, Die Ausnützung des Schwadendampfes von Bier-
pfannen. Z. bay. R. V. 1917 S. 36.
Bericht über einen Aufsatz in Der Ingenieur 1917 Nr. 33.

K. Wagner, Die Brauereidarren als Allestrockner. Z. ges. Brauwes. 1917 S. 49.

Versuche an Trebertrockenapparaten. Z. bay. R. V. 1918 S. 180.

E. Haack, Zur Einschränkung des Kohlenverbrauches in Brauereien. W. f. Br. 1918 S. 55.

J. Wenzl, Der Wärmeverbrauch im Biersudhaus. Z. ges. Brauwes.
1918 S. 151.
Daran anschließende Erörterungen. Z. ges. Brauwes. 1918 S. 237, 243,
257, 263.

A. Reichard, Kolloidchemische Vorgänge bei der Feuer- und
Dampfkochung in der Brauerei. Z. ges. Brauwes. 1918 S. 141.

G. Fries, Kohlen- und Zeitersparnis durch Vereinfachung der
Sudhausarbeit. Z. ges Brauwes. 1918 S. 42.

M. Grempe, Die Trocknerei als Nebenbetrieb der Brauerei. Z.
ges. Brauwes. 1918 S. 169.

W. Deinlein, Über die Abwärmeausnützung im Biersudhaus. Z.
bay. R. V. 1919 S. 93.

K. Fehrmann, Wichtige Maßnahmen der Maschinenbetriebsfüh-
rung. W. f. Br. 1919 S. 83.

K. Fehrmann, Zur Beurteilung von Dampfbraupfannen. W. f. Br.
1919 S. 137.
    Einfluß der Feuer- und der Dampfkochung auf die Qualität des
    Bieres. Gesichtspunkte für die Wahl der Höhe des Dampfdruckes.
    Bauarten der Pfannen.

K. Fehrmann, Über den Wärmedurchgang an Heizkörpern von
Braupfannen. Z. V. deutsch. Ing. 1919 S. 973.
    Skizzen ven Braupfannen für Feuer- und für Dampfkochung. Ver-
    suche über den Wärmedurchgang an verschiedenen Pfannen. Auf-
    stellung einer Formel für die Wärmeübertragung.

Haack und Gesell, Einschränkung der Betriebszeit und Dampfverbrauch in gärungstechnischen Betrieben. W. f. Br. 1919
S. 91.

Die Arbeitsweise im Brauereibetrieb im Zusammenhang mit
der Wärmewirtschaft. W. f. Br. 1919 S. 247.

A. Cluss, Neuere Erfahrungen über die Behandlung der Gerste
von der Ernte bis zur Verarbeitung unter spezieller Berücksichtigung der Trocknungsfrage. VII. Jahrb. d. öst. Akad.
f. Brauindustrie. 1919 S. 43.

2. Zellulose- und Papierfabrikation.

In der Zellulosefabrikation werden sehr große Dampfmengen zum
Kochen benötigt. Allerdings liegen hier die Verhältnisse für die Abdampfverwertung nicht so sehr günstig, da die Prozesse meist unter
größerem Druck (3 bis 4 Atm. Üb.) verlaufen. Doch ist es möglich,
teilweise Zwischendampf zum Kochen zu verwenden. Ferner werden
große Abdampfmengen zum Dämpfen und zur Warmwasserbereitung
benötigt. Eine Ausnützung des Dampfes in drei Stufen, ähnlich wie
auf S. 164 an dem Beispiel einer Brauerei beschrieben, wäre in vielen
Fällen, wo sehr hoch gespannter Dampf zum Kochen gebraucht wird,
ganz am Platze. Der Kesseldampf würde sich beispielshalber in einer
Einzylinder-Gegendruckmaschine von 16 bis 18 Atm. auf 6 bis 8 Atm.
entspannen, dann zum Teil in die Zellstoffkocher, zum Teil in den Hochdruckzylinder einer Tandemmaschine treten, welch letzterer Dampf
von 2 bis 4 Atm. zu Heizzwecken aus dem Aufnehmer entnommen
werden könnte. Der Abdampf des Niederdruckzylinders wäre noch zur
Warmwasserbereitung heranzuziehen.

Fig. 131. 2900 PS-Entnahmeturbine der Haindlschen Papierfabrik, Augsburg. Maschinenfabrik A.-G. Augsburg-Nürnberg.

$p_a = 15$ Atm. Üb. $t_a = 350°$ C. $p_e = 3$ Atm. Üb. Luftleere 95,75 %.

Die Darstellung der Holzzellulose geschieht nach zwei verschiedenen Verfahren, die sich durch die Art der Kochung unterscheiden.

Die stehenden Kocher von 50 bis 100 cbm Fassungsraum werden mit kleinen Holzstückchen (Fichten- oder Tannenholz) gefüllt. Hierauf werden die Mannlöcher luftdicht verschraubt, die Sulfitlauge eingefüllt und bei Anwendung des Mitscherlich-Verfahrens der Kocherinhalt mit Hilfe einer am Boden des Kochers liegenden, mit Dampf von ca. 6 Atm. geheizten Rohrspirale auf 130 bis 140° erwärmt und 20 bis 30 Stunden auf dieser Temperatur gehalten. Meist wird das von den Hackmaschinen zerkleinerte Holz im Kocher, bevor es mit der Sulfitlauge in Berührung kommt, unter atmosphärischem Druck gedämpft, wozu Abdampf von geringem Überdruck verwendet werden kann. Bei dem Verfahren nach Kellner-Ritter erfolgt die Erhitzung des auf 80° vorgewärmten Kocherinhaltes nicht durch Röhrenheizkörper, sondern durch direkt einströmenden Dampf. Der Prozeß dauert ca. 8 Stunden lang, während welcher Zeit die Temperatur des Kocherinhaltes allmählich von 80° auf 160° erhöht wird.

Der gewonnene Zellstoff wird nach dem Verlassen der Kocher mit heißem Wasser ausgewaschen

Der Zweck der chemischen Einwirkung auf das Holz ist, eine Faser zu gewinnen, die frei von inkrustierenden Substanzen, besonders von Lignin und Harz ist.

Außer Holz finden noch Stroh und Espartogras zur Gewinnung der Papierfaser Verwendung. Diese Rohstoffe werden ca. 3 Stunden lang unter einem Überdruck von $2^1/_2$ bis 4 Atm. mit Ätznatronlauge gekocht.

Die Herstellung von Laubholzzellulose nach dem Natronverfahren geht unter dem hohen Druck von 7 bis 9 Atm. vor sich.

Außer auf chemischem Wege wird Holzstoff (Holzschliff) auch auf mechanischem Wege gewonnen, der uns aber hier nicht weiter zu beschäftigen braucht.

An die Gewinnung der Papierfaser reiht sich die eigentliche Papierfabrikation an. Der Faserbrei wird in mehreren dünnen Lagen auf einen rotierenden Zylinder aufgetragen, davon als sog. Pappe abgenommen, auseinandergerollt und gepreßt. Die aus der Spindelpresse kommende Pappe enthält noch 60 bis 65 % Wasser, welches in Trockenkammern entfernt werden muß. Die Trockendauer beträgt 8 bis 9 Stunden bei einer Trockentemperatur von 45 bis 50° und darüber. Mehr als 80° ist für die Zellulose schädlich. Der Wärmeverbrauch zum Trocknen ist erheblich und setzt sich zusammen aus den Beträgen für Anwärmung der Heißluft, Erwärmung der Pappe und für Wasserverdampfung. Die spezifische Wärme der Pappe kann man zu 0,65 Kal./kg annehmen.

Um 100 kg gepreßte Pappe von 65 % Wassergehalt bei einer Außenlufttemperatur von 20° C zu trocknen, benötigt man:

Zur Erwärmung der Pappe von 20° auf 50°
$35 \times 0,65 \times 30 =$ . . . . 685 Kal.

Zur Verdunstung von 65 kg Wasser
$65 \times 620 =$ . . . . 40400 Kal.

Zur Erwärmung von 1500 cbm Luft von 20° auf
50° rd. $1500 \times 0,305 \times 30 =$ . . . . 13700 Kal.

Insgesamt . . . . 54785 Kal.

Diese Wärmemenge wird durch Kondensation von rund 100 kg trocknem Dampf von Atmosphärenspannung frei. Die Menge der benötigten Luftmenge berechnet sich folgendermaßen:

1 cbm Luft von 20° Temperatur enthält gesättigt 17,3 g Wasser. 1 cbm Luft von 50° enthält zu Dreiviertteilen gesättigt 61,7 g Wasser. Somit kann 1 cbm Luft durch Erwärmung von 20° auf 50° eine Wassermenge von 44,4 g aufnehmen. Es sollen aber 65000 g Wasser verdunstet werden, wozu $65000 : 44,4 =$ rund 1500 cbm Luft erforderlich sind. Die Heißluft wird in einem Abdampfkondensator oder auch in Kalorifers mit Dampf von Überdruck erzeugt.

Bei der Gewinnung des Papierrohstoffes aus Lumpen und Papierabfällen spielt die Wärme ebenfalls eine wichtige Rolle.

Vor der Verarbeitung im Holländer werden die Lumpen einer nassen Reinigung unterzogen, indem man sie in einer Lauge von Kalkmilch und Ätznatron unter einem Dampfüberdruck von 1 bis 4 Atm. kocht und hierauf mit warmem Wasser auswäscht. Das Bleichen des Halbzeuges geschieht mit Chlorgas bei Gegenwart von Wasserdampf von 100°.

Nach der eigentlichen Papierbereitung durch den Schöpfapparat wird der Stoff in der Kautschpresse, im Naßfilz, und im Steigfilz allmählich von 85°/o Wassergehalt auf 55°/o getrocknet. Der Rest des Wassers wird vorsichtig verdunstet. Dies geschieht auf einer Reihe (8 bis 20) etwa 1 m im Durchmesser messender, mit Abdampf geheizter, rotierender Trommeln. Der feuchte Papierstreifen wird im Zickzack durch die Trommeln bewegt, mittels des Trockenfilzes fest an die Walzen gedrückt und so möglichst gleichmäßig auf beiden Seiten getrocknet. Die hierzu benötigte Dampfmenge, welche tunlichst ölfrei sein sollte, ist rechnerisch unschwer zu ermitteln.

In den Papiermaschinensälen entsteht viel Wasserdampf, der sich an den Decken in Form von Wassertröpfchen niederschlägt. Letztere können, wenn sie auf fertiges Papier herabfallen, Schaden verursachen. Um den Wasserdampf aus den Sälen zu entfernen, läßt man warme trockene Luft von etwa 50° die Decken entlangstreichen.

In Papierfabriken kann in der Regel der gesamte Abdampf der Dampfmaschinen oder Turbinen ausgenützt werden.

Einschlägige Literatur.

Frh. v. Laßberg, Wärmetechnische und wärmewirtschaftliche Untersuchungen aus der Sulfit-Zellstoffabrikation. Berlin, J. Springer.

Chr. Eberle, Neue Dampfanlage einer Papierfabrik. Z. bay. R. V. 1906 S. 51.

Chr. Eberle, Neue Dampf- und Kraftanlage einer Papierfabrik. Z. bay. R. V. 1909 S. 41.

Eine Trockeneinrichtung für Pappe. Ges. Ing. 1911 S. 107.

3. Textilindustrie.

Die meisten Zweige der Textilindustrie, Spinnereien, Webereien, Färbereien, Appreturanstalten, Bleichereien, Hutfabriken usw. haben ein mehr oder minder großes Bedürfnis an Heizdampf zur Lufterhitzung und Warmwasserbereitung.

Spinnereien ohne angegliederte Webereien brauchen Dampf nur zur Saalbeheizung. Dieselbe erfolgt meist durch warme Luft, welche in Luftkondensatoren zwischen Zylinder und Luftpumpe angewärmt wird. Die Temperatur im Spinnsaal hat 20 bis 25° C zu betragen. Im Vorspinnsaal und in der Trockenspinnerei hat der Luftwechsel im Winter stündlich 2 bis $2^1/_2$ mal, im Sommer 4 bis 5 mal zu erfolgen, im Kardensaal Sommer wie Winter 5 bis 6 mal.

Baumwollgespinste und Gewebe werden um so haltbarer, je höher der Wasserdampfgehalt in den Arbeitssälen ist. Wenn es der Luft an Feuchtigkeit mangelt, werden die Gespinste spröde. In Textilfabriken sind deshalb für Luftbefeuchtung größere Wärmemengen aufzuwenden. Die angewärmte Luft passiert eine Befeuchtungskammer, so daß die relative Luftfeuchtigkeit in den Arbeitssälen nicht unter 70°/₀ sinken kann.

Färbereien benötigen große Abdampfmengen zur Warmwasserbereitung für die Wollwäscherei und zur Lufterhitzung zum Trocknen der gewaschenen Wolle. Die Kontinuefärbkufen werden vorzugsweise mit Hilfe geschlossener Rohrschlangen geheizt, da bei direkter Dampfeinströmung durch perforierte Rohre die Flotte gegen Ende der Färbung mehr und mehr verdünnt wird. Der Überdruck des Heizdampfes für Färbereien beträgt 1 bis 3 Atm.

Die aufsteigenden Dampfschwaden sind durch Entnebelungsanlagen zu entfernen. Diese beruhen auf dem Prinzip der Zuführung von Luft, welche sich im ungesättigten Zustand befindet, die also in der Lage ist, weitere Feuchtigkeit aufzunehmen. Um dies herbeizuführen, wird atmosphärische Luft so weit getrocknet, daß genügende Aufnahmefähigkeit für Feuchtigkeit hergestellt ist.

In Webereien ist großer Bedarf an Warmwasser und an Heizdampf vorhanden. Das warme Wasser wird verwendet zum Bereiten der Schlichte, zum Waschen und Putzen. Die Schlichtmaschinentrommeln werden mit Dampf von 1 bis höchstens 2 Atm. Üb. beschickt. Beim Schlichten werden die Kettenfäden mit einem leimartigen Überzug versehen, welcher ihnen eine glatte Oberfläche verleiht, so daß sie sich bei der nun folgenden Verarbeitung am Webstuhl nicht aufrauhen. Das Garn läuft zunächst durch die Schlichtflüssigkeit, welche durch einen mit Dampf geheizten Röhrenapparat warm gehalten wird, sodann über eine mit Flanell bekleidete Preßwalze und von hier zu einer Trockenvorrichtung mittels Heißluft. Die Schlichte wird dann später mit warmem Wasser durch Verseifen oder Emulsieren wieder aus dem Gewebe entfernt und dasselbe in Zentrifugen und mit Dampf geheizten Walzentrockenmaschinen getrocknet. Die Zentrifugen trocknen das Gewebe nur bis auf einen Feuchtigkeitsgehalt von 30 bis 40 $^0/_0$. Der Rest wird in den Trockentrommeln verdunstet. Bei den nun folgenden Arbeiten zur Erzielung einer gleichmäßigen Oberfläche des Gewebes wird letzteres in den Bürstenmaschinen nochmals der Einwirkung von Dampf unterworfen, indem es durch ein fein perforiertes Dampfrohr angefeuchtet wird. Nach mehreren Versuchen in einer Schlichterei wurde als Dampfverbrauch für Heizung der Trommeln und Trocknung des Garnes 1,4 bis 1,7 kg pro 1 kg geschlichtetes Garn ermittelt; der Gesamtdampfverbrauch einschließlich Kochen und Warmhalten der Schlichte erreicht 3,2 bis 4 kg pro 1 kg geschlichtetes Garn, für eine mittlere Garnnummer etwa 3,6 kg.

In der Appreturanstalt erfolgt die weitere Bearbeitung des Gewebes und zwar das Niederlegen der Fasern und das Ausfüllen der Poren mit darauffolgendem Glätten. Dabei werden große Mengen Dampf von 1 bis 2 Atm. Üb. zu Trocknungszwecken benötigt. Das Trocknen der Gewebe kann mit warmer Luft von 40 bis 50° C erfolgen. Das Glätten erfolgt in mit Dampf geheizten Pressen oder in Kalandern.

Außer zu den angeführten Zwecken begegnen wir bei der Erzeugung der Gewebe noch vielfach der Anwendung der Wärme in Form des Dampfes oder warmer Luft, so beim Bleichen des Leinen, beim Warmwalken des Loden, beim Dekatieren des Tuches, namentlich zu wiederholten Trocknungszwecken.

Einschlägige Literatur.

O. *Gerold*, Frischluft oder Zirkulationsluft? Dingler 1912 S. 449. Wirtschaftliche Betrachtungen über Entstaubungs-, Heizungs- und Befeuchtungsanlagen in Textilfabriken.

O. *Gerold*, Die wirtschaftliche Bedeutung der Heizung, Befeuchtung und Entstaubung in der Karderie einer Hanfspinnerei Dingler 1912 S. 689   Socialtechnik 1914 S. 25.

M. Hottinger, Einige Dampfkraftanlagen mit Abwärmeverwertung. Z. V. deutsch. Ing. 1912 S. 11.
Inhaltsangabe s. S. 77.

O. Gerold, Die Entnebelung gewerblicher Betriebe. Socialtechn 1913 S. 25.

E. Schulz, Neuere Entstaubungs-, Lüftungs- und Heizungsanlagen in der Textilindustrie. Socialtechn. 1914 S. 206.

Über Entnebelungsanlagen. Haust. Rundsch. 1914 S. 111.

Stauf, 120 PS-Dampfmaschinen- und Dampfheizungsanlage einer Lodenfabrik. Z. bay. R. V. 1913 S. 108.
Die Einzylindermaschine wird mit Heißdampf von 11 Atm. Üb. und 280°C bei 0,4 Atm. Üb. Gegendruck betrieben. Die jährliche Durchschnittsbelastung der Maschine beträgt bei 11 stündiger Arbeitszeit 98 PS. Während des ganzen Jahres wird warmes Wasser und Heizdampf für Trockenzwecke in der Fabrik gebraucht. Außerdem werden im Winter sämtliche Bureau- und Fabrikräume teils mit Maschinenabdampf teils mit Frischdampf geheizt. Im Januar und Dezember werden je 80%, im Februar, März, April, Oktober und November im Mittel 50%, im Mai bis September je 15% des Kohlenverbrauches durch die Abdampfverwertung nutzbar gemacht. Von den Kohlenkosten des ganzen Jahres treffen 68% auf die Heizung und 32% auf die Krafterzeugung. Ohne Abdampfverwertung erhöhen sich die jährlichen Kohlenkosten um 23% und es treffen dann alsdann 55% auf die Heizung und 45% auf die Krafterzeugung. Die Gesamtkosten der Krafterzeugung (Kohle, Öl, Putzmittel, Bedienung, Instandhaltung, Verzinsung und Abschreibung) sind bei Abdampfverwertung nur 70% der Gesamtkosten ohne Abdampfverwertung.

Stauf, 520 PS-Dampfmaschinenanlage mit Abdampfverwertung einer Fabrik der Textilindustrie. Z. bay. R. V. 1913 S. 121.
Die Einzylindermaschine arbeitet mit Dampf von 15½ Atm. Anfangsüberdruck, 300°C Dampftemperatur und 3 Atm. Üb. Gegendruck. Bei einer täglichen Arbeitszeit von 9½ St. beträgt die durchschnittliche Belastung 490 PS. Der Abdampf wird stets vollständig für Heiz- und Kochzwecke ausgenützt. Von den Kohlenkosten des ganzen Jahres treffen auf die Krafterzeugung nur 10%, auf die sonstige Dampfverwendung 90%. Gesamtkosten der Nutzpferdekraftstunde i. J. 1913 nur 1,16 Pf., davon 0,37 Pf. Kohlenkosten.

Stauf, 1500 PS-Dampfmaschinenanlage mit Zwischendampfentnahme einer Spinnerei. Z. bay. R. V. 1913. S. 139.
Der mit 11,5 Atm. Anfangsüberdruck und 300°C Dampftemperatur betriebenen Dreifachexpansionsmaschine wird aus dem ersten Aufnehmer Zwischendampf von 2 bis 3 Atm. Üb. entnommen. Bei 9¾ St. mittlerer täglicher Betriebszeit beträgt die Durchschnittsbelastung 1500 PS. Die Zwischendampfentnahme erfolgt während des ganzen Jahres zur Heizung der Schlichterei, der Speisenwärmer und soweit nötig der Fabrikräume, sowie zur Luftbefeuchtung in der Weberei. Frischdampf wird im Winter für zwei kleine Sattdampfverbundmaschinen mit Kondensation, außerdem dauernd in geringer Menge für die Speisenwärmer und die Garndämpfer in der Spinnerei gebraucht. Zwischendampfentnahme im Sommer 17%, im Winter 33%. Vom

jährlichen Kohlenverbrauch treffen 75,5 % auf die Krafterzeugung, 18 % auf die Heizung mit Zwischendampf, 6,5 % auf die Lichtmaschinen und sonstige Zwecke. Ersparnis durch Zwischendampfentnahme jährlich 10 % der Kohlenkosten.

Stauf, 2000 PS-Dampfmaschinenanlage mit Zwischendampfentnahme und Abdampfausnützung einer Spinnerei und Weberei. Z. bay. R. V. 1913 S. 150.

Die Maschine wird mit Heißdampf von $13^1/_2$ Atm. Üb. und 270° C betrieben. Die jährliche Durchschnittsbelastung beträgt 1620 PS bei 10 St. mittlerer täglicher Betriebsdauer. Die Zwischendampfspannung ist $1^1/_4$ Atm. Üb. Zwischen Niederdruckzylinder und Einspritzkondensator ist ein Lufterhitzer und ein Speisewasservorwärmer eingebaut. Der größte Teil der Fabrikräume wird durch den Lufterhitzer erwärmt. Dies geschieht im März, Oktober und November durch Abdampf (Vakuumdampf), im Januar, Februar und Dezember durch Zwischendampf. In den letztgenannten Monaten wird außerdem morgens eine Stunde lang vor Anlaufen der Maschine mit Frischdampf vorgeheizt. Beheizung der Schlichtzylinder mit Zwischendampf ist geplant. Der Speisewasservorwärmer von 40 qm wird das ganze Jahr hindurch benutzt. Durch Verwendung der Abdampf- bzw. der Zwischendampfwärme zum Heizen werden die Kohlenkosten für die Krafterzeugung um 17 % gegenüber der heizungsfreien Zeit erniedrigt. Die Zwischendampfentnahme beträgt im Mittel 32 %. Von den Gesamtbrennstoffkosten treffen im Jahr 75 % auf Krafterzeugung, 3,5 % auf die Lufterwärmung mittels Abdampf, 7 % auf die Lufterwärmung mittels Zwischendampf, 8,5 % auf die Heizung der Schlichterei und der Wärmeöfen mit Frischdampf, der Rest von 6 % auf Speisepumpen und sonstige Frischdampfverwendung. Ersparnis durch Zwischen- und Abdampfverwertung jährlich 9 % der Kohlenkosten.

Janicki, Wäschereien und Neuerungen an Wäschereimaschinen. Ges. Ing. 1915 S. 506.

O. Spiegelberg, Allgemeine Angaben über Wäschereianlagen. Ges. Ing. 1919 S. 61.

Heym, Die Entnebelung von Betriebsräumen. Zentr. Zuckerind. 1919 S. 793.

Wassergehalt der Luft bei 30 bis 50 m Sehweite 1 gr/cbm, bei 15 m Sehweite 4,5 gr/cbm und bei Sehweite 0 ca. 9 gr/cbm.

4. Braunkohlenbrikettfabrikation.

Bekanntlich ist der Wassergehalt gewisser Braunkohlen ein derart hoher, daß sich ein weiter Versand der Kohle nicht lohnt. Während der Wassergehalt der deutschen Steinkohle zwischen 2 und 15 % beträgt, enthält die böhmische Braunkohle 20 bis 35 %, die Lausitzer und Thüringer Rohbraunkohle 50 bis 60 % Wasser. Dementsprechend ist der Heizwert dieser letztgenannten Braunkohlensorten gering. Er schwankt zwischen 2200 und 3000 Kal.

Die minderwertige Kohle zu veredeln und versandfähig zu machen, ist durch Fabrikation der Briketts gelungen. Die Herstellung derselben geschieht durch Zerkleinerung der Rohkohle in Brechwalzen oder Schleudermühlen, darauffolgende gleichmäßige Trocknung des Kohlenpulvers und Pressung in Formen von handlicher Größe.

Außer für diese Maschinen ist in Braunkohlenwerken noch Kraft zu erzeugen für den Betrieb der Kettenbahnen, Wasserhaltungen, Sand- und Kohlenbagger, ev. auch für elektrische Abraumlokomotiven.

Das Trocknen der Rohkohle geschieht mittels Heißluft im Gegenstrom mit Lufttemperaturen von 100° C am Anfang und etwa 30° C am Ende bis auf einen Feuchtigkeitsgehalt von 12 bis 16 %. Zur Erzeugung der Heißluft kann der Abdampf der Pressen und der sonstigen Kraftmaschinen mit 1 bis 2 Atm. Üb. Verwendung finden. Der Wärmebedarf in Brikettwerken ist sehr hoch, so daß in der Regel für allen Abdampf Verwendung besteht.

Zur Trocknung sind verschiedene Apparate eingeführt. Selten im Gebrauch ist die Trocknung durch Heißluft in Feuertellerofen von Riebeck oder im Windofen von Rowolds. Häufiger finden wir den Dampftrocknungsapparat von Jacobi und den Dampfplattenofen von Vogel, den Zeitzer Dampftellerofen, sowie den Röhrenofen von Schulz. Das getrocknete Kohlenpulver wird gesiebt und gewalzt und gelangt in die Pressen, wo es unter einem Druck von 1200 bis 1500 Atmosphären ohne jeglichen Bindezusatz vermöge des eigenen Bitumengehaltes von 6 bis 14 % zu einem festen Stein zusammengepreßt wird. Der durch die Entwässerung der Rohkohle gesteigerte Heizwert der Braunkohlenbriketts beträgt 4500 bis 5100 Kal.

5. Torftrocknung.

Die großzügige Verwertung des Torfes, der im frischen Zustande 90 bis 95 % Wasser·enthält, scheiterte bisher an dem Umstand, daß die Entwässerung auf 17 bis 25 % Wassergehalt durch Auspressen und Verdampfen zu viel Kraft und Brennmaterial verschlang, Nach dem Verfahren von E. Paßburg erfolgt nun eine wirtschaftliche Trocknung in Stufentrocknern in der Weise, daß der aus dem Torf entweichende Wasserdampf der ersten Stufe als Heizdampf in der zweiten Stufe ausgenützt wird. Dabei wird Torf von 90 % Wassergehalt zuerst in einer Presse bis auf 85 % Wassergehalt vorentwässert. In den zwei Stufentrocknern erfolgt die Entwässerung bis auf 25 %.

Aus 15 t Naßtorf werden somit 2 t Trockentorf von etwa 3750 Kal./kg Heizwert erzeugt. Damit wird eine Entnahmemaschine betrieben, welcher rund 70 % Dampf von 3,5 bis 4 Atm. Üb. aus dem Aufnehmer entnommen werden. Die im Niederdruckzylinder erzeugte Kraft genügt allein zum Betrieb der Trockenapparate, Fördereinrichtungen, Pressen usw., so daß die im Hochdruckzylinder erzeugte Energie zur anderweitigen Verwendung übrigbleibt.

Besonders im Voralpengebiet, wo ergiebige Wasserkräfte und Torf-
lager in nächster Nähe vorkommen, erscheint auch das Verfahren der
Torftrocknung mittels der eigenen komprimierten Schwadendämpfe
aussichtsvoll. Mit dem 12stündigen Kilowatt lassen sich etwa $^1/_2$
Zentner Trockentorf herstellen; eine Anlage, die also 1000 KW während
12 Stunden zur Verfügung hat, kann 500 Zentner Torf liefern.

6. Kaliwerke.

Die aus der Grube geförderten gemahlenen Kalisalze können nicht
alle direkt als Düngesalze in der Landwirtschaft Verwendung finden und
werden infolgedessen auf hochprozentige Salze verarbeitet.

In den Werken, die sich mit Gewinnung von Kalisulfat, Kali-
düngersalzen, Bittersalz und Glaubersalz befassen, wird niedrig gespannter Dampf von 0,5 bis 1 Atm. Üb. zum Anwärmen, Kochen und
Kalzinieren gebraucht. Die zunächstliegende Aufgabe der Kalifabri-
kation ist die Darstellung von Chlorkalium und schwefelsaurer Kalimagnesia, da aus diesen Verbindungen die übrigen Kalifabrikate gewonnen werden. Zu diesem Zweck wird die Löselauge, welche vorzugsweise Chlormagnesium erhält, mittels Abdampf auf 80 bis 90° erhitzt
und allmählich unter Zugabe des Rohsalzes (Karnalit oder Hartsalz)
zum Kochen gebracht. Dasselbe dauert bei 0,2 bis 0,3 Atm. Üb. 5 bis
10 Minuten. Da der Rohkarnalit bis zu $15^0/_0$ Kieserit ($MgSO_4 \cdot H_2O$)
und $23^0/_0$ Steinsalz ($NaCl$) enthält, wird nicht mit reinem heißem Wasser,
sondern mit einer heißen Chlormagnesiumlösung ausgelaugt, wodurch
vermieden wird, daß die erwähnten Salze in Lösung gehen.

Das auskristallisierte Chlorkalium wird im Trockenofen, in rotierenden Trockentrommeln oder in mit Dampf geheizten Darren bis auf 1
bis $2^0/_0$ Wassergehalt kalziniert. Aus der über dem auskristallisierten
Gemisch von Chlorkalium und Chlornatrium stehenden Mutterlauge
wird noch der größte Teil des darin enthaltenen Chlorkaliums durch
Eindampfen der Lösung in Vakuumapparaten gewonnen.

Die schwefelsaure Kalimagnesia wird aus Kieserit und Chlorkalium dargestellt. Der Prozeß verläuft ähnlich wie der eben geschilderte.
Die Lösung des Kieserits erfolgt in kochendem Wasser. Das Ausfall-
produkt wird kalziniert.

7. Rübenzuckergewinnung.

Die Zuckerfabrikation erfordert so große Dampfmengen zu Trock-
nungs- und Kochzwecken, daß meistens der Zwischen- und Abdampf
der Betriebsmaschinen nicht ausreicht, sondern noch mit eigenen Heiz-
dampfkesseln gearbeitet werden muß. Je weniger aber Gefahr ist, daß
der Maschinenabdampf unbenützt bleibt, desto mehr ist die Abdampfverwertung wirtschaftlich berechtigt.

In Rübenzuckerfabriken und Raffinerien ist Kraft zu erzeugen
für die Quirlwäschen, Schüttelsiebe, Schnitzelmaschinen, Schnitzel-

pressen, Filterpressen, Kohlensäurepumpen, Saftpumpen, Zentrifugen, Förderrinnen, Elevatoren, Antrieb der Sudmaischen, Rührgefäße, Luftpumpen, Zuckersiebe usw. Nach Abraham beträgt der Kraftbedarf für 100 kg Rübenverarbeitung 1,2 bis 1,5 PS. Große Dampfmengen werden benötigt für die Diffusoren, die Schnitzeltrocknerei, die Scheidung und Saturation, das Eindampfen und Verkochen, endlich zum Raffinieren und Trocknen des fertigen Zuckers.

Der eigentlichen Saftgewinnung geht das Waschen der Rüben mit Warmwasser von 40 bis 45°C voraus. Das Auslaugen der Schnitzel in den Diffusionsapparaten wird ebenfalls mit Warmwasser vorgenommen. In die Diffusoren werden die Schnitzel zur Dialyse des Zuckers aus den Zellen zusammen mit 40grädigem Wasser eingebracht und dann durch Doppelböden oder Röhrenapparate mittels Dampf bis ca. 70°C aufgeheizt. Zwischen die einzelnen Diffusoren sind Saftwärmer eingeschaltet, um die Flüssigkeit auf konstanter Temperatur zu erhalten. Die Ausbeute an Dünnsaft beträgt 120 bis 160 l pro 100 kg Rüben. Da die ausgelaugten und ausgepreßten Schnitzel (Preßlinge) im feuchten Zustande nicht haltbar sind, werden sie mit Abdampf getrocknet und finden als zuckerreiches Viehfutter Verwendung. Sie enthalten 5 % Protein, 55 % Kohlehydrate und 20 % Rohfaser.

Der Saft unterliegt weiter in verschiedenen Kochern bis zum Auskristallisieren des Zuckers der Einwirkung der Wärme. In der Scheidepfanne, wo seine Temperatur auf 80 bis 90°C gehalten wird, erfolgt durch Ätzkalk die Neutralisation der organischen Säuren und die Fällung derselben zugleich mit der Phosphorsäure und den koagulierten Eiweißkörpern und dem überschüssigen Kalk. Eine mechanische Reinigung des Saftes ist damit verbunden. Von der Scheidepfanne fließt der Saft in die Saturationspfanne, wo der teils gelöste, teils suspendierte Kalk durch Kohlensäure wieder ausgeschieden wird. Gleichzeitg wird der Saft durch Beheizung mit Dampf 70 bis 75° warm gehalten. Der noch schwach alkalische Inhalt der Saturationspfannen wird in die Filterpressen gedrückt, hierauf wieder auf 100°C angewärmt und zum zweiten bis dritten Male saturiert, bis aller Kalk entfernt ist. Darauf folgt wieder eine doppelte Filtration und sodann das Eindampfen, indem aus dem Dünnsaft von 10 bis 12 % Zuckergehalt ca. 80 % Wasser verflüchtigt werden. Das Eindampfen geschieht in Drei-, Vier- oder Fünfkörperapparaten unter mehrfacher Dampfausnützung, indem die Brüden des einen Körpers zur Beheizung des nächstfolgenden dienen. Der erste Körper wird mit Maschinenabdampf beheizt. Der gewonnene Dicksaft wird nochmals erhitzt und mit schwefliger Säure saturiert. In Vakuumverkochapparaten erfolgt dann das Verkochen bis zur Kristallisation.

Die Dampfkochung erlaubt ein sehr genaues Regulieren der Temperatur, so daß das Anbrennen der Säfte leicht vermieden werden kann.

Zu hohe Temperaturen beim Kochen vermindern die Ausbeute an kristallisierbarem Zucker.

H. Treitel gibt den Dampfverbrauch einer Rohzuckerfabrik mittlerer Größe pro Verarbeitung von 100 kg Rüben zu 63,5 kg an. Nach K. Loß sind es nur 56 kg, welche sich für die einzelnen Zwecke folgendermaßen verteilen:

Zahlentafel 52.

Für mechanische Arbeitsleistung	4,2 kg
Wärmeinhalt der verschiedenen Produkte und Abfälle	15,1 „
Ausstrahlungs- und Abkühlungsverluste	12,7 „
Kondensation der Verkochstation	12,0 „
Rübenwäsche, Diffusion, Absüßen der Schlammpressen	2,0 „
Verlust im Fallwasser	6,0 „
Verschiedene Verluste	4,0 „
	56,0 kg

Nach Claassen ist der Dampfverbrauch für Anwärmen und Verkochen pro 100 kg Rüben ca. 45 kg von 1 Atm. Üb.

In der Raffinerie findet Kochdampf mit 3 bis 4 Atm. Üb. Verwendung zum Ausdecken des Granulated, zum Eindicken und Lösen, während Abdampf bis 0,5 Atm. Üb. zum Auskochen der Knochenkohle und besonders zum Entfeuchten des Handelszuckers benützt wird. Zum Trocknen der von den Zentrifugen oder Nutschen kommenden Zuckerbrote oder Zuckerplatten sind außer dem reinen Lufttrockenverfahren zwei Vakuumtrockenverfahren üblich. Bei beiden werden die Brote (Zuckerhüte) zunächst in Vorwärmkammern bei 60 bis 70° C Lufttemperatur 12 bis 14 Stunden lang unter atmosphärischem Druck vorgetrocknet und gelangen dann in die Vakuumapparate. Hier wird nach dem einen Verfahren das in ihnen befindliche Wasser unter allmählicher Evakuierung auf 10 bis 15 mm Quecksilbersäule entfernt. Die Brote werden hierauf durch indirekte Abdampfheizung bis auf den Kern wieder auf ca. 50° erwärmt, was 10 bis 12 Stunden in Anspruch nimmt, und sodann nochmals in einem Vakuum von 10 bis 15 mm Quecksilber getrocknet, worauf sie zum Einpapieren fertig sind. Im ganzen bleiben die Brote 20 bis 24 Stunden im Vakuumapparat.

Während bei der Lufttrocknung für 100 kg Zucker 20 bis 30 kg Dampf benötigt werden, ist der Dampfverbrauch bei Vakuumtrocknung nur 5 kg pro 100 kg Zucker unter gleichzeitiger Verminderung der Trockendauer auf ein Sechstel.

Beim zweiten Verfahren, dem kombinierten Vakuum- und Lufttrockenverfahren, das besonders für sehr feinkörnige Brote verwendet wird, bleiben die Brote bei nur einmaligem Evakuieren ca. 6 Stunden im Trockenapparat und werden im Anschluß daran 2 bis 3 Tage lang in Trockenstuben nachgetrocknet.

In der Zuckerfabrikation werden, wie schon erwähnt, sehr große Dampfmengen für Heizzwecke aller Art benötigt, während die Kampagne nur wenige Monate (2 bis 3) im Jahr dauert und meist um Weihnachten beendet ist. Hier ist also mitunter die Aufstellung von Gegendruck- oder Entnahmeturbinen am Platz, da einerseits der Abdampf stets ausgenützt werden kann, andererseits Verzinsung und Amortisation der Turbinen ohne Kondensationsanlage geringere Beträge erfordern, als Verzinsung und Amortisation der Kolbenmaschinen, was bei so kurzer jährlicher Betriebszeit in der Endbilanz bemerkbar werden muß.

Einschlägige Literatur.

H. Möller, Der theoretische Wärmeverbrauch einer Rohzuckerfabrik für Verdampfen, Erwärmen, Verkochen und Krafterzeugung. Berlin, J. Springer.

K. Abraham, Dampfwirtschaft in der Zuckerindustrie. Magdeburg, Schallehn & Wollbrück.

W. Greiner, Verdampfen und Verkochen unter besonderer Berücksichtigung der Zuckerfabrikation. Berlin, O. Spamer.

P. Meyer, Die Berechnung von Vorwärmern. Zentr. Zuckerind. 1912 S. 843.

P. Raßmus, Zur Technik der Trocknung. Zentr. Zuckerind. 1912. S. 1235 und Berichtigung S. 1302.

A. Hintze, Wärmewirtschaft in der Zuckerindustrie. Zentr. Zuckerind. 1912 S. 1596.

H. Forstreuter, Verdampfstation, Kesselhaus und Dampfverbrauch bei Verwendung von Dampfmaschinen, die mit 4 Atm. Gegendruck arbeiten. Zentr. Zuckerind. 1912 S. 1821.

H. Treitel, Die Dampfturbine in der Zuckerindustrie. Z. V. deutsch. Zuckerind. 1912 S. 995.

K. Loß, Über rationelle Wärmewirtschaft in der Zuckerindustrie. Z. V. deutsch. Zuckerind. 1912 S. 1009.

W. Daude, Vorrichtungen zum Trocknen von Zucker. Z. V. deutsch. Zuckerind. 1913 S. 283.

E. Saillard, Verdampfen und Erwärmen. Z. V deutsch. Zuckerind. 1913 S. 551.

E. Saillard, Beitrag zum Studium der Verdampfung und Anwärmung in Rohzuckerfabriken. Z. V. deutsch. Zuckerind. 1913 S. 591.

H. Claassen, Die Wärmewirtschaft in den Zuckerfabriken. Z. V. deutsch. Zuckerind. 1914 S. 596.
Turbine oder Kolbenmaschine, Zentraldampfanlage oder zerstreute Anlage sind für die Wirtschaftlichkeit der Verdampfung als solche von keinem oder fast keinem Belang. Der Ölgehalt des Abdampfes hat fast keinen Einfluß auf den Wärmedurchgang in den Verdampfern, da das Öl nicht an den nassen Heizflächen haftet.

Schnitzeltrocknung mit Kesselabgasen. Zentr. Zuckerind. 1913
S. 85, 255, 402.

A. Heinze, Dampf und Wärme in der modernen Zuckerfabrik.
Zentr. Zuckerind. 1914 S. 1615.
> Bei Verarbeitung von je 100 kg Rüben werden verbraucht: 1000 Kal.
> für Arbeitsleistung, 12000 Kal. für das Anwärmen der Säfte auf die
> Temperatur des I. Körpers, 6—8000 Kal. für Zerlegung des Dick-
> saftes in Zucker und Melasse, 18—20000 Kal. für Verdampfung des
> Wassers aus den Preßschnitzeln, zusammen max. 41000 Kal.

H. Claassen, Die Rübentrocknung. Zentr. Zuckerind. 1915 S. 829.

Verdampfungsfragen. Zentr. Zuckerind. 1916 S. 1067.

H. Claassen, Die Vorgänge beim Wärmedurchgang durch die Heizflächen von Verdampfern. Zentr. Zuckerind. 1917 S. 898.

H. Claassen, Die Trocknung landwirtschaftlicher Erzeugnisse
in den Trockenanlagen der Rübenzuckerfabriken. Z. V.
deutsch. Zuckerind. 1917 S. 501.

H Claassen, Die Einwirkung des Ölgehaltes des Abdampfes auf
die Leistung der Verdampferheizfläche. Z. V. deutsch.
Zuckerind. 1919 S. 128.

Schmidt, Über den heutigen Stand des Trocknungswesens. Z. V.
deutsch. Zuckerind. 1919 S. 148.

8. Einige andere Betriebe.

Außer den erwähnten Industriezweigen gibt es noch eine Reihe
anderer, die den Abdampf oder den Zwischendampf ihrer Betriebsdampfmaschinen zum Dämpfen, Trocknen, Destillieren, Kochen, zur Heiß-
luft- oder Warmwasserbereitung auszunützen in der Lage sind. Eine
erschöpfende Aufzählung dieser Betriebe zu geben, ist nicht möglich,
weshalb im folgenden nur noch einige der wichtigeren erwähnt seien.

Die chemische Industrie verbraucht Dampf von Unterdruck
bis etwa 6 Atm. Üb. zur fraktionierten Destillation und Kondensation,
zu Kochzwecken (dabei etwa 50 % direkte Kochung, also ölfreier Abdampf nötig), zur Bereitung von warmen Laugen und zum Kalzinieren.
Mit Dampf von verschiedener Spannung lassen sich die Destillations-
temperaturen vorzüglich einhalten. Dies ist bei chemischen Produkten
oft von größter Bedeutung. So werden z. B. die Gerbeextrakte aus
Kastanien-, Eichen-, Quebracho- und Mangroveholz durch die Höhe
der Temperatur leicht alteriert.

Mit Abdampf beheizte Trockenschränke und Trockentrommeln
finden wir in Farbwerken zum Trocknen von Bleiweiß, Zinkweiß,
Anilin- und Erdfarben, in Gold- und Silberscheideanstalten, pharma-
zeutischen Fabriken und Instituten, in der Elektrizitäts- und Kabel-
industrie zum Trocknen von Maschinen, Apparaten, Spulen und Kabeln,
in Gummi- und Guttaperchawarenfabriken, in Stärkefabriken, Tabak-
fabriken, Düngemittelfabriken usw.

Kerzen- und Seifenfabriken benützen Dampf von 1,5 bis 4 Atm. Üb. zu Kochzwecken.

In der Sprengstoffindustrie ist das Trocknen von brisanten Sprengstoffen wie Knallquecksilber, Zündsatz und rauchlosem Pulver meistens unter Verwendung von mit Abdampf geheizten Vakuumtrockenapparaten üblich.

Die Industrie der Tone und Erden trocknet ihre Fabrikate mit Heißluft, zu deren Erzeugung Abdampf Verwendung finden kann. Besonders groß ist der Dampfbedarf in Tonwaren- und Ziegeleibetrieben. Um das hygroskopische Wasser aus den Poren der Tonfabrikate zu entfernen, ist eine Temperatur von 110 bis 120° erforderlich. Die Mengen des zu verdampfenden Wassers sind sehr hoch, z. B. bei Maschinenziegel 20 bis 23%, bei Handstrichziegel 28 bis 30 Gewichtsprozente. Um bei empfindlichen Materialien Rissebildung zu vermeiden, ist das progressive Trocknen mit Abdampf und Abgasen üblich, wobei eine Steigerung der Temperatur des Trockengutes mit dem Trockengrad stattfindet. Das Trocknen mit Abdampf unter nachheriger Verwendung von Frischdampf ist 3 bis 4mal so teuer als das Trocknen mit Abdampf und Abgasen.

In Kalksandsteinfabriken wird Dampf benötigt zum Einspritzen des Wassers in die Kalklöschtrommeln, im Winter auch zum Anwärmen der Trommeln. Insbesondere aber wird Dampf benötigt zum Trocknen und Härten der Ziegel in den Steinerhärtungskesseln. Dabei wird der Druck in den Kesseln je nach ihrer Größe im Verlauf von 1 bis $2^{1}/_{2}$ Stunden auf etwa 8 Atm. Üb. gebracht und 10 Stunden lang auf dieser Höhe belassen. Kraft wird hauptsächlich benötigt zum Drehen der Kalklöschtrommeln, der Flügelmühlen und der Ziegelpressen. Den größten Aufwand an Dampf verursacht das Drucksteigern in den Erhärtungskesseln. Ersparnisse lassen sich erzielen, indem man durch Maschinenabdampf von etwa 2 Atm. Üb. die Kessel vorheizt und indem man ferner in die vorgeheizten Kessel den Dampf aus einem eben gar werdenden Kessel leitet. Bei dieser Dampfausnützung betragen die Ersparnisse ca. 35% gegenüber der ausschließlichen Verwendung von Frischdampf.

Die Holzbearbeitungs-Industrie kann den Abdampf ihrer Maschinen verwenden zur Heizung von Leim- und Harzkochern, zum Dämpfen und Trocknen. Letzteres geschieht mit Warmluft von nicht mehr als 35 bis 45° C, um eine Rissebildung im Holz zu vermeiden.

Frischgefälltes Holz enthält 40 bis 50 Gewichtsprozente Wasser, im Winter gefälltes etwa 10% weniger. Holz, das zu Tischler- oder Drechslerarbeiten verwendet wird, müßte an der Luft mindestens 2 bis 3 Jahre getrocknet werden. Die künstliche Trocknung mit Heißluft geht zwar rascher vor sich, erfordert aber immerhin noch Wochen, ja Monate.

Holzimprägnierungsanstalten verwenden neben Frischdampf auch beträchtliche Mengen von Dampf niedriger Spannung. Die zu imprägnierenden Telegraphenstangen und Eisenbahnschwellen werden in Eisenblechzylindern unter $1^1/_2$ bis 2 Atm. Üb. gedämpft; sodann wird der Imprägnierkessel bis auf ca. 60 cm Quecksilbersäule evakuiert und die auf 65^0 C vorgewärmte Imprägnierflüssigkeit (Zinkchlorid, Kreosot) eingeleitet. Schließlich wird der Inhalt des Kessels durch Frischdampf $^1/_2$ bis 1 Stunde unter 6 bis 8 Atm. Druck gehalten.

Nach dem Rütgerschen Ölerhitzungsverfahren wird dem Holz zuerst in einem Vakuum ein erheblicher Teil seines Wassers entzogen und ihm dann das auf 110^0 C erhitzte Teeröl unter einem Druck von 6 bis 8 Atm. eingepreßt. Beim Verfahren nach Powell wird eine Zuckerlösung aus den Abfällen und Rückständen der Zuckerherstellung in offenen Behältern auf ungefähr 100^0 C erwärmt und das zu imprägnierende Holz je nach seinen Abmessungen bis zu 15 Stunden in der warmen Lösung belassen. Schließlich wird das Holz getrocknet.

In Salinen wird zum Versieden der Sole in neuerer Zeit Maschinenabdampf verwendet anstatt offenem Feuer. So erfolgt in der staatlichen Braunschweigischen Saline Schöningen die Versiedung in offenen Pfannen aus Beton (Grainer-Pfannen), in welchen sich schmiedeeiserne mit Abdampf beheizte Rohre befinden. Ein in der Nähe der Saline befindliches privates Elektrizitätswerk im Besitze der Braunschweigischen Elektrizitäts-Betriebs-G. m. b. H. liefert den Abdampf mit 2 Atm. Üb. Die dort betriebenen Gegendruckmaschinen erzeugen Kraft und Licht für Schöningen und Umgebung und natürlich auch für die Saline. Der Abdampf wird zur täglichen Gewinnung von 80 000 kg Salz nach einem Verfahren von E. Paßburg restlos ausgenützt. Diese Verbindung eines privaten mit einem staatlichen Werk gereicht beiden Unternehmungen zum Vorteil und ist ein bemerkenswertes Beispiel, wie zwei ganz verschiedenartige Betriebe aus der Abdampfverwertung Nutzen ziehen können.

Das Versieden der Sole erfolgt unter atmosphärischem Druck, da in den Vakuumverdampfapparaten ein Kochsalz gewonnen wird, das seiner feinkörnigen Struktur halber schwer verkäuflich ist.

Landwirtschaftliche Haupt- und Nebenbetriebe besitzen Trockenanlagen zum Entfeuchten von Getreide, Mais, Kartoffeln, Stärke usw. Das Entfeuchten kann mit Abdampf von Atmosphärenspannung bei vorteilhafter Verwendung von Vakuumapparaten erfolgen. Getreidetrockner werden bis zu 400 Tonnen täglicher Leistung pro Apparatsystem gebaut. Für die Volkswirtschaft ist das Trocknen von Getreide und Kartoffeln von hervorragender Bedeutung.

Das Trocknen von Weizen darf nicht durch Hochdruckdampf oder Heißluft erfolgen, da hierbei der Kleber, welcher dem Mehl die

Backfähigkeit gibt, zerstört werden würde, indem er eine glasartige Beschaffenheit wie getrockneter Kleister annimmt. Im Vakuumtrockenapparat von E. Paßburg verdampft das Wasser aus dem Getreide bei einer Temperatur von 40 bis 48°C und 700 mm Quecksilbersäule Unterdruck. Aus einer rotierenden Trockentrommel gelangt das Getreide in ein Aufnahmegefäß, in welchem durch eine Verbundluftpumpe ein Druck von nur 5 mm Quecksilber hergestellt wird, so daß bei 20 bis 25°C Temperatur noch 1 bis 2% Wasser verdampfen. Auf diese Weise kann selbst havariertes Getreide mit 30 bis 40% Wassergehalt mit Sicherheit ausgetrocknet werden. Auch Mais, der nach der Ernte 22 bis 30% Wassergehalt haben kann, wird auf diese Art getrocknet.

Mit Erfolg hat man bereits versucht, durch künstliche Wärmezufuhr im Freien das Wachstum der Pflanzen zu beeinflussen. Auf einem Grundstück der Technischen Hochschule zu Dresden wurde durch die mit staatlicher Unterstützung gegründete Studiengesellschaft für Bodenheizung die Abwärme des Heizwerkes der Hochschule nutzbar gemacht, indem im Boden liegende Heizröhren vom Heizmittel durchströmt wurden. Der Ertrag der geheizten Felder war bedeutend höher als jener nicht geheizter. Die Bodenbeheizung (D. R. P. Nr. 288932) kann sich besonders beim Anschluß an große und größte Elektrizitätswerke nützlich erweisen.

Auch die Industrie der Nahrungs- und Genußmittel benötigt außer in der schon besprochenen Bierbrauerei und Zuckerfabrikation in vielen ihrer Betriebe Dampf von niedriger Spannung zum Kochen, Trocknen und Sterilisieren, so z. B. zum Konservieren der Eier (Gewinnung von Trockenei), zum Raffinieren von Fett, zum Eindicken von Milch, Herstellung von Malzextrakt, Dörren von Gemüse, Obst und Fischen, in der Fleischextrakt- und Konservenherstellung, in der Likörfabrikation, Schokolade- und Zuckerwarenindustrie usw. In der Teigwarenindustrie erfolgt das Trocknen der 20 bis 30% Wasser enthaltenden Ware bis auf ca. 5% Feuchtigkeitsgehalt und darunter, und zwar bei langer Ware mittels Warmluft von 25°C', bei kurzer Ware bei 40°C'. Die günstigste Temperatur zum Darren von Gemüse ist 50 bis 70°C', von Steinobst 70 bis 80°C und von Kernobst 100°C. Die Trockendauer beträgt 24 bis 70 Stunden, die Ausbeute bei Gemüse 10 bis 15%, bei Äpfeln 15 bis 18%, bei Birnen 20 bis 25%, woraus hervorgeht, daß 75 bis 90 Gewichtsprozente Wasser verdunstet werden müssen.

Das Trocknen mit Warmluft, die durch Abdampf angewärmt wurde, und die Verwendung von Abdampf in der Kochküche empfiehlt sich, abgesehen von der Brennstoffersparnis auch deshalb, weil dadurch die Überschreitung bestimmter vorgeschriebener Temperaturen leicht verhindert werden kann. Bei sehr vielen Speisen verringert sich der Wohlgeschmack, die Verdaulichkeit, die Bekömmlichkeit und die Ausnutzbarkeit mit der Höhe der Kochtemperatur, weshalb entsprechende Einrichtungen zur Abwärmeausnützung besonders für Volksküchen und Krankenhäuser empfohlen werden müssen.

Einen Überblick über die in verschiedenen Zweigen der Industrie üblichen Abdampfspannungen bei Verwertung des Zwischen- oder Abdampfes zu technischen Zwecken gibt die Zahlentafel 53, welche nach ausgeführten Anlagen aufgestellt wurde[1]).

Zahlentafel 53.

Für verschiedene Verwendungszwecke gebräuchliche Zwischen- und Abdampfspannungen.

Atm. Üb.:	Anzahl der Betriebe, welche mit einer Spannung des Ab- oder Zwischendampfes arbeiten von:						
	0–1	1,1–2	2,1–3	3,1–4	4,1–5	5,1–6	6,1–7
Zellstoff- u. Papierfabriken .	18	35	22	4	2	—	1
Zuckerfabriken	28	8	3	2	1	1	—
Chemische Fabriken . . .	12	4	8	9	3	—	—
Textilfabriken	6	12	15	11	2	—	—
Braunkohlenbrikettfabriken	2	18	28	4	—	—	—
Zuckerwarenfabriken . . .	4	2	—	—	—	—	—
Margarinefabriken	1	2	—	—	—	—	—
Maschinenfabriken	11	4	3	—	—	—	—
Elektrotechnische Fabriken	—	—	—	1	1	—	—
Sprengstoffabriken	2	1	—	8	3	—	—
Bierbrauereien	3	10	5	—	—	—	—
Lederwerke	2	2	1	—	—	—	—
Hartsteinwerke.	1	1	—	—	—	—	—
Kaliwerke	8	12	5	3	—	—	—
Salinen	4	2	—	—	—	—	—
Dampfwäschereien	3	1	—	—	—	—	—
Hotelbetriebe, Warenhäuser, Verwaltungsgebäude . .	9	2	—	—	—	—	—

In seltenen Fällen wird also ein Dampfüberdruck von mehr als 4 kg/qcm als notwendig erachtet. Unter 1 Atm. Überdruck ist meistens ausreichend für Zuckerfabriken, Chemische Werke und in allen Fällen, wo mit Abdampf im wesentlichen nur geheizt wird.

[1]) Die Unterlagen hierzu lieferten durch Überlassung ihrer Listen ausgeführter Anlagen in freundlicher Weise die Firmen: Brown, Boveri & Cie., Allgemeine Elektrizitätsgesellschaft, Bergmann-Elektrizitätswerke, J. A. Maffei, Maschinenfabrik Augsburg-Nürnberg, Hannoversche Maschinenbau-A.-G.

Einen Überdruck von 1,1—2 Atm. erfordern in der Hauptsache Papierfabriken, Bierbrauereien, Kaliwerke. Nur Textilfabriken und Braunkohlenbrikettwerke erfordern meist Überdrücke von 2,1—3 Atm., Sprengstoffwerke einen solchen von 3,1—4 Atm.

Einschlägige Literatur.

L. Kießling, Untersuchungen über die Trocknung der Getreide mit besonderer Berücksichtigung der Gerste. Diss. Techn. Hochsch. München 1906, Pössenbacher.

Jos. Leibu, Über encymatische Prozesse beim Weichen, Keimen und darauffolgenden Trocknen der Gerste, des Weizens und des Roggens. Diss. Techn. Hochsch. München 1907, Ebin & Wittmann.

E. Parrow, Handbuch der Kartoffeltrocknerei, Berlin, P. Parey.

Trocknerei für Dampfziegel. Ges. Ing. 1910 S. 24.

K. Reyscher, Graphische Darstellung der Vorgänge in einer Trockenanlage. Z. V. deutsch. Ing. 1911 S. 1567.
Zeichnerische Feststellung der mittleren Temperatur zweier im Wärmeaustausch befindlicher Körper. Wärmeaustausch zwischen einem Heizsystem und feuchter Luft und zwischen feuchter Luft und dem zu trocknenden Körper. Unwirtschaftlichkeit des Trocknens im Gegenstrom. Beispiel eines neuen Trockenverfahrens. Kanaltrockner für Garne.

Dampfverbrauch einer Kalksandstein-Fabrik. Z. bay. R. V. 1912 S. 165.

J. F. Hoffmann, Amerikanische Getreidetrockner. W. f. Br. 1913 S. 409. Z. V. deutsch. Ing. 1913 S. 809.

Stauf, 100 PS-Dampfmaschinen- und Dampfheizungsanlage einer lithographischen Anstalt. Z. bay. R. V. 1913 S. 110.
Die mit 9 Atm. Üb. und 220° C Dampftemperatur betriebene Verbund-Auspuffmaschine ist bei täglich 9½ stündiger Betriebszeit durchschnittlich mit 97 PS belastet. Geheizt werden Trockenräume das ganze Jahr hindurch und Arbeits- und Bureauräume während der kalten Jahreszeit, allwo noch Frischdampf zugesetzt werden muß. Durch den Abdampf werden im November bis März 80%, im April, Mai, September und Oktober 40%, im Juni bis August 12% des Kohlenverbrauches für die Heizung nutzbar gemacht. Von den Kohlenkosten des ganzen Jahres treffen 62% auf die Heizung, 38% auf die Krafterzeugung. Ohne Abdampfverwertung erhöhen sich die Kohlenkosten um 40% und es treffen alsdann 45% auf die Heizung und 55% auf die Krafterzeugung. Die Gesamtkosten der Krafterzeugung sind bei Abdampfverwertung nur 67% der Gesamtkosten ohne Abdampfverwertung.

Stauf, 200 PS-Dampfmaschinen- und Dampfheizungsanlage einer Lederfabrik. Z. bay. R. V. 1913 S. 120.
Die Verbund-Auspuffmaschine wird mit Sattdampf von 8,5 Atm. Üb. bei 10 St. täglicher Betriebszeit mit einer mittleren Belastung von 174 PS betrieben. Den Abdampf der Maschine nützt man zu Trocknungszwecken und zur Warmwasserbereitung während des ganzen

Jahres meist vollständig aus. Nur an heißen Sommertagen entweicht
er zum Teil unbenützt ins Freie. Außerdem wird Frischdampf für
Heiz- und Kochzwecke benötigt. Durch die Abdampfverwertung
werden im Juli und August 60%, in den übrigen Monaten 80% des
Brennstoffverbrauches für Heizzwecke ausgenützt. Von den gesamten
jährlichen Brennstoffkosten entfallen auf die Heizung 88,5%, auf die
Krafterzeugung 11,5%. Der Mehrverbrauch von Brennstoff beim
Betrieb ohne Abdampfverwertung ist 38% und es treffen in diesem
Fall 64% auf die Heizung und 36% auf die Krafterzeugung. Die Ge-
samtkosten der Krafterzeugung sind bei Abdampfverwertung nur 44%
der Gesamtkosten ohne Abdampfverwertung.

C. A. Gullino, Teigwarentrocknung in Italien. Ges. Ing. 1914 S. 135.

B. Block, Eierkonservierung. Z. ges. Kälteind. 1914 S. 180.

M. Grellert, Das Kochen mit Abdampf. Ges. Ing. 1914 S. 653.

H. Chr. Nußbaum, Das Kochen mit Abdampf. Ges. Ing. 1914 S. 825.

M. Grellert, Heizen und Kochen mit überhitztem Dampf. Ges.
Ing. 1915 S. 4.
Der überhitzte Dampf ist wohl für die Maschine sehr wertvoll, aber
für die angeschlossene Heiz-, Koch- und Trockenanlage nur nachteilig.

E. Freund, Die Milchtrocknungstechnik. Z. öst. Ing. Arch. V. 1916
S. 75.

M. Buhle, Zur Frage der Trocknung von landwirtschaftlichen
Futtermitteln, besonders der Kartoffeln. Glas. Ann. 1916
I S. 154.

J. F. Hoffmann, Trocknung im Gleichstrom oder im Gegenstrom.
W. f. Br. 1916 S. 5.

Neuere Verdampfapparate zur Erzeugung destillierten Wassers.
Zentr. Zuckerind. 1917 S. 689 und 754.

Hebung des Gartenertrages durch Bodenheizung mit Abwärme. Z. V. deutsch. Ing. 1917 S. 401.

Verwendung der Kühlluft eines 5000 KW.-Generators zum
Dörren von Gemüse. Z. V. deutsch. Ing. 1917 S. 806.

H. Claassen, Die Trocknung landwirtschaftlicher Erzeugnisse
in den Trockenanlagen der Rübenzuckerfabriken. Z. V.
deutsch. Zuckerind. 1917 S. 501.
Verwendung von Wenderstufentrocknern zum Trocknen von Zucker-
rüben, Futterrüben, Kohlrüben, Früh- und Spätkartoffeln, Obsttrestern.
Nebenbetrieb für die Trocknung in Zuckerfabriken.

K. Reyscher, Verbund-Stufentrockner. Z. V. deutsch. Ing. 1918
S. 501 u. 1919 S. 22.

W. Schüle, Über den Wärmeinhalt der feuchten Luft. Z. V.
deutsch. Ing. 1919 S. 682.
Berichtigung und Erweiterung der vorgenannten Arbeit von Reyscher.

Hirsch, Die Wärmewirtschaft in der Lederindustrie. Z. V. M.
1919 S. 241.

E. Höhn, Beitrag zur Theorie des Trocknens und Dörrens. Z. V.
deutsch. Ing. 1919 S. 821.

H. Jordan, Die Technik der Kartoffeltrocknung. Ges. Ing. 1919
S. 285.

9. Die Abwärmeverwertung bei Schiffsmaschinen.

Günstige Verhältnisse, Abwärme jeder Art nutzbringend zu verwerten, treffen bei den Passagierdampfern zusammen. Neben der eigentlichen Schiffsmaschine birgt ein solcher Dampfer eine Reihe von Kraftmaschinen für Beleuchtung, Lüftung, Kühlung, Pumpenantrieb und für verschiedene Sonderzwecke. Ein bedeutender Wärmebedarf herrscht gleichzeitig für Heizung von Aufenthaltsräumen und Verbindungsgängen, für die Küchen, Bäder, Wäschereien, für Wasserdestillierapparate usf.

Die Abwärmeverwertung macht sich hier neben verschiedenen Annehmlichkeiten bezahlt, indem sie nicht nur eine Ersparnis an teurem Brennmaterial, sondern dadurch auch an toter Last ermöglicht.

Ein moderner Schnelldampfer, wie der deutschen Unternehmungsgeist, deutschen Fleiß und deutschen Geschmack bezeugende „Imperator" unter den Schiffen, weist Einrichtungen auf, die in einem durchaus erstklassigen Geschäftshaus, Hotel und Badebetrieb nicht vollkommener sein können. So finden wir hier nicht nur eine ausgedehnte und den höchsten Ansprüchen genügende zentrale Warmwasser- und Dampfheizungsanlage, sondern auch einen geradezu verschwenderisch ausgestatteten Badebetrieb in Gestalt von 229 Wannenbädern mit zahlreichen Strahl- und Regenduschen, ein Warmwasser-Schwimmbad und eine vollständige Hydrotherapie.

Das durch drei Bordetagen gebaute Schwimmbad hat 12 m Länge und $6^1/_2$ m Breite bei 2,2 m größter Wassertiefe. Es ist mit Luftheizung versehen. Die Luft wird durch einen Ventilator vom Sonnendeck abgesaugt, durch Lufterhitzer gedrückt und in die Schwimmhalle geleitet. In der Stunde ist 20facher Luftwechsel vorgesehen. Die Umgänge des Schwimmbassins sind mit Dampfheizung ausgerüstet. Die Hydrotherapie enthält Kohlensäure- und Luftperlbäder, elektrische Schwitz und hydroelektrische Vollbäder, ein Vierzellenbad mit ein- und dreiphasigem sinusoidalem Wechselstrom, faradischem und galvanischem Strom, Heißluftduschen und eine Kapellenbrause. Das römisch-irische Bad enthält den üblichen Warm- und Heißluftraum. Im ersteren herrscht eine Temperatur von 60^0 C, im letzteren eine solche von 80^0 C. Dem Warmluftraum ist ein Temperierraum von 40^0 C vorgeschaltet, während die übrigen Baderäume und Gänge durchschnittlich auf 20^0 C gehalten werden müssen. Im Dampfbad fließt heißes Wasser an Kaskaden hinunter, nachdem es in einem Dampf-Wasseranwärmer auf ca. 90^0 C erhitzt wurde. Außer der Luftheizung ist noch eine vollständige Warmwasserheizung eingebaut, die namentlich für die Beheizung der Wäschewärmer sowie für die Erwärmung der Fußböden und Marmorbänke dient.

In ähnlicher Weise ist auch der Dampfer „Vaterland" ausgestattet, dessen Schwimmbecken 12 m Länge, 6 m Breite und 3 m größte Wassertiefe aufweist. Es wird täglich zweimal mit Seewasser gefüllt, wobei das Badewasser zur Erzeugung einer Temperatur von 20 bis 25° C durch den Kondensator der Schiffsmaschine gedrückt wird.

Auch auf kleineren und einfacheren Passagierdampfern gibt sich reichlich Gelegenheit durch Verwertung des Abdampfes von Hilfsmaschinen, durch Einschaltung von Vorwärmern und Lufterhitzern in die Abdampfleitung der Hauptmaschine und schließlich auch durch Zwischendampfentnahme erhebliche wärmetechnische Erfolge zu erzielen.

Die Speisewasservorwärmung durch den Abdampf ist auf Hoch- und Binnenseeschiffen allgemein eingeführt. Meistens wird die Einrichtung dazu so getroffen, daß der Abdampf aller Hilfsmaschinen, die während der Fahrt des Schiffes in Betrieb gehalten werden, vermehrt um einigen Zwischendampf, der einem Zwischenbehälter der Hauptmaschine entnommen wird, zur Speisewasservorwärmung dient. Der gesamte Heizdampf kommt dabei in einer Stufe zur Verwendung und erwärmt das Wasser bis auf etwa 100° C. Durch Anwendung von zwei Stufen, deren erste den Abdampf der Haupt- oder der Hilfsmaschinen erhalten kann und deren zweite aus dem Aufnehmer zwischen Hoch- und Mitteldruckzylinder gespeist wird, erzielt man eine nicht unwesentliche Kohlenmehrersparnis, die nach Versuchen Ofterdingers bei Speisewassertemperaturen von 126 bzw. 136,5° C Beträge von 3,5 bzw. 4,2 % des Kohlenverbrauches erreichen. Ofterdinger empfiehlt deshalb bei großen Anlagen von Vierfachexpansionsmaschinen und Dampfturbinen die Anwendung einer dreistufigen Vorwärmung. Wenn man bedenkt, daß der „Imperator" auf seinen 350 qm Rostfläche stündlich im Mittel 49 t, das sind fast 1000 Zentner Kohlen verbrennt, so kann man ermessen, welche Werte eine Ersparnis von nur wenigen Prozent zeitigt.

Auch die Verbrennungsmaschinen haben sich, wie bekannt, ein gewisses Feld im Schiffsbetrieb erobert. Die Ölmaschine in Gestalt des Dieselmotors finden wir auf Passagier- und Frachtschiffen, besonders auf den Petroleumtankschiffen, den Explosionskleinmotor bis zu etwa 40 PS Leistung auf Fischerbooten, namentlich auf Kuttern und Quasen in der Ostsee oder auch als Hilfsmaschine auf Segelloggern.

Die Kühlwasser- und Abgaswärme kann auch auf Schiffen ausgenützt werden. Erwähnenswert ist die Verwendung der Abgaswärme auf einem von den Howaldswerken in Kiel zusammen mit Gebr. Sulzer für die Hamburg-Südamerika-Linie erbauten Hochsee-Motorschiff, auf welchem die Rudermaschine und die Signalpfeife mit Druckluft betrieben werden, die vom Auspuff der Motoren vorgewärmt wird.

Einschlägige Literatur.

Bamberger, Leroi & Co., Die Schwimmhalle und das römisch-irische Bad auf dem Dampfer „Imperator" der Hamburg-Amerika-Linie.   Sanitäre Technik 1913 Nr. 32.

Ofterdinger, Hohe Speisewasservorwärmung auf Dampfern.   Z. V. deutsch. Ing. 1914 S. 617.

Neuere Verdampfapparate zur Erzeugung destillierten Wassers. Zentr. Zuckerind. 1917 S. 689 und 754.

10. Die Abdampfverwertung bei Lokomotiven.

Der Abdampf der Lokomotivmaschine wird in Deutschland mehr und mehr zur Vorwärmung des Speisewassers verwendet, wobei gleichzeitig an Stelle der Speisung durch den Injektor (Dampfstrahlpumpe) die Kesselspeisung mittels einer Kolbenpumpe tritt. Man benötigt zur Vorwärmung etwa $^1/_7$ des gesamten Maschinenabdampfes, welcher der Auspuffleitung hinter den Zylindern bzw. bei einer Verbundmaschine hinter den Niederdruckzylindern entnommen wird. Die restlichen $^6/_7$ des Abdampfes genügen zur Aufrechterhaltung des nötigen Zuges durch das Blasrohr vollkommen.

Die mit der Vorwärmung erzielten Erfolge sind sehr gute. Es wird hierdurch nicht nur der Kohlenverbrauch der Lokomotive je nach der Kesselbelastung um 12 bis 20 % erniedrigt, sondern die Lokomotive gewinnt auch an Leistungsfähigkeit, da der Einbau eines Vorwärmers der Vergrößerung der Kesselheizfläche gleichkommt; gleichzeitig wird der Kessel reiner erhalten als bei Betrieb ohne Vorwärmung, weil sich der Kesselstein schon teilweise im Vorwärmer ausscheiden kann und im Kessel selbst nicht die schädlichen harten Krusten bildet.

Zur Schonung der Kessel und Vorwärmer vor plötzlichen Temperaturdifferenzen und zur Vermeidung des Eindringens von Luft in den Vorwärmer empfiehlt es sich, beim Speisen in der Talfahrt oder während

			Kohlenverbrauch in vH
H	130°	V	65
H	100°	V	68,3
T	130°	V	68,3
H	130°	Z	70,5
N	130°	V	70,5
T	100°	V	71,0
H	100°	Z	74
N	100°	V	74
T	130°	Z	76,7
H	ohne	V	78
N	130°	Z	81,3
T	100°	Z	81,3
T	ohne	V	83,6
H	ohne	Z	83,8
N	100°	Z	86
N	ohne	V	86,5
T	ohne	Z	95
N	ohne	Z	100

Speisewasservorwärmung

Fig. 132.   Gütetafel für Lokomotiven nach dem Kohlenverbrauch geordnet.

Z = Zwillingslokomotive.
V = Verbundlokomotive.
N = Naßdampflokomotive.
T = Lokomotive mit Dampftrockner.
H = „   „   Dampfüberhitzer.

des Zugsaufenthaltes, wo kein Abdampf zur Verfügung steht, dem Vorwärmer selbsttätig gedrosselten Frischdampf zuzuführen[1]).

Nach dem Kohlenverbrauch geordnet ergibt sich die in Fig. 132 dargestellte Reihenfolge der Wirtschaftlichkeit der verschiedenen Lokomotivbauarten. Eine Vorwärmung auf 100° C kann mittels des Maschinenabdampfes, jene auf 130° C entweder durch Heranziehung der Kesselabgase oder von Zwischendampf erreicht werden.

In den letzten 6 Jahren sind fast alle europäischen Bahnen zur Vorwärmung des Speisewassers mittels des Abdampfes der Lokomotiven übergegangen.

Auch Schmalspurlokomotiven für Bau- und Industriezwecke, Land- und Forstwirtschaft werden bereits mit Abdampfvorwärmern zur Speise-

Fig. 133. Schmalspur-Lokomotive mit Speisewasser-Vorwärmung.
Maschinen- und Lokomotivfabrik J. A. Maffei, München.

wassererhitzung ausgerüstet. Fig. 133 zeigt eine derartige Ausführung. Die Speisung des Kessels durch den Vorwärmer hindurch erfolgt hier mittels einer vom Kreuzkopf betätigten Tauchkolbenpumpe.

In jüngster Zeit versucht man, den gesamten Abdampf der Lokomotivmaschine zum Antrieb einer Abdampfturbine zu verwenden, welche mit einem Ventilator gekuppelt ist[2]). Diesem fällt die bisherige Aufgabe des Blasrohres zu, nämlich den für die Feuerung nötigen Zug zu erzeugen und die Rauchgase abzusaugen. Durch diese Einrichtung hofft man nicht nur den Gegendruck auf die Kolben zu verringern, sondern man strebt den bedeutenden Betriebsvorteil an, daß die Dampf-

---

[1]) D. R. P. Ausführungsrechte vergibt die Knorr-Bremse A.-G. Berlin.
[2]) D. R. P. Nr. 300886.

erzeugung unabhängiger von der Anzahl der Radumdrehungen, d. h. der Auspuffschläge wird. Bei der Lokomotive, wie sie jetzt ist, ist die Feueranfachung am ungünstigsten, wenn die Lokomotive die größte Leistung zu entwickeln hat, nämlich bei der Fahrt auf Steigungen.

Bei feuerlosen Lokomotiven, deren Betriebsdampf einem auf der Lokomotive mitgeführten Wasserakkumulator entnommen wird, ist vorgeschlagen worden, den Abdampf der Zylinder, bevor er ins Freie auspufft, in einen Hohlraum zu leiten, der ähnlich wie der Dampfmantel eines Dampfzylinders den feuerlosen Kessel umgibt[1]). Statt der Außenluft von -20^0 C bis $+35^0$ C wäre in diesem Fall die Außenfläche der Kesselisolierung mit Abdampf von 100^0 C umgeben, wodurch die Abkühlungsverluste des Kessels sinken. Die Kesselisolierung ist dabei jedenfalls gegen Feuchtigkeitsaufnahme zu schützen, da sonst während der Ruhepausen der Lokomotiven eine intensive Abkühlung einträte, welche den Wert des Dampfmantels mehr oder minder aufheben müßte.

An Straßenzuglokomotiven, Dampfstraßenwalzen, fahrbaren Lokomobilen, Dampfpflügen usw. läßt sich die Speisewasservorwärmung durch den Abdampf mit dem gleichen Erfolg wie bei Lokomotiven ausführen.

Einschlägige Literatur.

L. Schneider, Speisewasservorwärmung bei Lokomotiven. Ż. V. deutsch. Ing. 1913 S. 687. Organ f. Fortschr. Eisenbahnwes. 1914 S. 176. Einfluß der Vorwärmung durch Abdampf und durch Abgase auf den Kohlenverbrauch bei Zwillings- und Verbundlokomotiven, Naßdampf- und Heißdampflokomotiven. Berechnung der Vorwärmer. Bauarten der Vorwärmung der Baldwin Lokomotiv-Werke, von F. F. Gaines, von Trevithick, von Caille-Potonié, von Weir, von Brazda. Vorwärmung bei Schmalspurlokomotiven von Orenstein & Koppel, J. A. Maffei. Konstruktion der Vorwärmer. Wirtschaftliche Ergebnisse.

L. Schneider, Vermeidung des Kaltspeisens bei Lokomotivvorwärmern. Organ f. d. Fortschr. d. Eisenbahnwes. 1914 S. 289. Glasers Ann. 1914 I S. 117.
Nachteile und Maßnahmen zur Verhütung des Speisens durch den Abdampf-Vorwärmer bei fehlendem Abdampf.

L. Schneider, Die Lokomotive als Dampfanlage. Z. bay. R. V. 1915 S. 1.

G. Hammer, Die Entwicklung der Einrichtungen zur Vorwärmung des Speisewassers bei den Lokomotiven der preußisch-hessischen Staatseisenbahnen. Glasers Ann. 1915 II S. 1.

G. Strahl, Die Kohlenersparnis oder größere Leistungsfähigkeit der Lokomotiven durch Vorwärmung des Speisewassers. Glasers Ann. 1915 II S. 23.

---

[1]) D. R. P. ang.

A. Trautweiler, Elektrische Vorwärmung des Lokomotiv-Speise-
wassers. Schweiz. Bauz. 1917 II S. 35.

Elektrische Abfallkraft zum Vorwärmen des Lokomotiv-
Speisewassers. Z. V. deutsch. Ing. 1917 S. 702.

G. Strahl, Der Wert der Heizfläche eines Lokomotivkessels
für Verdampfung, Überhitzung und Speisewasservorwärmung. Z. V. deutsch. Ing. 1917 S. 257.

L. Schneider, Versuche mit Speisewasservorwärmern und Speisepumpen für Lokomotiven. Z. V. deutsch. Ing. 1918 S. 265.

11. Das Heizungskraftwerk.

Als Heizungskraftwerke haben wir schon früher jene Kraftwerke
bezeichnet, deren Abwärme mehr oder minder vollständig ausgenützt
wird, so daß Heizzwecke irgendwelcher Art ebenso bestimmend für die
Höhe der Krafterzeugung werden können, wie z. B. die Wassermenge
beim Wasserkraftwerk. Der Grenzfall des reinen Heizungskraftwerkes
liegt also da, wo gerade so viel Kraft erzeugt wird, als dem Abwärmebedarf entspricht. Von der vollständigen Abwärmeausnützung zur
Kraftanlage mit Abwärmevernichtung — das Wort Energievernichtung
im wirtschaftlichen Sinne gebraucht — gibt es alle Arten von Zwischen-
stufen.

Die Verwertung des Maschinenab- und Zwischendampfes, in besonderen Fällen auch der Abgase und des Kühlwassers der Verbrennungsmaschinen, zur Beheizung von Werkstätten, Bureaus und Wohnräumen,
zur Bereitung von Bade- und Gebrauchswasser für den Haushalt usw.
ist so vielfach möglich, daß hier nur einige besonders liegende Fälle
besprochen werden können. Ausscheiden müssen vor allem jene Gewerbebetriebe, kleineren Elektrizitätswerke usw., wo die Abwärme der
Maschinen nur im Winter zur Beheizung Verwendung finden kann. Es
hängt zu sehr vom Einzelfall ab, nach welchen Gesichtspunkten eine
solche Anlage gebaut und bewertet werden muß. Dagegen seien im
folgenden einige Fälle besprochen, wo die Wahl der Betriebsmaschine
ganz erheblich von der Möglichkeit der Wärmeausnützung beeinflußt
werden kann. In erster Linie handelt es sich dabei um Betriebe,
deren Wärmebedarf das ganze Jahr hindurch angenähert gleichmäßig
bleibt, zum mindesten nie vollständig aussetzt. Daß dabei die
Dampfmaschinen im Vordergrund stehen, ist nach den Ausführungen
der vorhergehenden Abschnitte verständlich.

a) Hotels.

Das neuzeitliche Groß-Hotel verbraucht Kraft für die Beleuchtung,
den Betrieb der Lifts und sonstiger Aufzüge, für Lüftung und Entstaubung, zum Laden der Akkumulatoren von Kraftfahrzeugen, für

Wasch- und Küchenmaschinen, Kompressoren für die Gefrieranlage, Pumpen für Warmwasserversorgung usw., während Dampf benötigt wird zum Kochen, Wärmen, Trocknen und zur Eisfabrikation, und warmes Wasser für Heizung, Wasch-, Bade- und Reinigungszwecke.

Der Lichtbedarf überwiegt den sonstigen Kraftbedarf um das Zwei- bis Dreifache.

Gegenüber dem Strombezug von Elektrizitätswerken können jährlich nicht unbedeutende Ersparnisse gemacht werden dadurch, daß eine eigene Kraftanlage die Abdampfwärme der Maschinen zur Warmwasserbereitung und Heizung liefert. Da im Winter der Wärmebedarf ein viel größerer als im Sommer ist, so empfiehlt es sich zuweilen, mehrere Kraftmaschinen aufzustellen, eine Verbrennungskraftmaschine oder eine sparsam arbeitende Kolbendampfmaschine für den Sommer und eine große Abdampfmengen liefernde Turbine für den Winter. Beide Maschinen können in außerordentlichen Fällen parallel arbeiten und bilden gegenseitig eine Reserve. Mit Rücksicht auf das höhere Beleuchtungsbedürfnis darf die Wintermaschine $1^{1}/_{2}$ bis 2 mal so leistungsfähig sein als die Sommermaschine. Nur für den Sommer kann auch Anschluß an ein Elektrizitätswerk in Frage kommen, wo ein billiger Sommertarif erreichbar ist.

Zum rationellen Betrieb gehören in einem Hotel Kraft- und Wärmespeicher, da die Zeiten größten Kraftbedarfs nicht mit dem größten Wärmebedarf zusammenfallen. Als Kraftspeicher können Akkumulatoren, als Wärmespeicher Warmwasserbehälter dienen. Die Größe der Akkumulatorenbatterie ist natürlich nach dem Einzelfall zu bemessen. Im Durchschnitt genügt vollkommen eine Kapazität, welche während 3 Stunden die dreifache Leistung der Sommermaschine abgibt. Auch die Größe der Warmwasserbehälter muß von Fall zu Fall bestimmt bzw. ausgemittelt werden. Im allgemeinen ist die Bemessung ausreichend, wenn die ganze Abwärme der Sommermaschine des 2- bis $2^{1}/_{2}$ stündigen Betriebes aufgespeichert werden kann. Bei guter Isolierung kann die Wasserwärme vom Abend bis zum nächsten Morgen ohne bemerkenswerte Verluste gehalten werden.

Durch das immer stärker werdende Verlangen des reisenden Publikums nach fließendem warmem Wasser in den Zimmern wie nach Privatbädern verbraucht das Hotel auch im Sommer viel Wärme. Dies macht eine eigene Kraftanlage, welche im Winter sehr hohe Ersparnisse einbringt, auch im Sommer rentabel. Wir folgen hierbei in Deutschland den amerikanischen Hotels, welche die Verwendung der Abdampfwärme von Kraftwerken für Heizungsanlagen längst als nutzbringend erkannt haben. Es ist bei solchen Anlagen nötig, daß die gesamten maschinellen und technischen Anlagen von einer Hand entworfen und geleitet werden, damit ein richtiges Zusammenarbeiten der einzelnen Teile gewährleistet

ist und die gesamte Anlage übersichtlich gestaltet wird. Gewöhnlich
steht für die maschinellen Anlagen im Hotel nur ein sehr beschränkter
Raum zur Verfügung, wodurch naturgemäß die Schwierigkeiten beim
Entwurf sehr erhöht werden. Neben der richtigen Wahl und Anordnung der geeigneten Maschinen muß bei einer derartigen Anlage auf
hohe Betriebssicherheit, die besonders durch Übersichtlichkeit erreicht
wird, und vor allem auf geräuschloses Arbeiten der Maschinen Rücksicht
genommen werden.

Für die Errichtung eigener Kraftwerke sprechen im Hotel noch
folgende Gründe:

Die Anlage ist das ganze Jahr hindurch fast 24 Stunden
täglich in Betrieb, so daß sie sich rasch amortisiert.

Die Gäste gehen mit Licht, Heizung und warmem Brauchwasser erfahrungsgemäß wenig sparsam um, weshalb billige Er-
zeugungskosten angestrebt werden müssen.

Kohlenanfuhr und Aschenbeseitigung bereiten keine Schwierigkeiten, da ohnedies beträchtliche Mengen von Abfällen und Müll
abgefahren werden müssen.

Ein Maschinenmeister ist schon zum geordneten Betrieb der
Beleuchtungsanlage, der Aufzüge usw. nötig, so daß die eigene
Kraftanlage nur noch eine billige Arbeitskraft mehr erfordert.

Sicherheitskessel dürfen unter bewohnten Räumen aufgestellt
werden, wodurch die Platzfrage meist zu lösen ist.

Man bezeichnet nicht mit Unrecht die Hotels als Gradmesser der
Landeskultur. Möchten sie bei aller reichen Ausstattung auch ein Maßstab für den wirtschaftlichen Sinn der Landesbewohner werden.

b) Geschäftshäuser.

In Geschäftshäusern ist der Kraftbedarf zum Betrieb der Aufzüge,
Entstaubungsanlagen, Druckluftanlagen, für Lüftung und zum Laden
der Akkumulatoren der Geschäftswagen, unter Umständen auch für
künstliche Kühlung, ein bis zweimal so groß als der Energiebedarf für
Beleuchtung. Letzterer ist verhältnismäßig am bedeutendsten in Waren-
häusern, geringer in Kontorgebäuden, Bankhäusern und Lagerhäusern.
Bei gleichem umbauten Raum ist der Wärmebedarf für Heizzwecke die
Hälfte bis Dreiviertel des Wärmebedarfs der Hotels.

In Fig. 134 ist der Kraftverbrauch eines großen Münchener
Warenhauses dargestellt. Die Junibelastung ist halb so groß als die
Dezemberbelastung, so daß also der monatliche Kraft- und der monat-
liche Heizdampfbedarf in erwünschter Weise übereinstimmen. Der

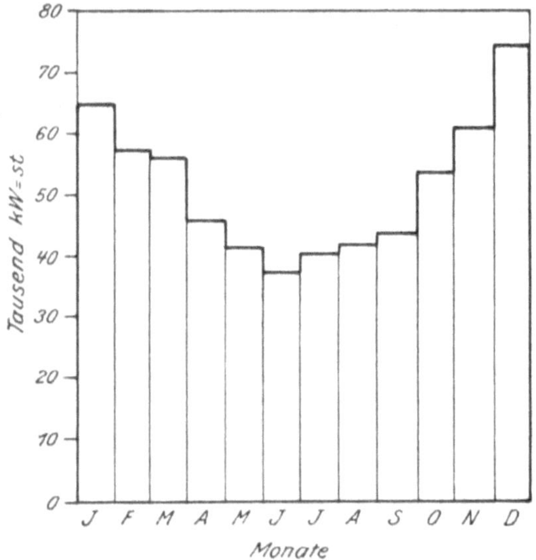

Fig. 134. Belastung der Licht- und Kraftzentrale
eines Münchner Warenhauses.

tägliche Verlauf beider befriedigt allerdings nicht im gleichen Maße, da das Heizungsbedürfnis in den Morgenstunden, der Lichtbedarf dagegen am Abend am lebhaftesten ist. Durch Aufstellung entsprechender Kraft- und Wärmeakkumulatoren muß ein Ausgleich geschaffen werden.

Viele Gesichtspunkte, die beim Hotel erwähnt wurden, gelten in gleicher Weise auch für Geschäftshäuser.

c) Badeanstalten.

Ein Fachmann auf dem Gebiete der Gesundheitstechnik[1]) sagt: „Es ist eine in der Fachwelt nunmehr genügend bekannte Tatsache, daß ein großes Hallenbad mit modernen badetechnischen Einrichtungen und mit einem den hygienischen Anforderungen entsprechenden Wasserwechsel der Schwimmbecken nur dann wirtschaftlich betrieben werden kann, wenn die erforderlichen großen Wärmemengen aus einem Kraftwerk als billige Abwärme gewonnen werden." Es wäre also nur zu wünschen, daß die Gemeindeverwaltungen, die ja meist als Badeunternehmer auftreten, nach dieser Feststellung handeln würden. Leider ist dies immer noch nicht genügend der Fall. Es mag dies wohl zusammenhängen mit der manchenorts noch ungenügenden Heranziehung des technischen Standes zur Verwaltung.

Der Wärmebedarf der Badeanstalten gliedert sich in solchen für Warmwasserbereitung, Lufterhitzung und Dampfheizung. Die Erwärmung der Baderäumlichkeiten erfolgt auf rund 20° C. Wannenbäder werden mit Warmwasser von 35 bis 40° C bei entsprechender Zumischung von kaltem Wasser gespeist. Der Inhalt einer Badewanne beträgt durchschnittlich 200 bis 250 l, in Luxusbädern 350 bis 500 l. Im Schwimmbad wird eine Wasserwärme von 23 bis 25° C verlangt. Die Temperatur im Dampfbad beträgt 35 bis 40° C, jene der Heißluftbäder

---

[1]) Dr. L. Dietz im Ges. Ing. 1914 S. 377.

ca. 60⁰ C im ersten und ca. 80⁰ C im zweiten Raum. Zuweilen ist im römisch-irischen Bad noch ein Temperierraum mit etwa 40⁰ C vorgesehen. Für Abwärme ist also in den Badeanstalten eine so ausgedehnte Verwendung, daß man mit Vorteil dazu schreitet, ihnen eigene Kraft-

anlagen anzugliedern, deren Abwärme für Badezwecke Verwendung findet. Der wirtschaftliche Erfolg solcher vereinigter Betriebe ist ein ausgezeichneter. So liefert die aus privatem Unternehmungsgeist hervorgegangene Stuttgarter Badgesellschaft aus dem mit dem Bad verbundenen Elektrizitätswerk Strom in das städtische Netz. Die Einnahmen aus dem Badebetrieb wie aus dem Stromverkauf in den Jahren 1907 bis 1912 sind in der Fig. 135 zusammengestellt.

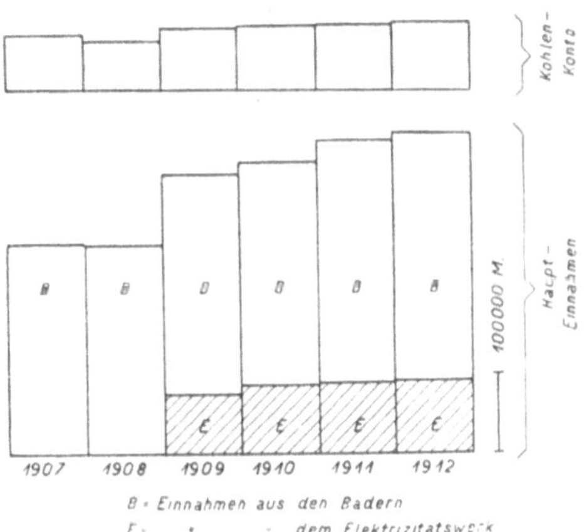

Fig. 135. Einnahmen und Kohlenkonto des Stuttgarter Bades.

Das Kohlenkonto hat sich seit dem Jahre 1909, wo das Elektrizitätswerk in Betrieb kam, gegenüber den früheren Jahren nur unwesentlich erhöht. Die Einnahmen dagegen sind er-

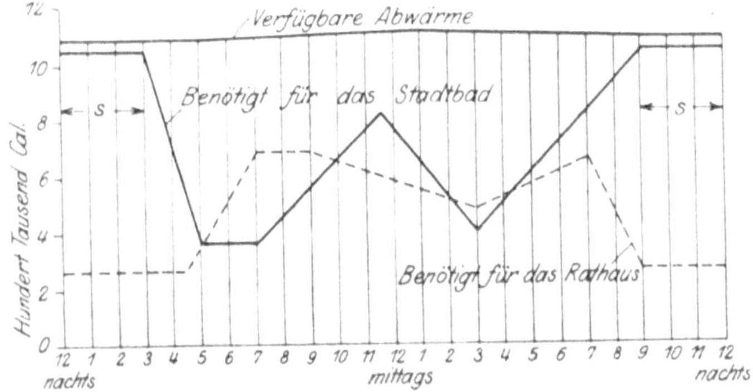

Fig. 136. Verfügbare und verwertbare Abwärme der Kraftanlage des Stadtbades Mülheim a. d. Ruhr bei + 5⁰ C mittl. Tagestemperatur.

heblich gewachsen, was sich hauptsächlich aus dem Stromverkauf ergibt. Hier ist recht deutlich der Weg gezeigt, wie man die städtischen Zuschüsse, welche die Volksbäder häufig noch erfordern, in Überschüsse verwandeln kann.

Ein anderes Musterbeispiel ist das Stadtbad Mülheim a. d. Ruhr, wo die mit 12 Atm. Üb. und hoher Überhitzung betriebenen Pumpmaschinen der städtischen Wasserversorgung in der Badeanstalt untergebracht sind. Der Betrieb der Pumpmaschinen währt hier Tag und Nacht. Ihr Zwischen- und Abdampf wird im Badebetrieb und zur Beheizung des nahe gelegenen Rathauses ausgenützt. Der größte Wärmebedarf des Bades beträgt

für Wannenbäder . . . . 589000 Kal./St.

für das Schwimmbecken. . . . . 325000 Kal./St.

für die Heizung bei -20^0 C. . . . . . . 935000 Kal./St.

An kalten Tagen ist jedoch kaum ein mittlerer Badebetrieb zu erwarten, so daß der größte Wärmebedarf nur 1118000 Kal./St. erreicht. Er tritt auf bei einer Außentemperatur von $+5^0$ C. In Fig. 136 ist der Wärmebedarf für einen ganzen Tag bei $+5^0$ C dargestellt. Wie man sieht, lassen sich die Beheizung des Rathauses und der Badebetrieb recht gut zusammenstimmen dadurch, daß man die Füllung der Schwimmbecken mit frischem warmem Wasser auf die Nachtzeit von 9 Uhr abends bis 3 Uhr früh verlegt. (In Fig. 136 mit s bezeichnet.) Die Warmwasserheizung erfolgt aus Röhrenvorwärmern und die Bereitung des Badewassers durch den Kondensator. Für die Dampfheizung und die Wärmelieferung für das römisch-irische Bad

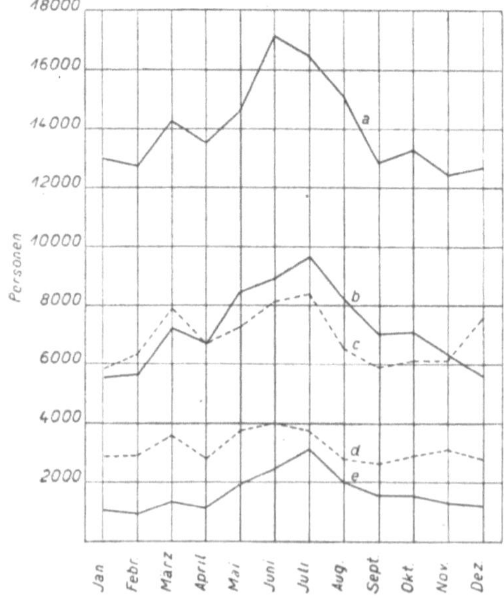

Fig. 137. Frequenz der Bäder
im Stuttgarter Bad 1912.

a Schwimmhallen, Männer,
b   „   Volksbad,
c Wannenbäder III. Kl., Männer,
d   „   „   Frauen,
e Schwimmhallen, Frauen.

wird den Pumpmaschinen Zwischendampf entnommen.

Erhebungen, die ich beim Stuttgarter Bad für das Jahr 1912 machte, ergaben, daß auch der Jahresverbrauch des Bades jenen der Heizung ergänzt, indem im Sommer die Benützung des Bades und damit sein Wärmeverbrauch größer ist als im Winter, während der Heizzeit, wie Fig. 137 zeigt.

Das städtische Hallenschwimmbad in Spandau wird durch eine Fernwarmwasserleitung mit Wärme versorgt und die gesamte, für die Warmwasserbereitung aufzuwendende Wärme kostenlos gewonnen. In der Badeanstalt selbst ist für Heizung und Lüftung nur eine kleine Niederdruck-Dampfkesselanlage eingebaut worden. Die Pumpstation des 2370 m vom Bad entfernten Wasserwerkes Spandau birgt zwei ältere Dampfpumpen und eine neue Zwillingsdampfpumpe von 150 PS. Gewöhnlich ist nur die letztere in Betrieb. Die Pumpen sind mit Einspritzkondensation versehen. In die Abdampfleitung ist ein Vorwärmer eingeschaltet, in welchem die Erwärmung des Badewassers durch Vakuumdampf indirekt erfolgt. Das Vakuum ist durch den Einbau des Vorwärmers von 65 auf 68 cm Quecksilber gestiegen. Jährlich werden vom Wasserwerk rund $1^1/_2$ Milliarden Kal. für die Badewassererwärmung abgegeben. Das 37 bis 45° C warme Wasser erleidet bei seiner Fortleitung über beinahe 3 km nur ca. 2° C Temperaturverlust. Das Wasserwerk ist nachts nicht in Betrieb. Da das Schwimmbecken des Nachts aufgefüllt werden muß, ist unter demselben ein Speicherraum für das warme Wasser angeordnet. Versuche haben ergeben, daß in diesem Staubecken das Badewasser innerhalb dreimal 24 Stunden nur eine Temperatursenkung von 2 bis 3° C erfährt.

Zur Speisung des Beckens im städtischen Schwimmbad in Karlsruhe wird das von den Kondensatoren der Dampfturbinen des Elektrizitätswerkes abfließende reine Kühlwasser von etwa 20° C benützt.

Die Bereitung des Badewassers für das städtische Müllersche Volksbad in München soll im Winter durch den Abdampf von zwei Dreifachexpansionsmaschinen des nahen Muffatwerkes erfolgen, die in dieser Zeit der Wasserknappheit und des erhöhten Verbrauches von Beleuchtungsstrom laufen. Im Sommer wird durch die nachts überschüssige Wasserkraft der Isar ein elektrischer Dampfkessel betrieben, mit Hilfe dessen das Badewasser erwärmt wird.

Eine sehr bemerkenswerte Anlage finden wir im Admiralspalast zu Berlin. Dieses weltstädtische Unternehmen hat eine eigene Kraftanlage von 1000 PS zur Erzeugung des elektrischen Lichtes, Antrieb der Aufzüge usw. und Unterhalt einer hohen Kraftaufwand erfordernden künstlichen Eisbahn. Durch die in Tätigkeit befindlichen Dampfkraftmaschinen stehen in der Stunde etwa $2^1/_2$ Millionen Wärmeeinheiten in Abdampf von 0,15 Atm. Üb. zur Verfügung, welche zur Heizung des Eispalastes, der dazu gehörigen Nebenräume, wie Kochküche, Wäscherei usw., des Kinos, der Bureaus, vornehmlich aber zur Erwärmung des Badewassers für die über der Eisbahn großzügig angelegten Badeanstalt, sowie zur Heizung dieser Räumlichkeiten verwendet werden. So widerspruchsvoll der Plan scheinen mochte, unmittelbar über einer Kunsteisbahn eine Warmbadeanstalt anzuordnen,

so glänzend und vollkommen ist dadurch die Wirtschaftlichkeit beider
heterogener Betriebe gelöst: ein Musterbeispiel einer wohldurchdachten
Heizungskraftanlage.

An Orten mit wenig Freibadegelegenheit mit geeignetem Wasser
ist man mit Erfolg dazu geschritten, die Abwärme von Kraftanlagen auch
zur Wassererwärmung in offenen Schwimmbecken zu verwenden.

Bei dem ziemlich gleichmäßigen Betrieb der Badeanstalten, deren
Wärmeverbrauch tagsüber noch übrigens durch Tarifmaßnahmen beeinflußt werden kann, und bei der Möglichkeit, warmes Badewasser
auch nachts zu erzeugen und aufzuspeichern, müssen dieselben als ein
ganz besonders geeignetes Objekt für Abwärmeverwertung bezeichnet
werden und es ist im Interesse unserer Wärmewirtschaft dringend zu
verlangen, daß Bäder ohne angegliederte Kraftwerke verschwinden,
zum mindesten solche nicht mehr neu entstehen.

d) Krankenanstalten.

Krankenhäuser, sowie Heil- und Pflegeanstalten und Versorgungs-
häuser benötigen elektrische Energie für Beleuchtung und Lüftung,
zum Betrieb der Aufzüge, Zentrifugen, Desinfektoren, Waschma-
schinen, Mangeln, Küchen-
maschinen, Pumpen, der
Entstaubungsanlage, Kühl-
anlage, unter Umständen
auch für verschiedene landwirtschaftliche Maschinen
und zum Laden der Akku-
mulatoren von Kranken-
wagen. Dieser Kraftbedarf
ist zu verschiedenen Jahres-
zeiten hauptsächlich infolge
des schwankenden Beleuch-
tungsbedürfnisses verschieden. In welcher Größen-

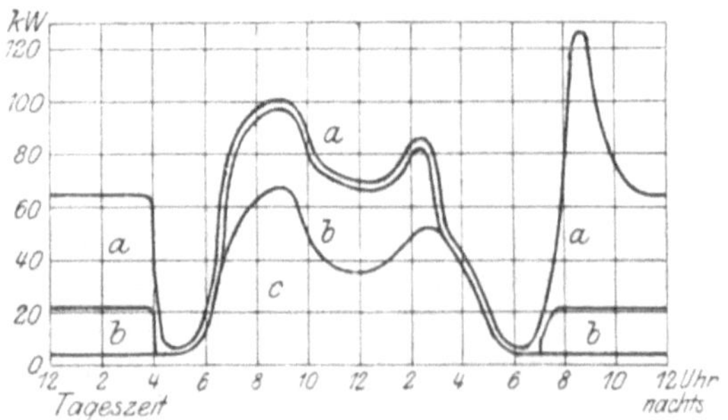

Fig. 138 u. 139.   Kraftbedarf eines Kranken-
a für Beleuchtung.
b „ Lüftung.
c „ sonstige Zwecke.

ordnung er sich bewegt, darüber geben Fig. 138 und 139 Aufschluß
am Beispiel ein und desselben Krankenhauses für einen Juni- und
einen Dezembertag. Die Schwankungen im Kraftbedarf sind auch
nach der Tageszeit genommen ziemlich erheblich. Das Heizungsbedürfnis setzt in Krankenanstalten nur während der drei Monate Juni, Juli
und August aus. Das Bedürfnis an warmem Brauchwasser ist das ganze
Jahr hindurch ziemlich gleichmäßig.

Der Bedarf von Krankenanstalten an elektrischer Kraft beträgt
erfahrungsgemäß unabhängig von der Größe der Anlage:

für 500 Betten Belegzahl 300000 bis 350000 PS-St./Jahr.

Der Wärmebedarf ist viel größer als von der nur für den eigenen Kraftbedarf bemessenen Maschine als Abwärme geliefert werden kann, so daß Schwierigkeiten infolge des schwankenden Kraftverbrauches nicht entstehen können. Der Abwärmebedarf gliedert sich in solchen für

1. Raumheizung, d. i. jene Wärmemenge, die während der Heizzeit durch die Abkühlung der Umfassungswände verloren geht. Als tiefste Außentemperatur nimmt man in Deutschland — 20° C an. Die Innentemperaturen sollen betragen:

in Krankenräumen, Bureaus und Wohnräumen
    einschließlich der Verbindungsgänge . . 19 bis 20° C
in Wasch- und Baderäumen . . . . 22° C
in Operationssälen . . . . 25° C
in sonstigen Nebenräumen und Korridoren . 15 bis 18° C

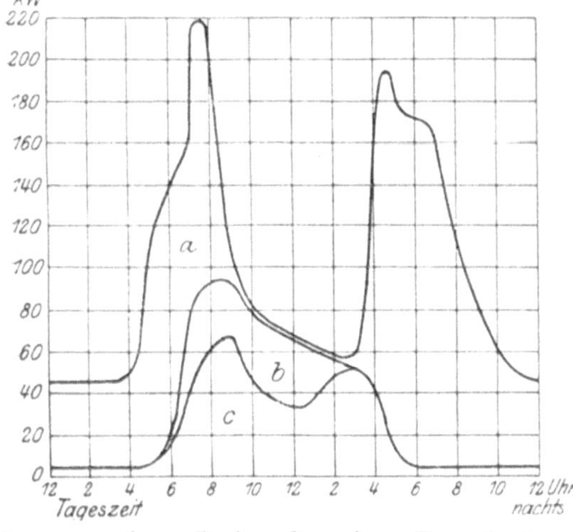

hauses an einem Juni- und an einem Dezembertag.

2. Lüftung, d. h. zur Erwärmung der Ventilationsluftmengen auf die Raumtemperatur. Der stündliche Luftwechsel sollte nach den Anforderungen der Hygiene betragen:
für Erwachsene 65 bis 80 cbm/St.
für Kinder 35 bis 70 cbm/St.
in Gängen, Treppenhäusern, Nebenräumen der ein- bis zweimalige Rauminhalt pro Stunde.

3. Warmwasserbereitung. Überall in der näheren Umgebung des Kranken muß genügend warmes Wasser für den körperlichen Bedarf, zum Waschen, Baden, Gurgeln, für Wärmeflaschen, Wäschewärmer usw. zur Verfügung stehen. Ferner kommt warmes Wasser zur Verwendung in den Bädern, im Operationshaus, in Wasch-, Spül-, Koch- und Teeküchen, Laboratorien und Leichenhaus.

4. Dampftherapie und Apparatebetrieb, nämlich für Desinfektoren, Sterilisatoren, Dampfkochküche, Dampfwäscherei, Wärmeschränke, Trockenapparate usw.

Nach Erhebungen von Dietz an 80 deutschen Krankenanstalten ergeben sich die in Fig. 140 bis 142 dargestellten maximalen stündlichen

Wärmebedarfszahlen bezogen auf die Bettenzahl, für welche die betreffende Anstalt gebaut, wenn auch nicht voll belegt ist.

Der Wärmebedarf von Krankenanstalten ist außer von der geographischen Lage abhängig vom Bauplan (Pavillon- oder offene Bauweise, Komplex- oder geschlossene Bauweise) und von der Orientierung der Längsfront nach der Himmelsrichtung. Bei einem zusammenhängenden, aber dennoch mehrfach gegliederten Bau beträgt der Wärmebedarf für Warmwasserheizung und -versorgung, Dampfheizung und -kochung im Durchschnitt:

bei einer Anstaltsgröße von 500 Betten 9 Milliarden Kal./Jahr,
1000 Betten $15^1/_2$ Milliarden Kal./Jahr,
1500 Betten 22 Milliarden Kal./Jahr.

Durch die der Heizung vorangehende Ausnützung der diesen Wärmebeträgen entsprechenden Dampfmengen in Maschinen kann an Energie erzeugt werden:

in einer Anstalt von:
500 Betten ca. 2 Millionen PS-St.
1000 Betten ca. 3,5 Millionen PS-St.
1500 Betten ca. 5 Millionen PS-St.

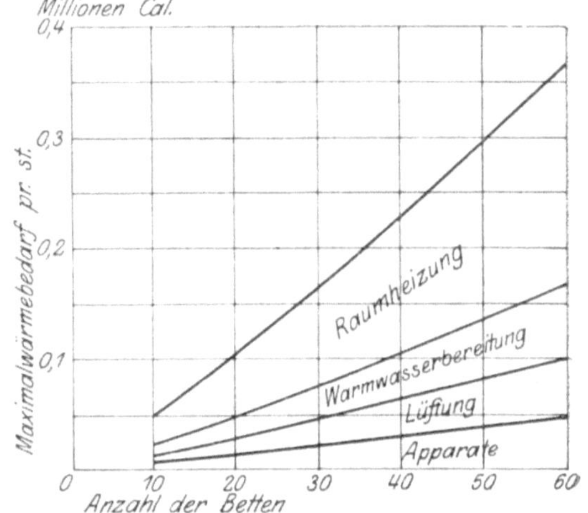

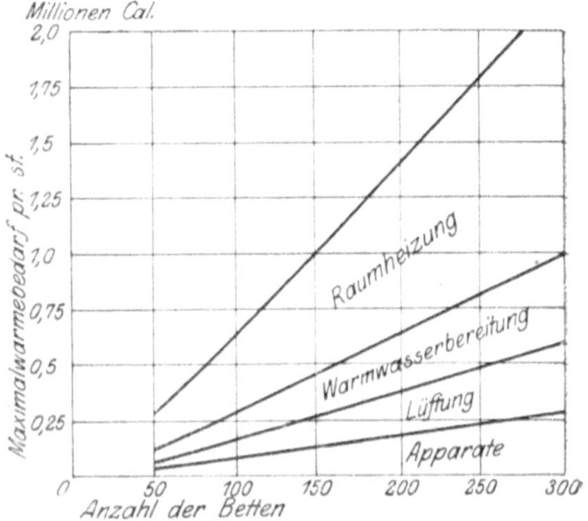

Fig. 140 bis 142. Maximaler Wärmebedarf neuerer

Die Belastung der Wärmeerzeugungsanlage eines Krankenhauses in den einzelnen Monaten entspricht im großen und ganzen sehr gut der Belastung eines städtischen Elektrizitätswerkes, welches zu einem erheblichen Teil Beleuchtungsstrom zu liefern hat.

De Grahl[1]) gibt für eine getrennte Kraftdampf- und Heizdampferzeugungsanlage einer großen Klinik den in Fig. 143 dargestellten Wärmeaufwand an. Zu Zeiten des größten Stromverbrauches für Beleuchtungszwecke, in den Wintermonaten, ist auch die Belastung der Dampf- und der Warmwasserheizung am größten.

Es liegt der Gedanke nahe, die überschüssige Kraft gegen Entgelt abzugeben, indem z. B. ein derartiges Heizungskraftwerk parallel mit anderen Kraftwerken auf ein größeres Netz arbeitet und dem jeweiligen Abdampfbedarf entsprechend belastet wird.

In dieser Weise ist z. B. das dem Krankenhaus München III angegliederte Heizungskraftwerk München-Schwabing angelegt. Die Einbeziehung der oberbayerischen Überlandwerke in die Stromversorgung Münchens haben das Werk in den vergangenen Jahren noch nicht zur vollkommenen Abwärmeverwertung gelangen lassen. Vor dem Kriege wurden jährlich bis zu 1,65 Millionen PS-St. erzeugt und für die kommenden Friedensjahre darf nach einem Bericht von amtlicher Seite[2]) eine wesentliche Steigerung erwartet werden.

Das III. Krankenhaus München ist mit Dampfheizung versehen für das Hauptgebäude, Schwesternhaus, die Apotheke, Verwaltung, Direktor-Wohnhaus, Operationshaus, Zentralbad, Kochküche, Wäscherei, Desinfektionsanstalt, das Prosekturgebäude, das Absonderungshaus, das Infektionshaus, fünf Epidemiebaracken, das Gärtnereigebäude und den Tierstall. Mit Warmwasserheizung sind ausgerüstet neun Krankenbauten, Dienstwohngebäude und Irrenhaus.

Den vorläufig aufgestellten zwei Verbundmaschinen von je 1000 PS Leistung wird Zwischendampf von 4 Atm. Üb. für die Ferndampfheizung und Abdampf von 0,5 Atm. abs. Spannung zur Bereitung

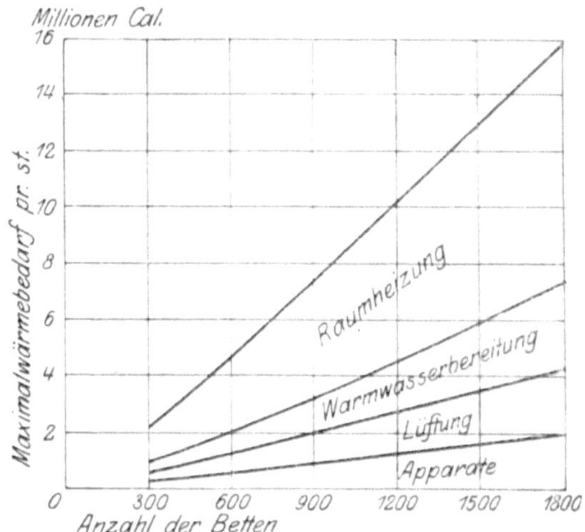

Krankenanstalten mit 10 bis 1800 Betten.
(Nach Dr. Dietz.)

[1]) Z. D. M. 1918 S. 229.
[2]) Ges. Ing. 1917 S. 153.

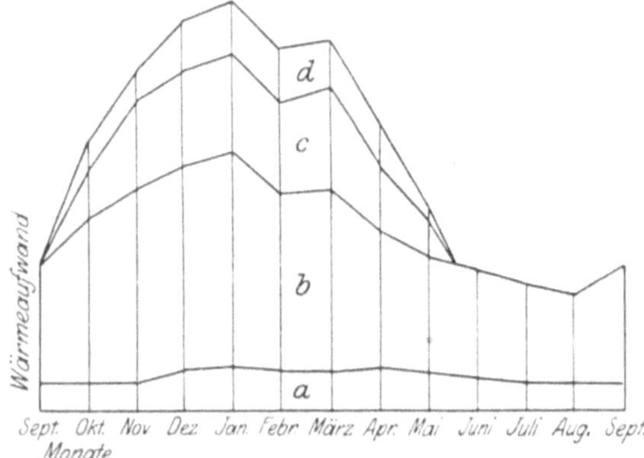

Fig. 143. Wärmeaufwand für den Betrieb einer
großen Klinik in den verschiedenen Monaten.
(Getrennte Heizung und Krafterzeugung.)

a Wärmeaufwand zur Bereitung von warmem Brauchwasser.
b   „   für die Kraftanlage u. für Nutzdampfverbrauch.
c   „   „   „ Dampfheizung.
d   „   „   „ Warmwasserheizung.

des warmen Wassers für die Warmwasserheizung, Gebrauchs- und Badezwecke entnommen. Der in Hochdruck-Wasserrohrkesseln erzeugte Dampf hat vor den Maschinen $13^{1}/_{2}$ Atm. Üb. und 300^{0} C Temperatur.

Zum Ausgleich der Anforderungen der Heizung und Warmwasserbereitung und einerseits des Kraftbedarfes des städtischen Netzes andererseits sind zwei Großwasserraumvorwärmer von je 50 cbm Inhalt und zwei Schnellzirkulationsvorwärmer von je 285 qm Heizfläche aufgestellt.   Außerdem erlaubt die Zwischendampfentnahme eine große Bewegungsfreiheit.

e) Das Fernheizungs-Kraftwerk.

„Es war bisher nur ganz selten möglich, die Betriebe, die weit mehr Antriebsenergie durch Abwärme hätten erzeugen können, als sie selbst benötigten, zur Abgabe des Überschusses zu bringen und das Überlandwerk zu angemessenem Preise zur Aufnahme in sein Netz zu veranlassen. So günstig für beide Teile der Abschluß eines derartigen Abkommens gewesen wäre, abgesehen davon, daß wegen der Unregelmäßigkeit der Lieferung einige technische Schwierigkeiten zu überwinden waren, dürfte vielfach Eigensinn oder Rückständigkeit der Beteiligten die hauptsächliche Veranlassung zur Ablehnung gewesen sein. Der Fall ist in allen Industriegegenden festzustellen, daß viele Kessel nur zur Erzeugung von Fabrikationsdampf dienen und ganz in der Nähe eine Überlandzentrale mit Kondensationsmaschinen Energie erzeugt. Hier ist eine Regelung im Intersese unserer Kohlenwirtschaft geboten. Selbst Betriebe, die in einer Hand sind, wie städtische Energiewerke, Bäder und große Fernheizwerke haben nur vereinzelt von dieser Möglichkeit Gebrauch gemacht. Die Frage der Fernheizwerke ist nicht nur für größere Anstalten,

sondern auch für Heizung von Privathäusern in zusammengefaßten
Blöcken im Zusammenhang mit Energieerzeugung für Licht- und
Kraftbedarf einer eingehenden Prüfung zu unterwerfen[1]."

Das in diesen Worten enthaltene Urteil klingt scharf; man muß
ihnen bei der Prüfung, wie die Verhältnisse bei uns vielfach liegen,
aber leider zustimmen. In den Großstädten der Vereinigten Staaten
Nordamerikas stehen sehr häufig Kraftwerke in Verbindung mit größeren
Fernheizanlagen. Die Fernheizung, district heating, ist drüben überhaupt verbreiteter als bei uns. Die New-York Steam Co. z. B. beheizte
vor dem Krieg (die neueren Zahlen sind mir noch nicht zugänglich)
850 Gebäude.

Es fehlt bei uns nicht an Stimmen, welche einen wirtschaftlichen
Ausbau unseres Heizungswesens verlangen. In seinem Bericht über
die zweite Kriegstagung behördlicher Ingenieure des Maschinen- und
Heizungswesens in Wiesbaden sagt Bauamtmann Hauser-München:
„Es darf mit Sicherheit angenommen werden, daß mit der Rückkehr
zur Friedenswirtschaft die Fragen des Wettkampfes zwischen Zentralheizung, Ofen- und Gasheizung, die Fragen der Zentralisierung der
Wärmeerzeugung u. dgl. wieder in verstärktem Maße aufleben wer-
den[2]." Zweifellos wird in bestimmten Fällen die jetzt bestehende Zer-
splitterung der Wärmeerzeugung einer Zentralisierung Platz machen
müssen. Das ganze Problem ist aber so vielseitig, daß bei seiner In-
angriffnahme auch die entgegengesetzte Wirkung eintreten wird.
Man muß deshalb auch Heilmann durchaus zustimmen, wenn er sagt:
„Unter Umständen erfordert die weitgehende Abwärmeausnützung eine
Dezentralisation der Elektrizitätswerke und eine Teilung in kleinere
Werke, deren Größe durch den Verwendungszweck der Abwärme und
den Umfang des zu versorgenden Gebietes gegeben ist. Ein Gesichtspunkt, der bei den vorherrschenden Zentralisationsbestrebungen leicht
übersehen wird[3]."

Das bestehende Heizungswesen ist besonders verbesserungsfähig
durch Nutzbarmachung der Abwärme unserer Wärmekraftanlagen.
Nicht die Wärmeausnützung in unseren Öfen ist so sehr mangel-
haft, sondern die Wärmeerzeugung ist unwirtschaftlich Wenn behauptet wird, der Verlust bei der Ausnützung des Hausbrandes
betrage aller Wahrscheinlichkeit nach im Durchschnitt 95 %[4], so gilt
dies für deutsche Kachelöfen sicher nicht. Nach den Feststellungen der

<hr>

[1] H. Gleichmann, Ein Beitrag zur Frage der Bewirtschaftung von
Brennstoff und Energie. Z. bay. R. V. 1919 S. 44.
[2] Ges. Ing. 1918 S. 43.
[3] Z. V. deutsch. Ing. 1918 I S. 278.
[4] A. Dyes, Wärme, Kraft, Licht. S. 65.

heiztechnischen Prüfungsanstalten in München, Dresden und Berlin
ist der Wirkungsgrad der Kachelofenheizung bei ordnungsmäßiger Bedienung 80 bis 93 %. Erheblich schlechter (10—20 %) ist der Wirkungsgrad der Küchenherde. Wenn man also auch einräumen kann,
daß Zimmermädchen schlechte Heizer sind, so erscheint ein Verlust
von 50 % statt 95 % immer noch hoch[1]). Höher sind die Verluste bei
der in Deutschland fast nicht gebräuchlichen offenen Kaminfeuerung.

Wo Heizungskraftwerke lediglich mit Werken zusammenarbeiten,
die mit Dampfkraft- oder Verbrennungsmaschinen ohne Abwärmever-
wertung ausgestattet sind, liegen ihre wirtschaftlichen Vorteile diesen gegenüber klar zutage. Die Heizungskraftmaschine übertrifft an Wärmeökonomie jede andere Art von Kraftmaschinen so beträchtlich, daß es auf jeden Fall richtig ist, die Heizungskraftmaschinen zu betreiben, so lange es der Abdampfbedarf gestattet und dafür eine Maschine ohne Abdampfverwertung still zu setzen. Die letzteren gelten gewissermaßen nur als Reserve für die Heizungskraftmaschinen.

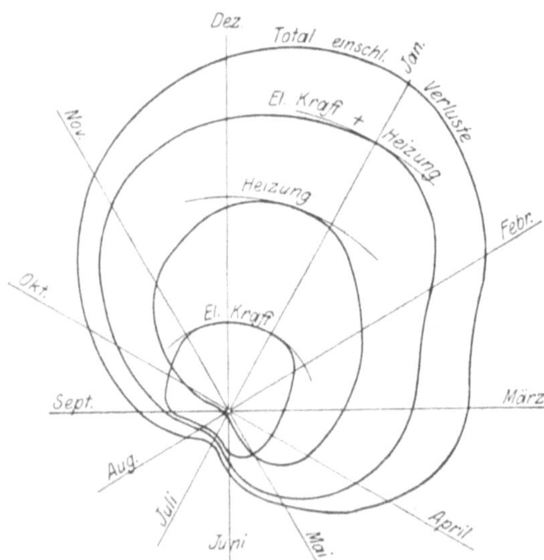

Fig. 144. Jahresbelastung des staatlichen Elek-
trizitäts- und Fernheizwerkes in Dresden.

Nicht so einfach liegen die Verhältnisse beim Zusammenarbeiten
der Heizungskraftanlagen mit Wasserkraftanlagen. Die Wasserkraft
wird, solange es die Wasserverhältnisse immer nur erlauben, voll ausgenützt. Die Heizungskraftanlage muß hier zur natürlichen Ergän-
zungsanlage der Wasserkraftanlage werden.

In Fig. 144 ist die Belastung des (nicht als Abwärmeheizwerk aus-
gebildeten) staatlichen Fernheizwerkes in Dresden dargestellt. Sowohl
der vorwiegend zur Beleuchtung dienende Strombedarf als das Heizungsbedürfnis sind in den Wintermonaten (Dezember bis Januar) am größten,
in den Sommermonaten (Juni bis August) am geringsten.

---

[1]) Vgl. auch: P. Schimpke, Die Bewertung der Kachelöfen im Vergleich mit Gasfeuerung und Zentralheizung. Haust. Rsch. 1913 S. 219

Vergleichen wir mit dieser Belastung eines Fernheizwerkes die Pegelstände einiger für Wasserkraftgewinnung besonders in Betracht kommender Flüsse und des Walchensees. Mit Ausnahme des dem mitteldeutschen Fichtelgebirge entspringenden Mains bemerken wir,

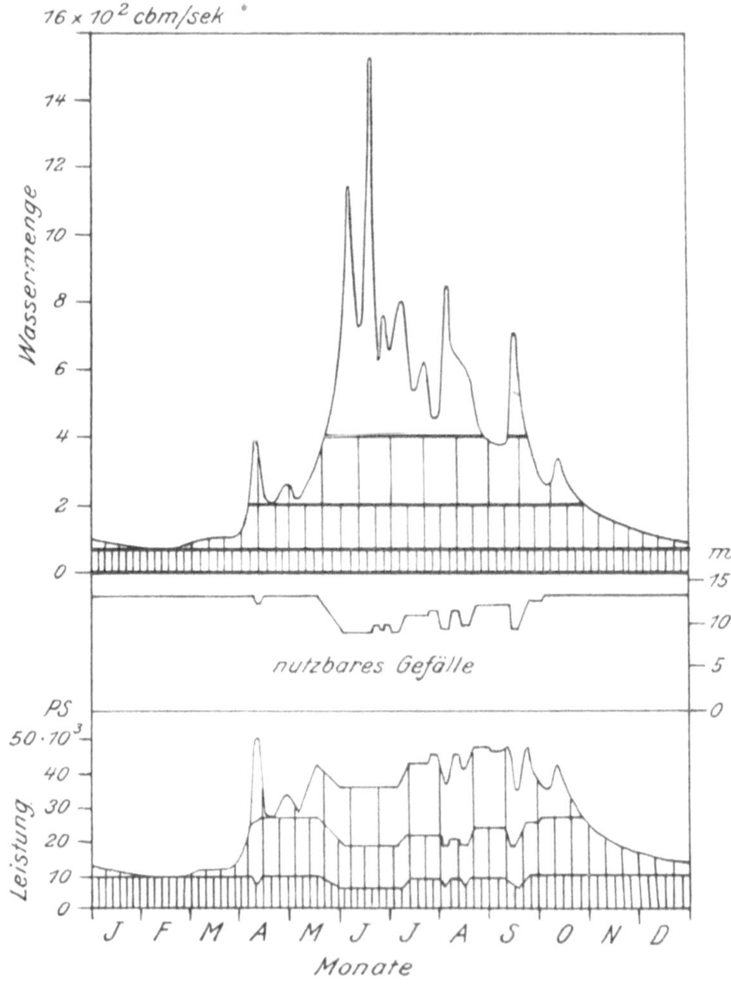

Fig. 145. Wasserkräfte des Inn oberhalb Rosenheim
bei Ausbau von 70, 200 und 400 cbm/sec.

daß die Wasserführung ihren Höchststand von Mai bis September, den Tiefstand im Dezember-Januar aufweist. Die Pegelstände zeigen die Wassermengen an und diese geben wiederum einen Maßstab für die Wasserkraft, da letztere bekanntlich dem Produkt aus Wassermenge und Gefällshöhe proportional ist.

14*

Die Wasserführung der Flüsse und Seen wird bestimmt durch die Zeit der Schneeschmelze einerseits und durch die Menge der Niederschläge andererseits. Daher kommt es, daß die auf deutschen Mittelgebirgen entspringenden Flüsse eine andere Pegelstandskurve aufweisen, indem sie im Februar-März Hochwasser, im August-September Niederwasser führen.

Es soll nicht unerwähnt bleiben, daß bei hohem Wasserstand der Flüsse durch Rückstau im Unterwassergraben ein Gefällverlust eintritt, der 15 bis 20 % betragen kann. Ist die Wasserkraftanlage für die Niederstwassermenge bemessen, so ist ihre Leistungsfähigkeit bei hohem Wasserstand somit geringer als bei normalem, da das Gefälle abnimmt, während die Turbinen die größeren ihnen zur Verfügung stehenden Wassermengen nicht schlucken können. Soll also der Pegelstand einen Maßstab für die Leistungsfähigkeit einer Anlage bilden, so ist das nur unter der Voraussetzung möglich, daß dieselbe für eine größere als die Niederstwassermenge ausgebaut ist.

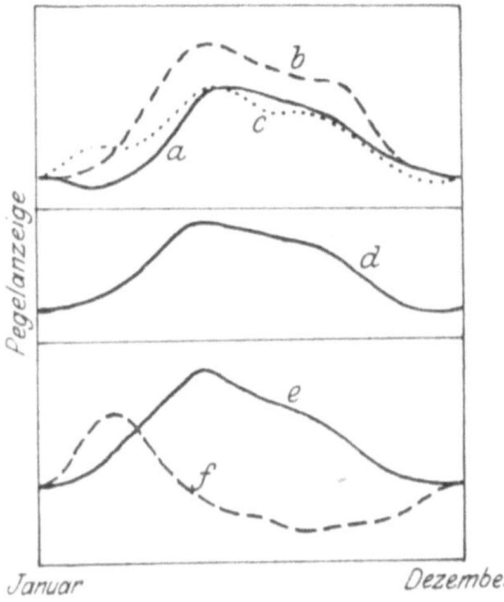

Fig. 146. Mittlerer monatlicher Pegelstand nach 10jährigen Beobachtungen des K. Bayer. Hydrotechnischen Büros

a der Isar bei Mittenwald (Oberlauf),
b „ „ „ München (Mittellauf),
c „ „ „ Plattling (Unterlauf),
d des Walchensees,
e der Saalach bei Freiassing,
f des Main bei Lichtenfels.

In Fig. 145 ist der Zusammenhang zwischen Leistung, Wassermenge, Gefälle und Ausbau an dem Beispiel des Inn bei Rosenheim dargestellt. Worauf es uns hier ankommt, ist, daß die Leistungsfähigkeit des für eine größere als die Niederstwassermenge bemessenen Kraftwerkes am größten von Mai bis September, am geringsten von Oktober bis April ist.

Die Fig. 146 enthält mittlere monatliche Pegelstände aus 10jährigen Beobachtungen. In Fig. 147 sind die Beobachtungen während eines einzelnen Jahres für die Isar zusammengestellt, um zu zeigen, daß wohl Abweichungen vom Mittelwert vorkommen, die aber den Charakter des Gesamtbildes nicht wesentlich

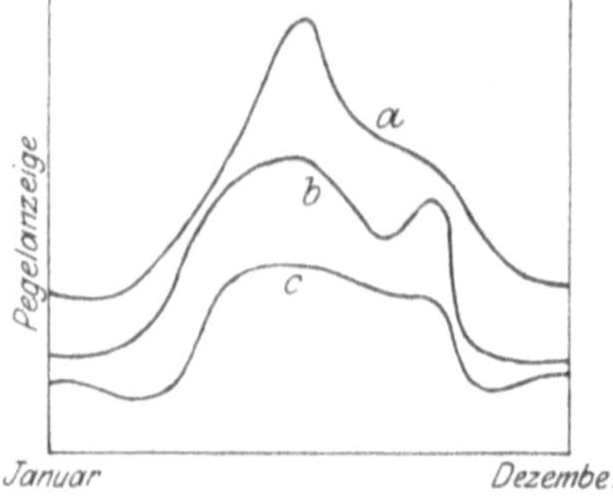

Fig. 147. Mittlerer Monatspegelstand der Isar im Jahre 1910
a bei Mittenwald, b bei München, c bei Plattling.

verändern. In ungewöhnlich wasserarmen Sommern können immerhin die Dampfkraftmaschinen der Heizungskraftwerke ohne Heizdampfentnahme betrieben werden, so daß sie ihrer Aufgabe als Ergänzungsmaschinen stets gerecht werden.

Gelingt es uns, die aus den Wasserkräften der Alpen gewonnene Energie auf weitere Entfernungen wirtschaftlich zu übertragen, so können Heizungskraftwerke größeren Stiles in den alpennahen Städten für die wirtschaftliche Ausnützung der Wasserkräfte höchst bedeutsam werden. Für sich allein betrachtet liegt das Heizungskraftwerk im Sommer, ein erheblicher Teil von Wasserkraftwerken im Winter brach, Durch gegenseitige Ergänzung aber wird ihr Wert auf eine hohe Stufe gehoben. Jedes in seiner Art und zur rechten Zeit eine äußerst wirtschaftliche Energiequelle, können sie nur, indem sie sich gegenseitig in die Hand arbeiten, sich praktisch durchsetzen. Den Fig. 145 bis 147 ist zu ent-

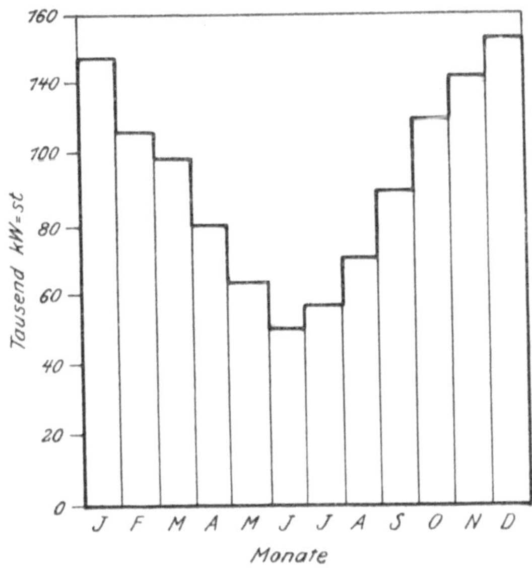

Fig. 148. Stromverbrauch für die Straßenbeleuchtung einer Großstadt.

nehmen, daß die Mächtigkeit der in den Alpen erzeugten Wasserkräfte in sehr erwünschter Weise durch das Heizungskraftwerk ergänzt wird, da letzteres gerade dann die meiste Kraft liefert, wenn tiefster Wasserstand und Eisgang die Beaufschlagung der Wasserkraftwerke beeinträchtigen. Bei dem in den süddeutschen Staaten mangelnden Kohlenvorkommen ist diese Sachlage sehr beachtenswert.

Dem Zusammenarbeiten von Wasserkräften mit dem Heizungskraftwerk kommt noch der Umstand entgegen, daß auch der Energieverbrauch für Beleuchtung, wie die Fig. 144 und 148 zeigen, gerade in den Monaten am größten wird, wo die alpinen Wasserkräfte an Mächtigkeit verlieren und außerdem wegen Eisbildung nicht voll ausnützbar sind. In Fig. 148 ist der Strombedarf für die elektrische Straßenbeleuchtung einer Großstadt in den verschiedenen Monaten dargestellt.

Natürlich gewinnt bei Vereinigung eines Heizungskraftwerkes mit einer Lichtzentrale die tägliche Kraft- und Wärmeakkumulierung einige Bedeutung, da das Heizungsbedürfnis des Morgens, das Beleuchtungsbedürfnis dagegen am Abend am größten ist. Aufstellung von Pufferbatterien und Warmwasserspeichern, Einführung des Dauerbetriebes an Stelle der unterbrochenen Heizung, wobei das Aufheizen der Gebäude am Morgen entfällt, Aufnahme der Belastungsspitzen durch von der Heizung unabhängige Maschinen sind im wesentlichen die Mittel, welche uns zur Verfügung stehen, um den Verbrauch mit der Erzeugung von Energie in Heizungskraftwerken völlig in Einklang zu bringen.

Die Verteilung des Hausbrandbedarfes und des Strombedarfes für Beleuchtung sind nach vieljährigen Aufzeichnungen für das mittlere Deutschland in Zahlentafel 54 niedergelegt.

Zahlentafel 54.

Monat	Sept.	Okt.	Nov.	Dez.	Jan.	Feb.	März	April	Mai	Juni	Juli	Aug.
Hausbrand-bedarf %	3	9	13	18	21	15	13	7	1	—	—	—
Beleuchtungs-bedürfnis %	7	9,5	11,3	13,5	13	11	9	6,4	5	4,2	4,7	5,4

An drei großstädtischen Wohngebäuden Berlins machte O. Schmidt in den drei Wintern 1914 bis 1917 Beobachtungen über den Bedarf für Warmwasserheizung und Warmwasserversorgung[1]). Er fand dabei einen Gesamtwärmeverbrauch in den einzelnen Jahren

für das cbm beheizten Raum von 24,4   23,7   19,3   i. M. 22,5 Kal.
„   „   „   umbauten   „   „   13,5   12,8   10,8   i. M. 12,4   „
(Zahlentafel 55.)

Auf die einzelnen Monate verteilt sich der Brennstoffverbrauch wie Fig. 149 und 150 zeigen.

Andere Beobachtungen des gleichen Verfassers an zwölf Berliner Schulen[2]) in den Jahren 1910 bis 1914 sind in den Fig. 151 bis 154 bildlich dargestellt. In den einzelnen Jahren ergaben sich für die Monate Oktober bis März Werte, die nur ganz wenig voneinander abweichen, größere Schwankungen sind nur in den Monaten September, April und Mai zu verzeichnen. Der Dezember und der April stehen unter dem Einfluß der Schulferien. Für das cbm beheizten Raum ergab sich in den Volksschulen ein Wärmeverbrauch von 21,0 bis 33,9 Kal., in den

---

[1]) Ges. Ing. 1918 S. 373.
[2]) Ges. Ing. 1918 S. 121.

Mittelschulen von 23,7 bis 32,5 Kal. während der ganzen Heizzeit. Die Mittelwerte 26,7 bzw. 29,2 Kal. liegen wegen der stärkeren Lüftung höher als bei den Wohngebäuden. Von den Schulen waren sechs mit Niederdruckdampfheizung und sechs mit Warmwasser-
heizung versehen. Ein Unterschied zwischen beiden Heizungsarten machte sich nicht geltend.

Nachdem sich Schulen besonders leicht mit Bädern verbinden lassen, ist während des ganzen Jahres für Abwärme Verwendung.

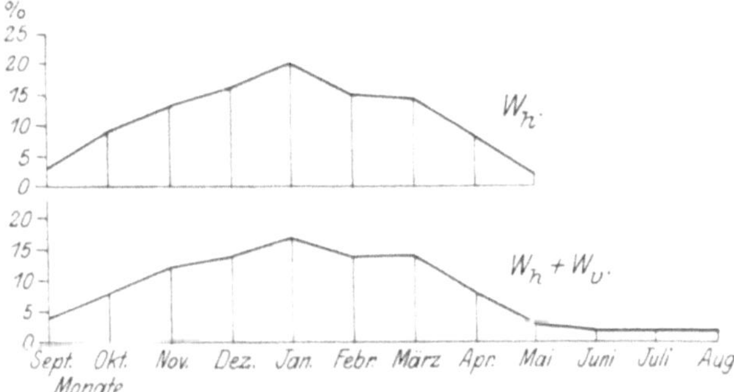

Fig. 149 u. 150. Verteilung des Brennstoffverbrauches auf die einzelnen Monate für die Warmwasserheizung und -versorgung ($W_h + W_v$), sowie für die Warmwasserheizung allein (W_h) mehrerer Berliner Wohngebäude. Mittelwerte aus 3 Jahren.

Aber auch zur Versorgung von Wohngebäuden eignet sich das Heizungskraftwerk infolge des gleichzeitig auftretenden Beheizungs- und Beleuchtungsbedürfnisses, wie die vorstehende Zahlentafel 54 nachweist.

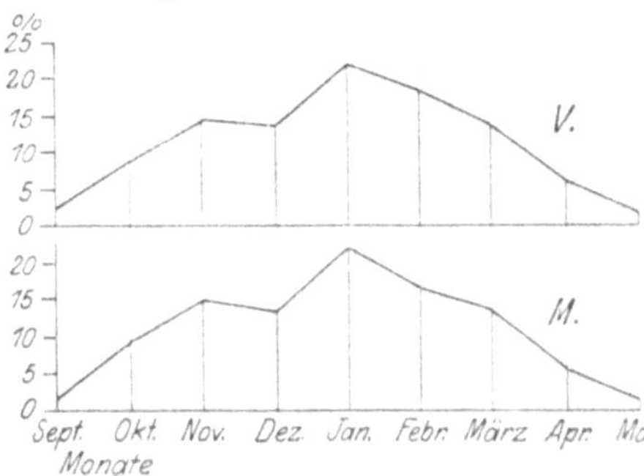

Fig. 151 u. 152. Mittelwerte des Brennstoffverbrauches von 6 Mittelschulen (M) und 6 Volksschulen (V) in Berlin in den Wintern 1910—1914.

Wir erkennen also für die Anlage von Fernheizungskraftwerken in Verbindung mit Badeanstalten, Krankenanstalten, Schulen, Verwaltungsgebäuden, schließlich auch mit privaten Wohngebäuden, Hotels (das Dresdner erstklassige Hotel Bellevue ist an das staatliche Fernheizwerk angeschlossen), mit Schlachthöfen usw. sehr gute technische und wirtschaftliche Voraussetzungen. Für die am Sonntag ausfallenden Schulen und Gewerbebetriebe könnten Kirchen, Museen und Vergnügungsstätten geheizt werden.

Wie schon erwähnt, arbeitet das staatliche Fernheizwerk in Dresden mit Frischdampf. Die Firma Dörfel hat aber den Abdampf von Vakuumspannung der Maschinen des mit dem staatlichen Fernheizwerk vereinigten Elektrizitätswerkes gepachtet und bezahlt hierfür einen festen Preis für Betriebsleitung und Platzmiete, sowie für je 100000 Kal. gelieferter Abwärme. Die letztere wird in Vorwärmern nutzbar gemacht und das erzeugte Heizwasser den Verbrauchsstellen zugeleitet. Im Jahre 1914 wurden acht Gebäude mit Warmwasser beheizt und ver-

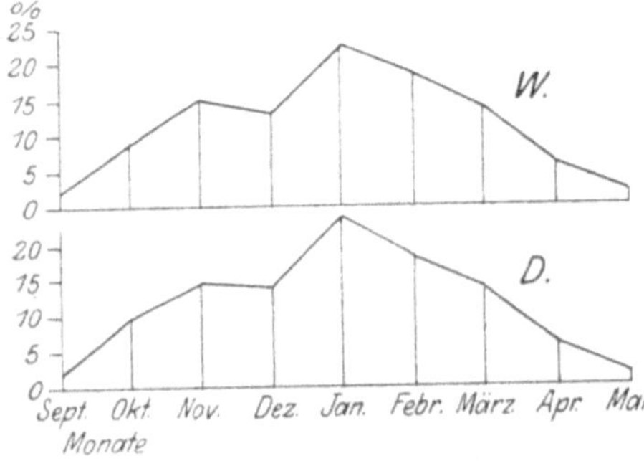

sorgt. Für diese Leistung berechnet die Firma Dörfel pro cbm beheizten Raum nach der Innentemperatur (15 u. 20° C) abgestufte Preise.

Auch das III. städtische Krankenhaus München ist mit einem Elektrizitätswerk verbunden, das als Heizungskraftwerk ausgeführt ist. Der in vier Wasserrohrkesseln von je 300 qm Heiz- und 100 qm Überhitzerfläche erzeugte Dampf von 14 kg Überdruck und 320° C Temperatur wird den

Fig. 153 u. 154. Mittelwerte des Brennstoffverbrauches von je 6 Schulen mit Niederdruck-Dampfheizung (D) und Warmwasserheizung (W) in Berlin in den Wintern 1910—1914.

Tandemverbundmaschinen von je 1000 PS Leistung zugeleitet. Hier wird ein Teil des Dampfes mit 4 Atm. Üb. dem Aufnehmer entnommen, während der Rest nach seiner Expansion im Niederdruckzylinder

Fig. 155.   Maschinenhaus des Heizungskraftwerkes München-Schwabing. 2 Entnahmemaschinen von je 1000 PS und Warmwasserspeicher (Vorwärmer im Kellerraum s. Fig. 156).   Maschinenfabrik J. A. Maffei, München.

mit einer Temperatur von 85° zur Bereitung von Warmwasser verwendet wird. Hierzu dienen, wie schon Seite 208 erwähnt, zwei liegende Oberflächenkondensatoren von je 285 qm Kühlfläche und zwei stehende Großwasserraumvorwärmer mit je 50 cbm Fassungsraum und 125 qm Heizfläche. (Fig. 155 und 156.)

Die Drehstromgeneratoren von 700 KVA. maximaler Dauerleistung
arbeiten auf das städtische Netz. Das Parallelarbeiten der Generatoren
gelingt unabhängig von der Größe der Zwischendampfentnahme ohne
jede Schwierigkeit. Bei vollem Ausbau der Anlage und voller Ausnützung der 3 Maschinen zur Abgabe der vom Krankenhaus benötigten
Wärmemenge ergeben sich in den einzelnen Monaten die in Fig. 157
dargestellten Leistungen. Die Gesamtleistung beträgt bei einer jährlich
von den Maschinen abgegebenen Wärmemenge von rund 33 Milliarden

Fig. 156. Oberflächenkondensator von 285 qm als
Warmwasserbereiter eines Heizungskraftwerkes.
J. A. Maffei, München.

Kal. etwa 5 Millionen KW.-St. Einschließlich Kesselwirkungsgrad
ergibt sich ein effektiver thermischer Wirkungsgrad der Anlage von
rund 55 % und bei einem Wärmepreis von 2 Mark für 100 000 Kal. sind
die Brennstoffkosten einschließlich der Heizung

20 Pf./KW.-St.

Ebensoviel betragen heute in München auch die Brennstoffkosten in
Dampf-Elektrizitätswerken ohne Abwärmeverwertung. Man kann also
obiges Rechnungsergebnis dahin auslegen, daß die besprochene
Anlage den elektrischen Strom zum üblichen Preis erzeugt, dabei aber eine jährliche Wärmemenge von 33 Milliarden Kal. für Heizzwecke kostenlos zur Verfügung stellt.

Bei vollem Ausbau mit drei Maschinen ergibt sich die in Fig. 158
dargestellte tägliche Betriebszeit der einzelnen Maschinen. Bemerkenswert ist, daß nur in den Monaten April, September und Oktober eine

Maschine wiederholt in Betrieb genommen werden muß, was die Bedienung vereinfacht und die Anwärmeverluste beschränkt. Die Maschinen sind jährlich bei dem geplanten Betrieb 6400 Stunden in Dienst, d. i. während 73 % des Kalenderjahres von 8760 Stunden. Die reine Heizzeit mit Abzug der Jahreszeit, wo Warmwasser nur für Brauchzwecke benötigt wird, beträgt 4750 Stunden, d. s. 54 % des Kalenderjahres von 8760 Stunden.

Für München[1]) sind im Jahresdurchschnitt 240 Heiztage anzunehmen. Nach De Grahl sind es in Berlin[2]) durchschnittlich 217 (schwankend zwischen 208 und 236 in sechs Wintern), wenn bereits bei $+11^0$ C Außentemperatur geheizt wird, dagegen 208, wenn die Heizung erst bei $+10^0$ C angestellt wird. Nach O. Marr beträgt zufolge 23jähriger Aufzeichnungen der Sternwarte zu Leipzig[3]) die Zahl der Heiztage dort durchschnittlich 200. Man kommt so auf etwa 60 % des ganzen Jahres, während welcher Zeit in unserem Klima geheizt werden muß.

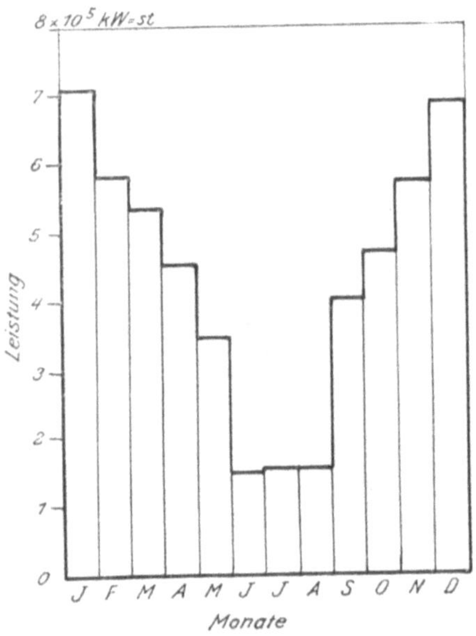

Fig. 157. Leistung eines Heizungskraftwerkes nach dem Wärmebedarf der einzelnen Monate.

Die Höhe der Belastung des Heizungskraftwerkes München-Schwabing ist in Fig. 159 dargestellt, und zwar gibt die gestrichelte

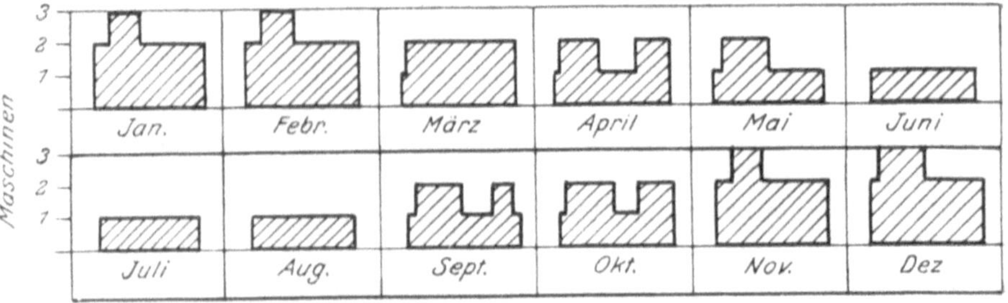

Fig. 158. Darstellung der täglichen Betriebsdauer der 3 Dampfmaschinen eines Heizungskraftwerkes.

[1]) Dingler 1912 S. 21.
[2]) Glas. Ann. 1917 II S. 65.
[3]) Ges. Ing. 1915 S. 489.

Linie die Belastung der ganzen Maschinenanlage, der gestaffelte Linien-
zug die Betriebsdauer mit einer, zwei und drei Maschinen an.

Die Ausnützung der Maschinenanlage ist eine sehr gute zu nennen,
wenn man berücksichtigt, daß die dritte Maschine nicht bloß in den
$9^1/_2\,^0/_0$ ihrer Betriebszeit, sondern auch in den $52\,^0/_0$ der Betriebszeit
der ersten und zweiten Maschine als Reservemaschine benötigt wird,

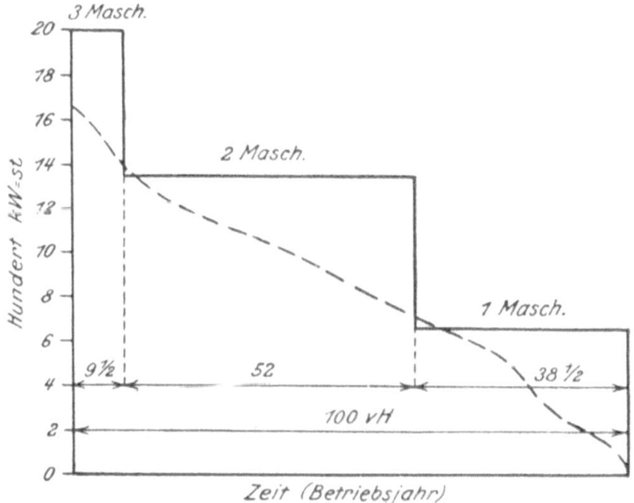

Fig. 159. Jahresausnützung eines Heizungskraftwerkes.

also wirtschaftlich daseinsberechtigt ist. Von diesem Gesichtspunkt
aus betrachtet ist die Anlage während $61^1/_2\,^0/_0$ der Betriebszeit ausgenützt.

Die Pflicht der Sparsamkeit, welche uns Deutschen in den nächsten
Jahrzehnten schon durch das Gebot der Selbsterhaltung auferlegt wird,
wird es wohl mit sich bringen, daß man der Errichtung von Heizungskraftwerken noch mehr Beachtung schenkt und dabei wird sich zeigen,
wie recht Rietschel[1]) schon vor fast 20 Jahren hatte, als er in der
Zeitschrift des Vereins Deutscher Ingenieure die Worte schrieb:

„Der große Vorteil, der in der gegenseitigen Ergänzung eines
Lichtwerkes und eines Heizwerkes liegt, sollte die großen Elektrizitäts-
gesellschaften dahin führen, in Verbindung mit angesehenen Heizungs-
firmen der Ausführung von Fernheiz- und Lichtwerken näherzutreten.
Ich glaube bestimmt, daß bei der richtigen Wahl des Ausführungs-
gebietes nicht nur vom gesundheitlichen Standpunkt und vom Standpunkt der Annehmlichkeit, sondern auch vom wirtschaftlichen Standpunkt sich für alle Teile große Vorteile erzielen lassen!"

[1]) Z. V. deutsch. Ing. 1902 S. 961.

Einschlägige Literatur.

Eberle, Die Wärmeausnützung in den Dampfanlagen. Z. bay.
R. V. 1902 S. 1.

Rietschel, Fernheizungen. Z. V. deutsch. Ing. 1902 S. 956.

Eberle, Dampfanlage der „Münchener Neuesten Nachrichten".
Z. bay. R. V. 1907 S. 175.

W. Deinlein, Dampfmaschinen- und Heizungsanlagen. Z. bay.
R. V. 1908 S. 13.

Eberle, Die Dampf- und elektrischen Einrichtungen der zweiten
oberfränkischen Heil- und Pflegeanstalt Kutzenberg.
Z. V. bay. R. 1908 S. 155.

Eberle, Neuzeitliche Dampfanlagen. Z. bay. R. V. 1908 S. 687.

Eberle, Ausnützung des Maschinendampfes zu Heizzwecken.
Z. bay. R. V. 1909 S. 76.

K. Hauser, Das Fernheizwerk im neuen III. Krankenhaus München. Ges. Ing. 1909 Festnummer.

Eberle, Die neue Dampfanlage der Stuttgarter Badgesellschaft
in Stuttgart. Z. bay. R. V. 1910 S. 96.

L. Meyers, Warmwasserheizung mit Ausnützung der Abdampfwärme einer 100 PS-Kondensationsmaschine. Z. V. deutsch.
Ing. 1910 S. 244.
Beispiel der Beheizung einer Villa von der nahegelegenen Papierfabrik
aus. Vorlauftemperatur des Warmwassers 60 bis 70°C, Rücklauftem-
peratur 40 bis 50°C. Vakuum im Niederdruckzylinder 60 cm bei 60°
Wasserwärme im Kondensator. Plan der Anlage.

Zentralheizung und Warmwasserversorgung eine kommunale
Angelegenheit. Ges. Ing. 1911 S. 784.

O. Goertz, Verwertung des Abdampfes von Kraftwerken in
Badeanstalten. Z. V. deutsch. Ing. 1911 S. 1949.

Bamberger, Leroi & Co., Der Admiralspalast in Berlin. San. Techn.
1911 Nr. 12.

L. Schneider, Wasserkraftwerk, Heizungskraftwerk und Licht-
werk. Dingler 1912 S. 10. Bay. Ind. Gew. 1912 S. 311.
Es wird untersucht, wie sich ein Heizungskraftwerk, dessen Abdampf
ausschließlich zur Gebäudeheizung Verwendung findet, als gemeind-
liches Elektrizitätswerk in den Betriebsplan einfügt, und zwar sowohl
neben Wasserkraftwerken als auch als selbständige Lichtzentrale.
Stromerzeugungskosten. Beispiel.

Bamberger, Leroi & Co., Die sanitäre und maschinelle Anlage des
Grand-Hotel in Nürnberg. San. Techn. 1912 Nr. 22. Ges. Ing.
1912 S. 845.

L. Dietz, Statistik über den technischen Energiebedarf in
neueren Krankenanstalten. Ges. Ing. 1912 S. 637.

L. Streck, Warmwasserversorgungs-Anlagen. Ges. Ing. 1912 S. 1.

Das städtische Hallenschwimmbad in Spandau mit Fern-
warmwasserversorgung durch Abdampfverwertung. Ges.
Ing. 1912 S. 389.

M. Hottinger, Vergleichsversuch zwischen Ofen- und Zentralheizung. Ges. Ing. 1912 S. 801.

Geitmann, Die zentrale Wärmeversorgung der Städte. Journ.
Gasb. Wasserv. 1912 S. 209.

J. Rößler, Fabrikheizungen. Socialtechn. 1912 S. 150.

Vakuum-Dampfheizung. Z. bay. R. V. 1912 S. 86.

O. Brandt, Klein-Heizapparate für Ventilations-Luftheizung.
Dingler 1913 S. 554.

X. Werner, Die technischen Einrichtungen des Warenhauses
Leonhard Tietz in Brüssel. Z. V. deutsch. Ing. 1913 S. 298.

L. Schneider, Die Wirtschaftlichkeit einer kommunalen Elek-
trizitäts- und Heizungsanstalt. Ges. Ing. 1913 S. 922.
Angaben über Frequenz und Rentabilität des Stuttgarter Bades.

A. Schulze, Verbindung von Kraft- und Heizbetrieben. Haust.
Rundsch. 1913 S. 203.

De Grahl, Heizungs-, Lüftungs- und Dampfkraftanlagen in den
Vereinigten Staaten von Amerika. Ges. Ing. 1913 S. 145.

L. Schneider, Die Schneedecke in Bayern. Bay. Ind. Gew. 1913 S. 1.

Ist das Fernheizungsgeschäft für Kraftwerke profitabel?
Ges. Ing. 1913 S. 882.
Nach einem Vortrag C. J. Davidsons in der National District Heating
Association, Indianopolis.

C. Endrich, Ausnützung des Kühlwassers von Maschinenanlagen
für Bade- und Heizungszwecke. Ges. Ing. 1913 S. 217.

K. Klaus, Die badetechnische Einrichtung des Stadtbades
Mülheim a. Ruhr. Ges. Ing. 1913 S. 41.

K. Hauser, Neuzeitliche Heiztechnik in München. Haust. Rundsch.
1913 S. 257. Bay. Ind. Gew. 1914 S. 41.

Der Fabrikerweiterungsbau der Wanderer-Werke A.-G. in
Schönau bei Chemnitz. Z. V. deutsch. Ing. 1914 S. 281.
Für die Beheizung des Werkes können den beiden Dampfturbinen
von 1000 KW., die mit Dampf von 12,5 Atm. Üb. und 300⁰ Über-
hitzung betrieben werden, bis zu 14 t/St. Zwischendampf von 2,5 Atm.
Üb. entnommen werden.

Ritter, Luftheizungen in Fabrikbetrieben. Haust. Rundsch. 1914
S. 55 Heft 5.
Beschreibung eines Heizapparates vom kleinsten Typ der Firma
Danneberg & Quandt.

E. Nagel, Das Fernheizwerk unter Berücksichtigung der Abwärmeverwertung. Ges. Ing. 1914 S. 203.

Abwärmeverwertung von Gasmaschinen für Fernheizung.
Stahl u. Eisen 1914 S. 318. Ges. Ing. 1914 S. 220.

L. Volk, Offene Sommerschwimmbecken mit künstlicher Erwärmung des Wassers. Ges. Ing. 1914 S. 390.
Beschreibung einiger Anlagen mit Abwärmeverwertung.

H. Recknagel, Verbindung elektrischer Eigenzentralen mit Badeanstalten. Ges. Ing. 1914 S. 394.
Prüfung der Wirtschaftlichkeit solcher Verbindungen.

R. Saupe, Erhöhte Ausnutzung kommunaler Maschinenbetriebe durch Verwertung ihrer Abwärme, unter besonderer Berücksichtigung der Dieselmotoren. Ges. Ing. 1914 S. 575.

E. Laßwitz, Wärmezähler. Ges. Ing. 1914 S. 215.

R. Garz, Die Heizungs- und Maschinenanlagen des städtischen Krankenhauses in Pforzheim. Ges. Ing. 1915 S. 442.

A. Marx, Zur Berechnung der Warmwasser-Versorgungsanlagen. Ges. Ing. 1915 S. 497.
Betrachtungen über den Wasser- und Wärmeverbrauch in Wohngebäuden.

Otto Marr, Die Feuchtigkeit der Luft. Ges. Ing. 1915 S. 73.
Tabellen über spez. Volumen und spez. Gewicht von Luft bei 760 mm Barometerstand, -15 bis $+100^0$ C Temperatur und 0 bis 100% Feuchtigkeit. Beispiele von Lufterwärmungsanlagen.

Nußbaum, Grundsätzliche Fragen der Heizung und Lüftung. Ges. Ing. 1915 S. 289.

Städtisches Schwimmbad in Karlsruhe. Ges. Ing. 1915 S. 402.

O. Marr, Die Temperaturen im Winter. Ges. Ing. 1915 S. 489.

Hasak, Die Beheizung der Museen. Haust. Rundsch. 1915 S. 187 Heft 18.

Die Warmwasserbereitungs-, Wasch- und Kochküchenanlagen im Ludwig-Wilhelm-Krankenhaus zu Karlsruhe. Haust. Rundsch. 1915 S. 205 Heft 20.

W. Goslich, Fernheizung in Brauereien. W. f. Br. 1916 S. 17.

Chr. Nußbaum, Ein Beitrag zur Kirchenheizung. Haust. Rundsch. 1917 S. 71 Heft 8.

E. Meter, Über Heizung von Fabrikbetrieben. Haust. Rundsch. 1917 S. 168 Heft 19.

De Grahl, Sparsamkeit im Heizbetriebe. Glas. Ann. 1917 II S. 65.

Neibich, Das Verschwinden der abendlichen Belastungsspitze bei Elektrizitätswerken. E T Z. 1917 S. 568.
Änderung der Belastungsverhältnisse von Elektrizitätswerken durch die industriellen Anschlüsse.

G. Dettmar, Grundsätze für die Spitzenabsenkung bei Elektrizitätswerken. E T Z. 1918 S. 74.
Aufstellung dieser Grundsätze für Beleuchtung, Kraft- und Straßenbahnbetrieb.

O. Schmidt, Brennstoffverbrauch von Heizungs- und Lüftungs-anlagen verschiedener Bauarten in Schulgebäuden. Ges. Ing. 1918 S. 121.

O. Schmidt, Brennstoffverbrauch von Warmwasserheizungen in Wohngebäuden und seine Verteilung auf die einzelnen Betriebsmonate. Ges. Ing. 1918 S. 167. Haust. Rundsch. 1918 S. 159 Heft 16.

M. Gerbel, Die Entwicklung der Kraft- und Wärmetechnik in ihrem Einfluß auf den Wohnhaus-, Industrie- und Städte-bau. Z. öst. Ing. Arch. V. 1918 S. 427.
Bericht über seinen Vortrag im österr. Ing.- und Archit.-Verein. Die Abwärme der Wiener Elektrizitätswerke würde ausreichen um den vierten Teil der Stadt Wien zu beheizen. Eine wesentliche Kohlen-ersparnis ist durch den Ausbau der Wasserkräfte unmöglich zu er-warten, denn die für Österreich wichtigen Industrien weisen gerade für Heiz-, Koch- und Trocknungszwecke einen großen Wärme- bzw. Dampfverbrauch auf.

O. Schmidt, Brennstoffverbrauch von Warmwasserheizungen und Warmwasserversorgungs-Anlagen in Wohngebäuden. Ges. Ing. 1918 S. 373.

W. Mey, Fernversorgung im Anschluß an Industriekraftwerke. Schweiz. El. Z. 1919 S. 59.

Das neue Fernheizwerk in Berlin-Neukölln. Ges. Ing. 1919 S. 275.

E. Altenkirch, Die Erhöhung der Wirtschaftlichkeit von Hei-zungsanlagen durch den Einbau von Kältemaschinen. Ges. Ing. 1919 S. 267.

O. Schmidt, Brennstoffverbrauch von Heizungs- und Lüftungs-anlagen verschiedener Bauarten in Schulgebäuden. Ges. Ing. 1919 S. 355.

W. Deinlein, Die Wärmepumpe. Z. b. R. V. 1919 S. 189.
Verwendung des aus Eindampfgütern erzeugten Dampfes (Schwaden oder Brüden) selbst wieder zum Kochen und Eindampfen durch Kompression auf höheren Druck. Rechnerische Grundlagen.

E. Altenkirch, Die Verwendung von Kältemaschinen zur Ver-besserung der Wärmewirtschaft in der Industrie und der Landwirtschaft Deutsch. Landwirtschafts-Masch.-Bau 1919 S. 97.
Theoretische Grundlagen der reversiblen Heizung.

Berichtigungen:

S. 116 Fig. 112

    Kurve a: Liegende Dampfmaschinen
      „   b: Stehende   „
      „   c: Gleichstromdampfmaschinen
      „   d: Seeschiffsmaschinen (Sattdampf)

S. 166 Fig. 129

    Statt Vailsingen lies: Vaihingen

Die Zwischendampfverwertung in Entwicklung, Theorie und Wirtschaftlichkeit. Von Dr.-Ing. **E. Reutlinger.** Mit 69 Textfiguren. Preis M. 4,—

Ermittlung der billigsten Betriebskraft für Fabriken unter besonderer Berücksichtigung der Abwärmeverwertung. Von **Karl Urbahn.** Zweite, vollständig erneuerte und erweiterte Auflage von Dr.-Ing. **Ernst Reutlinger,** Direktor der Ingenieurgesellschaft für Wärmewirtschaft m. b. H. in Cöln. Zweite Auflage. In Vorbereitung

Ökonomik der Wärmeenergien. Eine Studie über Kraftgewinnung und -verwendung in der Volkswirtschaft. Unter vornehmlicher Berücksichtigung deutscher Verhältnisse von Dr. **Karl Bernhard Schmidt,** Diplom-Ingenieur. Mit 12 Textfiguren. Preis M. 6,—

Hilfsbuch für Wärme- und Kälteschutz. Von Ingenieur **Andersen,** vereidigter Sachverständiger beim Amts- und Landgericht Dresden. Mit 3 Textfiguren. Preis M. 3,60

Kraft- und Wärmewirtschaft in der Industrie (Abfallenergie-Verwertung). Von Ingenieur **M. Gerbel,** beh. aut. Zivil-Ingenieur für Maschinenbau und Elektrotechnik und Dampfkessel-Inspektor. Zweite Auflage. In Vorbereitung

Die Grundgesetze der Wärmestrahlung und ihre Anwendung auf Dampfkessel mit Innenfeuerung. Von Ingenieur **M. Gerbel,** beh. aut. Zivil-Ingenieur und Dampfkessel-Inspektor. Mit 26 Textfiguren. Preis M. 2,40

Die Grundgesetze der Wärmeleitung und ihre Anwendung auf plattenförmige Körper. Von Ingenieur **Fritz Krauß,** beh. aut. Inspektor der Dampfkessel-Untersuchungs-Gesellschaft A.-G. in Wien. Mit 37 Textfiguren. Preis M. 2,80

Wärmetechnik des Gasgenerator- und Dampfkessel-Betriebes. Die Vorgänge, Untersuchungs- und Kontrollmethoden hinsichtlich Wärmeerzeugung und Wärmeverwendung im Gasgenerator- und Dampfkesselbetrieb. Von Ingenieur **Paul Fuchs.** Dritte, erweiterte Auflage. Mit 43 Textfiguren. Gebunden Preis M. 5,—

Wahl, Projektierung und Betrieb von Kraftanlagen. Ein Hilfsbuch für Ingenieure, Betriebsleiter, Fabrikbesitzer. Von **Friedrich Barth,** Oberingenieur an der Bayrischen Landesgewerbeanstalt in Nürnberg. Zweite, umgearbeitete und erweiterte Auflage. Mit 133 Abbildungen im Text und auf 3 Tafeln. Gebunden Preis M. 22,—

Hierzu Teuerungszuschläge